高等职业教育工程机械类专业教材

Gongcheng Jixie Yeya Xitong Jianxiu
工程机械液压系统检修

张炳根　编　著
邓水英　主　审

人民交通出版社

内 容 提 要

本书采用项目驱动、任务引领的模式编写,全书分为 5 个项目、15 个典型工作任务,其中:项目一介绍了液压系统的日常维护、液压油的使用和液压油污染控制、蓄能器的使用和维护知识;项目二至项目四分别介绍了液压缸、液压控制阀、液压泵和液压马达等液压元件的结构原理、应用和常见故障模式等知识,项目五介绍了液压系统的一般分析方法和步骤,以及常见液压故障的分析和排除方法。在介绍了相关知识之后,各典型任务均安排了相应的实训任务,以突出实践技能的培养。

本书可作为高职、高专院校工程机械运用与维护专业、工程机械控制技术专业、公路机械化施工专业以及工程机械技术服务与营销专业的专业课教材,也可作为其他机电和机械类相近专业教材,同时也可作为相关企业从事液压设备装配、调试和售后服务等工作的员工培训使用。

图书在版编目(CIP)数据

工程机械液压系统检修/张炳根编著. —北京:
人民交通出版社,2014.5
ISBN 978-7-114-11061-0

Ⅰ.①工… Ⅱ.①张… Ⅲ.①工程机械—液压系统—检修—高等职业教育—教材 Ⅳ.①TU607

中国版本图书馆 CIP 数据核字(2013)第 297437 号

高等职业教育工程机械类专业教材

书　　名:	工程机械液压系统检修
著 作 者:	张炳根
责任编辑:	丁润铎　周　凯
出版发行:	人民交通出版社股份有限公司
地　　址:	(100011)北京市朝阳区安定门外外馆斜街 3 号
网　　址:	http://www.ccpress.com.cn
销售电话:	(010)59757973
总 经 销:	人民交通出版社股份有限公司发行部
经　　销:	各地新华书店
印　　刷:	北京虎彩文化传播有限公司
开　　本:	787×1092　1/16
印　　张:	15
字　　数:	380 千
版　　次:	2014 年 5 月　第 1 版
印　　次:	2023 年 7 月　第 4 次印刷
书　　号:	ISBN 978-7-114-11061-0
定　　价:	40.00 元

(有印刷、装订质量问题的图书由本社负责调换)

高等职业教育工程机械类专业教材编审委员会

主任委员 张　铁(山东交通学院)

副主任委员

沈　旭(南京交通职业技术学院)　　邰　茜(河南交通职业技术学院)
吕其惠(广东交通职业技术学院)　　吴幼松(安徽交通职业技术学院)
李文耀(山西交通职业技术学院)　　贺玉斌(内蒙古大学)

委　员

丁成业(南京交通职业技术学院)　　王　健(内蒙古大学)
王　俊(安徽交通职业技术学院)　　王德进(新疆交通职业技术学院)
田兴强(贵州交通职业技术学院)　　代绍军(云南交通职业技术学院)
孙珍娣(新疆交通职业技术学院)　　闫佐廷(辽宁省交通高等专科学校)
刘　波(辽宁省交通高等专科学校)　祁贵珍(内蒙古大学)
吴明华(安徽交通职业技术学院)　　杜艳霞(河南交通职业技术学院)
吴　哲(辽宁省交通高等专科学校)　陈华卫(四川交通职业技术学院)
李云聪(山西交通职业技术学院)　　李光林(山东交通职业技术学院)
张炳根(湖南交通职业技术学院)　　杨　川(成都铁路学校)
杨长征(河南交通职业技术学院)　　赵　波(辽宁省交通高等专科学校)
高贵宝(山东职业学院)　　　　　　徐化娟(甘肃交通职业技术学院)
徐永杰(鲁东大学)　　　　　　　　罗江红(新疆交通职业技术学院)
张宏春(江苏省交通技师学校)　　　田晓华(江苏省扬州技师学院)

特邀编审委员

万汉驰(三一重工股份有限公司)　　刘士杰(中交西安筑路机械有限公司)
孔渭翔(徐工集团挖掘机械有限公司)　张立银(山推工程机械股份有限公司工程机械研究总院)
王彦章(中国龙工挖掘机事业部)　　李世坤(中交西安筑路机械有限公司)
王国超(山东临工工程机械有限公司重机公司)　李太杰(西安达刚路面机械股份有限公司)
孔德锋(济南力拓工程机械有限公司)　季旭涛(力士德工程机械股份有限公司)
韦　耿(广西柳工机械股份有限公司挖掘机事业部)　赵家宏(福建晋工机械有限公司)
田志成(国家工程机械质量监督检验中心)　姚录廷(青岛科泰重工机械有限公司)
冯克敏(成都市新筑路桥机械股份有限公司)　顾少航(中联重科股份有限公司渭南分公司)
任华杰(徐工集团筑路机械有限公司)　谢　耘(山东临工工程机械有限公司)
吕　伟(广西玉柴重工有限公司)　　禄君胜(山推工程机械股份有限公司)

秘书长 丁润锋(人民交通出版社)

总 序

中国高等职业教育在教育部的积极推动下,经过10年的"示范"建设,现已进入"标准化"建设阶段。

2012年,教育部正式颁布了《高等职业学校专业教学标准》,解决了我国高等职业教育教什么、怎么教、教到什么程度的问题,为培养目标和规格、组织实施教学、规范教学管理、加强专业建设、开发教材和学习资源提供了依据。

目前,国内开设工程机械类专业的高等职业学校,大部分是原交通运输行业的院校,现为交通职业学院,而且这些院校大都是教育部"示范"建设学校。人民交通出版社审时度势,利用行业优势,集合院校10年示范建设的成果,组织国内近20所开设工程机械类专业高等职业教育院校专业负责人和骨干教师,于2012年4月在北京举行"示范院校工程机械专业教学教材改革研讨会"。本次会议的主要议题是交流示范院校工程机械专业人才培养工学结合成果、研讨工程机械专业课改教材开发。会议宣布成立教材编审委员会,张铁教授为首届主任委员。会议确定了8种专业平台课程、5种专业核心课程及6种专业拓展课程的主编、副主编。

2012年7月,高等职业教育工程机械类专业教材大纲审定会在山东交通学院顺利召开。各位主编分别就教材编写思路、编写模式、大纲内容、样章内容和课时安排进行了说明。会议确定了14门课程大纲,并就20门课程的编写进度与出版时间进行商定。此外,会议代表商议,教材定稿审稿会将按照专业平台课程、专业核心课程、专业拓展课程择时召开。

本教材的编写,以教育部《高等职业学校专业教学标准》为依据,以培养职业能力为主线,任务驱动、项目引领、问题启智,教、学、做一体化,既突出岗位实际,又不失工程机械技术前沿,同时将国内外一流工程机械的代表产品及工法、绿色节能技术等融入其中,使本套教材更加贴近市场,更加适应"用得上,下得去,干得好"的高素质技能人才的培养。

本套教材适用于教育部《高等职业学校专业教育标准》中规定的"工程机械控制技术(520109)"、"工程机械运用与维护(520110)"、"公路机械化施工技术(520112)"、"高等级公路维护与管理(520102)"、"道路桥梁工程技术(520108)"等专业。

本套教材也可作为工程机械制造企业、工程施工企业、公路桥梁施工及养护企业等职工培训教材。

本套教材也是广大工程机械技术人员难得的技术读本。

本套教材是工程机械类专业广大高等职业示范院校教师、专家智慧和辛勤劳动的结晶。在此向所有参编者表示敬意和感谢。

高等职业教育工程机械类专业规划教材编审委员会

2013.1

前 言

本书是国家级精品课程《工程机械液压系统检修》的配套教材。液压传动技术因其独特的优点在机械设备中得到广泛的应用。近年来,随着液压系统研发能力的不断提高以及与国外交流合作的日益加强,我国的液压技术得到了飞速发展,其应用领域由最初的机床、锻压设备扩大到农业机械、工程机械、冶金机械、化工机械、轻工机械以及智能机械、航空航天设备,甚至可以说,有机械的地方就有液压传动。因此,对于机械类专业或近机类专业的学生来说,液压传动是必须掌握的一门专业技术,该课程对学生形成完整的专业知识结构,培养完备的职业能力起主要支撑作用。

教材是教师组织教学的主要依据,是阐述教学内容的专用书籍,是教学大纲的具体化,教材建设是课程建设的核心,是进行教学工作、稳定教学秩序和提高教学质量的重要保证(汪博兴,2008)。在作者多年的高职教学实践中,感到传统的液压传动教材存在诸多问题,如知识内容陈旧、编写方式不合理、实践性操作技能欠缺、与职业岗位和职业资格证书的考核衔接不到位等。

针对上述问题,编著者在岗位调研和参阅大量文献资料的基础上,针对目前高职院校学生的实际情况,改变了传统液压教材的编写体例,结合多年的现场工作经验和教学实践经验,删繁就简,去旧添新,以"必须够用"为原则,运用工作过程系统化课程开发方法(BAG课程开发法),按照职业成长规律,通过确定典型工作任务及其学习难度,完成学习领域的课程设计后编写该教材。

本教材具有如下特点:

1. 在内容选择上,以国家职业标准、学生专业技能抽查考试标准和专业人才培养方案为主要依据,立足职业岗位需求和液压传动技术现状选择课程内容,剔除传统教学内容中复杂抽象的理论和繁琐的公式,摒弃过时的内容和案例,补充企业产品中应用的一些新知识、新技术、新结构,使教学内容更加"贴近生产、贴近技术、贴近工艺"。

2. 在内容编排上,突破传统教材的窠臼,以渐次培养学生"液压系统检修"这一职业能力为主线,构建了液压系统维护、液压元件检修、液压系统分析与故障诊断等5个学习情境(教学项目),并按照由易到难、由单项到综合的逻辑关系排序,让学生在职业行动中获取职业知识和职业技能。

3. 在表现形式上,充分考虑到高职学生的学习特点和课堂教学的需要,力求用通俗易懂的语言解释复杂的原理,用丰富的图片说明复杂的构造,用明确的步骤说明严格的工作程序,做到图文并茂,以激发学生的学习兴趣。

本书在编写过程中,得到了湖南交通职业技术学院工程机械教研室、三一重工、中联重科、中铁十二局集团、中铁五局集团、山河智能等企业及兄弟院校同仁的大力支持和帮助,在此表示衷心的感谢;邓水英高级工程师在百忙之中仔细对书稿进行了审阅,并提出许多指导性意见,人民交通出版社丁润锋同志为本书的出版做了大量的工作,在此一并表示衷心的感谢。最后感谢本书所有参考文献的作者和编著者。

由于作者水平有限,书中难免存在错误和不妥之处,敬请广大读者批评指正。

作者
2013 年 10 月

目 录

项目一 液压系统维护 ·· 1
　　任务1　熟悉液压传动系统的组成和特征 ··· 2
　　任务2　液压系统的维护 ·· 8
　　任务3　液压油的使用及油液污染控制 ··· 16
　　任务4　蓄能器的使用和维护 ·· 33

项目二 液压缸检修 ·· 40
　　任务5　液压缸检修 ·· 40

项目三 液压控制阀检修 ·· 55
　　任务6　方向控制阀检修 ·· 56
　　任务7　压力控制阀检修 ·· 73
　　任务8　流量控制阀检修 ·· 91
　　任务9　新型液压控制阀检修 ··· 105

项目四 液压泵和液压马达检修 ··· 121
　　任务10　齿轮泵检修 ··· 122
　　任务11　叶片泵检修 ··· 134
　　任务12　柱塞泵检修 ··· 146
　　任务13　液压马达检修 ·· 160

项目五 工程机械液压系统分析和故障诊断 ··· 174
　　任务14　液压系统分析 ·· 174
　　任务15　液压系统故障诊断 ·· 204

思考与练习部分题解 ·· 217
附录　常用液压元件图形符号及常用液压阀型号规格说明 ······························ 220
参考文献 ··· 227

项目一

液压系统维护

任何一台机器都必须通过传动装置将动力装置(发动机、电动机等)的动力传递给工作装置(例如推土机的推土铲、挖掘机的铲斗、磨床的工作台等)。传动是指运动和动力的传递。依据介质的不同,传动分为机械传动、电气传动、气体传动和液体传动。液压传动属于液体传动,它是以液体为工作介质,利用密闭系统中的受压液体来传递运动和动力的方式。

液压传动是根据17世纪法国物理学家帕斯卡提出的液体静压力传动原理发展起来的一门技术。与其他传动方式相比,液压传动具有许多独特的优点,在机械设备中得到广泛的应用。有的设备是利用其能传递的力(力矩)大,功率质量比小的优点,如工程机械、矿山机械、冶金机械等;有的是利用它动作稳定、操纵控制方便,能较容易地实现无级变速、自动工作循环的优点,如各类金属切削机床、轻工机械、运输机械、军工机械等。

由于液压传动是以液体作为工作介质,液体的泄漏和可压缩性都会影响传动的准确性,因此液压传动系统无法保证准确的传动比;工作介质对环境的温度、污染比较敏感,要求液压传动系统有较好的工作环境;在工作中能量损失(泄漏损失、溢流损失、节流损失、摩擦损失等)较大,传动效率较低,不适宜作远距离传动;液压元件的制造和装配精度要求较高,因而其制造成本一般较高;此外,液压设备的故障具有隐蔽性的特点,系统出现故障时,不易查找原因,因此,要求维修人员具有较高的技术水平。

随着技术的发展,液压传动的上述缺点被逐渐克服,而其优点被进一步发扬。特别是近年来,随着机电一体化技术的发展,液压技术向更广阔的领域发展,已经成为包括传动、控制、检测在内的一门完整的自动控制技术。它是实现工业自动化的一种重要手段,具有广阔的发展前景,也成为一个国家或企业技术水平高低的标志。

相对于一般的机械设备,制造精密的液压设备在使用和维护中的要求更高。熟悉液压系统的组成和工作特征,掌握正确的操作使用和维护方法,是保证液压设备长期处于良好的状态、并尽可能地延长其使用寿命的前提条件。因此,液压系统检修工作应该从液压系统维护开始。

本项目主要介绍液压传动系统的组成和特征,工作介质的性质、种类和油液污染控制,液压辅助元件的结构和类型等知识,拟通过以下4个任务的训练,掌握液压系统维护技能:

任务1 熟悉液压传动系统的组成和特征;
任务2 液压系统的日常维护;
任务3 液压油的使用及污染控制;
任务4 蓄能器的使用和维护。

任务1　熟悉液压传动系统的组成和特征

教学目标

1. 知识目标

(1) 掌握液压系统的组成和工作原理；
(2) 掌握压力、流量、流速等概念；
(3) 理解液压传动的特性；
(4) 了解液压系统的表示方法。

2. 能力目标

(1) 能够对照液压设备指出液压系统的各个组成部分；
(2) 能够抄画液压系统的职能符号。

一、任务引入

在密闭容器内，通过活塞施加于静止液体上的压强将以等值同时传到各点。这就是帕斯卡原理，或称静压传递原理。这一定律是法国数学家、物理学家、哲学家布莱士·帕斯卡首先提出的。帕斯卡还发现静止流体中任何一点的压强各向相等，即该点在通过它的所有平面上的压强都相等。这一事实也称作帕斯卡原理。

帕斯卡原理在生产技术中有很重要的应用，本任务通过液压千斤顶和履带式推土机工作装置液压系统两个案例，分析液压传动的工作原理、工作特征、系统组成，初步建立压力、流量、流速等概念，并介绍液压传动在工程机械中的应用。

所需设备：液压设备（千斤顶、推土机、挖掘机、平面磨床等），液压试验台，液压元件，相关工具。

二、相关知识

(一) 液压传动的工作原理

1. 液压千斤顶

液压千斤顶是设备维修、工程施工中经常使用的机具。千斤顶的液压系统是最简单的液压系统，图1-1所示为其液压系统的工作原理。它由手动柱塞泵和举升缸两部分构成。手动柱塞泵由杠杆1、活塞2、泵体3、单向阀4和5等组成；举升缸由液压缸6、活塞7、放油阀8组成，另外还有油箱9。其工作过程如下所述。

(1) 泵吸油过程。提起杠杆1，活塞2上升，泵体3下腔的密闭容积由小变大，其内部压力降低而产生真空度，单向阀5关闭，而油箱9中的油液则在大气压力的作用下，推开单向阀4的钢球，进入并充满泵体3的下腔。

(2) 泵压油和重物举升过程。压下杠杆1，活塞2下降，泵体3下腔的压力升高，使单向阀4关闭，并使单向阀5的钢球受到一个向上的作用力。当这个作用力大于

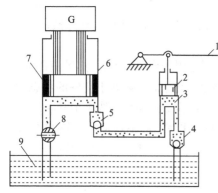

图1-1　液压千斤顶工作原理

1-杠杆；2-活塞；3-泵体；4、5-单向阀；6-液压缸；7-活塞；8-放油阀；9-油箱

液压缸6下腔对它的作用力时,钢球被推开,油液便进入液压缸6的下腔(放油阀8关闭),推动活塞7向上移动,此时液压缸6的下腔容积增大,同时泵体3的下腔容积减小。

反复提压杠杆1,就可以使油箱9中的油液不断被泵吸入并送到液压缸6的下腔,使活塞7推举重物不断上升,达到起重的目的。

(3)重物下降过程。将放油阀8转动90°,液压缸6下腔与油箱9连通,重物G在重力的作用下向下移动,活塞7推动下腔的油液通过放油阀8排回油箱9内。

2.推土机工作装置液压系统

推土机是土石方工程施工中常用的工程机械,它的结构比千斤顶复杂得多,它在工作中也应用帕斯卡原理将沉重的推土铲提起、压下,完成推土工作。

图1-2b)所示为简化了的推土机工作装置液压系统。该液压系统由齿轮泵2、铲刀升降液压缸7、手动换向阀4、安全阀9及油箱10、油管等组成,工作介质为液压油。齿轮泵2由发动机驱动,从油箱10内经滤油器1吸油后输送到液压系统管路。

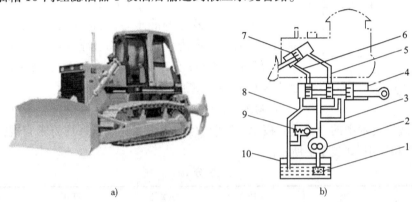

图1-2 推土机工作装置液压系统
a)实物图;b)结构原理图
1-滤油器;2-齿轮泵;3、5、6、8-油管;4-手动换向阀;7-液压缸;9-安全阀;10-油箱

该液压系统的工作过程如下:

(1)铲刀保持。手动换向阀阀芯处于图示位置时,齿轮泵输出的油液经油管3、手动换向阀4、油管8流回油箱10;液压缸7上、下腔的油管均被换向阀阀芯堵死,其活塞不能动作,推土铲刀处于保持状态。

(2)铲刀下降。当手动换向阀的阀芯由图示位置向右移动一个工位时,齿轮泵输出的油液经手动换向阀4、油管5进入液压缸7的上腔(无杆腔),推动活塞下移,铲刀下降(铲土);液压缸下腔(有杆腔)的油液经油管6、手动换向阀4、油管8流回油箱10。

(3)铲刀上升。当手动换向阀的阀芯由图示位置向左移动一个工位时,齿轮泵输出的油液经手动换向阀4、油管6进入液压缸7的有杆腔,推动活塞上移,铲刀上升(卸土);液压缸无杆腔的油液经油管5、手动换向阀4、油管8流回油箱10。

(4)铲刀浮动。当换向阀的阀芯向右移动到最右端时,齿轮泵输出的油液经手动换向阀4、油管8流回油箱10;液压缸7的两个油腔均与油箱10连通,活塞处于浮动位置,推土铲刀也处于浮动状态。

上述两个案例都是应用帕斯卡原理进行工作的,从分析过程可以看出,液压传动要能正常工作,必须具备如下条件(液压传动的特点):

(1)液压传动必须以液体(一般为矿物油)作为传递运动和动力的工作介质。

(2) 油液必须在密闭容器(或密闭系统)内传送。如果容器不密封,就不能形成必要的工作压力。

(3) 密闭容积必须能够变化。如果密闭容积不变化,就不能实现吸油和压油,也就不可能利用受压液体传递运动和动力。

(二) 液压传动的工作特性分析

液压千斤顶的结构虽然简单,但它具有液压传动的所有特征,下面以液压千斤顶为对象分析液压传动的工作特性。

1. 压力决定于负载

如图1-3所示,当压下千斤顶的杠杆推动柱塞泵活塞1时,假设手动柱塞泵小活塞对液面施加作用力为F,小活塞面积A_1,则单位面积液面上所受的法向力为

$$p = F/A_1 \tag{1-1}$$

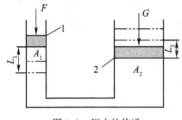

图1-3 压力的传递
1、2—活塞

将p定义为液体的静压力,简称压力,其含义为液体单位面积上所受的法向力。压力在物理学中称为压强。压力的法定单位❶是Pa(帕)或N/m²(牛/米²),由于Pa单位太小,工程上常使用MPa(兆帕),两者换算关系是

$$1\text{MPa} = 10^3\text{kPa} = 10^6\text{Pa} \tag{1-2}$$

压力是液压技术中的一个重要概念,液压设备通常根据其液压系统的压力进行分级,以便于设计、生产和使用,如表1-1所示。

压力分级　　　　　　　　　　　　　　　表1-1

压力等级	低压	中压	中高压	高压	超高压
压力/MPa	≤2.5	2.5~8	8~16	16~32	>32

根据帕斯卡原理,在密闭容器中的静止液体,由外力作用所产生的压力可以等值地传递到液体内部所有各点。在图1-3中右侧举升缸活塞下液面所受的压力也应为p,p和重物的质量G、举升缸活塞面积A_2应有如下的关系:

$$p = F/A_1 = G/A_2 \tag{1-3}$$

讨论式(1-3):

(1) ∵$A_1 < A_2$,∴$F < G$,说明用较小的作用力就能把较重的物体举起来,就是说千斤顶能够放大操纵力,这就是千斤顶能够省力的原因。

(2) 若$G = 0$,则$p = 0$;G的数值越大,F也应越大,将其顶起来所需要的压力p也越大。说明在液压系统内压力的大小取决于外负载的大小,简言之,压力决定于负载。

(3) 重物能够被受压的油液举升,说明受压的油液能够作功,它是具有能量的,这种能量称之为"压力能"。液压传动利用液体的压力能传递动力,这是它与其他传动方式最根本的区别。

(4) 从能量转换的角度看,液压传动中必须经过两次能量转换:图1-3中,左侧的手动柱塞泵把机械能转换为液体的压力能,右侧举升缸再把液体的压力能转换为机械能。这就是液压传动的原理。

---

❶ 法定单位指我国法定计量单位及SI制单位。

2. 速度决定于流量

假设千斤顶中的工作介质为不能压缩和无黏性的理想液体,再假设每次压下杠杆时柱塞泵活塞下移的距离为 L_1,举升缸活塞上移的距离为 L_2,则根据中学的物理知识可知,每次下压杠杆时输入的机械能(即机械功)为 $pA_1 \cdot L_1$,举升缸上移时输出的机械能为 $pA_2 \cdot L_2$,根据能量守恒定律有

$$pA_1 \cdot L_1 = pA_2 \cdot L_2 \tag{1-4}$$

柱塞泵活塞下移和举升缸活塞上移是同时进行的,假设所需时间为 Δt,在式(1-4)两边同时再约去 p,除以 Δt,有

$$A_1 \cdot L_1 / \Delta t = A_2 \cdot L_2 / \Delta t \tag{1-5}$$

在式(1-5)中,$A_1 \cdot L_1 / \Delta t$ 的物理意义是单位时间内流出柱塞泵的液体的体积,将其定义为体积流量,简称流量,以符号 q_V 表示。即

$$q_V = A_1 \cdot L_1 / \Delta t = \Delta V / \Delta t \tag{1-6}$$

同理,式(1-5)等号右端的 $A_2 \cdot L_2 / \Delta t$ 表示举升缸下腔流入的流量。式(1-5)说明,流出手动柱塞泵的流量等于流进举升缸的流量,这符合质量守恒原理。流量是液压技术中的一个重要概念,其严格的定义是:单位时间内通过某流通截面的液体体积。流量的法定单位为 m^3/s。因法定单位太大,工程上常用 L/min(升/分钟),两者的换算关系是:

$$1 m^3/s = 6 \times 10^4 L/min \tag{1-7}$$

另外,在式(1-5)中,$L_1 / \Delta t$ 即柱塞泵活塞下移的平均速度,令其为 v_1,此速度也是柱塞泵下腔油液流出的平均速度,即流速。流速的标准单位是 m/s(米/秒),工程上常用单位为 m/min(米/分钟)或 cm/min(厘米/分钟)。同理,$L_2 / \Delta t$ 即举升缸活塞上移的平均速度 v_2,也即油液流进举升缸的流速。将 v_1 与 v_2 代入式(1-5),有

$$q_V = A_1 v_1 = A_2 v_2 \tag{1-8}$$

式(1-8)称为液流连续性方程。讨论式(1-8):

(1)液流连续性方程表示在同一管道系统中,通过任意两个截面的流量都相等。

(2)由于 $A_1 < A_2$,故 $v_1 > v_2$,说明在液压系统中,管径小的地方流速大;反之,管径大的地方流速小。

(3)由式(1-8)可得 $v_2 = q_V / A_2$,由于 A_2 是定值(常数),所以举升缸活塞上移速度的大小取决于进入举升缸流量的多少,即速度决定于流量。

(4)将式(1-8)等号两边同时乘以压力 p,有 $pq_V = pA_1 v_1 = pA_2 v_2$,因式 $pA_1 v_1$ 和 $pA_2 v_2$ 具有功率的量纲,说明 pq_V 也具有功率的量纲。事实上,pq_V 即液压技术中所谓的压力能。故液体的压力能为

$$P = p \cdot q_V \tag{1-9}$$

(三)液压系统的组成

通过对上述两个案例的分析可知,液压系统若能正常工作,必须由以下5个部分组成:

(1)工作介质。工作介质在液压传动及控制中起传递运动、动力及信号的作用。一般为液压油或其他合成液体。

(2)动力元件。动力元件指各种液压泵,一般由柴油机或电动机驱动。其作用是将输入的机械能转换为工作介质的压力能,为液压系统提供压力油。

(3)执行元件。包括液压缸和液压马达,其作用是在压力油的推动下输出力和速度(直线运动),或力矩和转速(回转运动或摆动),带动工作机构工作。

(4)控制调节元件。控制调节元件主要指各种液压控制阀,其作用是控制或调节液压系统中油液的压力、流量或流动方向,以保证执行元件完成预期工作。

(5)辅助元件。包括油箱、油管、管接头、滤油器、蓄能器、压力表以及流量计等,这些元件分别起散热储油、蓄能、输油、连接、过滤、测量压力和测量流量等作用,以保证系统正常工作,是液压系统不可缺少的组成部分。

(四)液压传动系统的图形符号

图1-1、图1-2所示的液压传动系统图是一种半结构式的工作原理图,直观性强,容易理解,但绘制麻烦,当系统复杂、元件数量多时更是如此。为此,国内外都广泛采用液压元件的图形符号来绘制液压传动系统图。图1-4是用图形符号绘制的图1-2所示推土机液压传动系统原理图。

图形符号脱离元件的具体结构,只表示元件的职能。使用这些符号可使液压系统图面简洁,油路走向清楚,便于阅读、分析、设计和绘制,因而得到广泛的采用。缺点是直观性不如半结构图强。

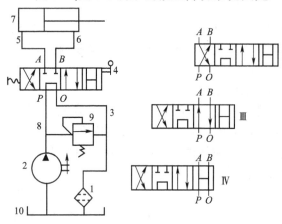

图1-4 推土机工作装置液压系统工作原理图
(图注同图1-2)

我国制定的液压元(辅)件图形符号(GB/T 786.1—2009),可参见附录。按照规定,液压元件的职能符号应以元件的静止位置或零位来表示。

若液压元件无法用职能符号表示时,允许采用半结构图表示。

(五)液压传动技术在工程机械中的应用

现代工程机械发展迅速,其中液压技术的采用起到了至关重要的作用。其原因一是液压传动技术的采用大大促进了工程机械整机性能的提高;二是液压元件易于实现标准化、系列化和通用化,系统布置灵活方便,并使整机结构简单,缩短了设计和制造周期。液压传动的这些突出优点使其在工程机械上得到广泛应用。液压技术主要应用在工程机械的工作装置、行走驱动等方面,如表1-2所示。

液压技术在工程机械上的主要应用场合　　　　表1-2

序号	应用场合	应用实例
1	工作装置驱动	推土机铲刀升降;装载机铲斗翻转举升;挖掘机铲斗的各种复合动作
2	行走驱动	挖掘机、沥青混凝土摊铺机全部采用液压驱动,部分推土机采用液压驱动
3	液压转向和液压助力	大功率轮式机械普遍采用液压转向或液压助力器实现转向操纵
4	液压制动和气液制动	移动式工程机械广泛采用液压制动器或气推油制动器
5	变速器动力换挡	变速器采用液压换挡,简化操纵挡位,减轻操纵力
6	液压支承	起重机、泵车等固定作业位置的机械采用液压支腿,缩短作业准备时间
7	回转驱动	挖掘机、起重机等设备的回转机构采用液压驱动技术
8	冲击、振动机构驱动	压路机振动轮、液压破碎锤等

三、任务实施

任务实施1　熟悉液压设备和液压元件

1．将学生带到工程机械操作实训室进行参观、讲解

(1)对照工程机械实物(推土机或挖掘机)讲解其液压系统的各个组成部分。

(2)起动机械，操纵控制手柄，观察工作装置、行走装置的运动情况。

(3)分析液压系统的工作原理及各组成部分的作用。

(4)实训完毕，将机械停回原处，并清洁卫生。

2．将学生带到液压传动实训室

(1)观察各种液压元件的外形特点。观察完的液压元件应摆回原处。

(2)介绍液压实验台。QCS014B型液压实验台如图1-5所示。该液压实验台在正面安装液压元件，背面插接软管搭建回路，有活动脚轮可方便移动；外接计算机，可动态演示回路，可自动生成油泵的性能曲线。

任务实施2　了解液压传动的特性

(1)在液压试验台上，按照图1-6组建液压回路。

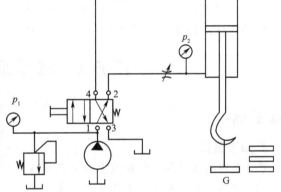

图1-5　QCS014B型液压实验台　　　　图1-6　液压缸工作压力形成的回路

(2)调整节流阀开口到合适位置，操纵换向阀，让学生观察换向阀在不同位置时液压缸的运动情况。

(3)将节流阀口关闭，再操纵换向阀，让学生明白油路不通或没有压力油时，液压缸是不运动的。因此，液压传动必须有工作介质才能工作。

(4)调节节流阀开口大小，再操纵换向阀，观察液压缸的运动速度与节流阀开口大小的关系，使学生理解液压缸的运动速度大小决定于流量的大小，即速度决定于流量。

(5)改变负载 G 的大小，观察压力表 p_1 和 p_2 有什么变化，记录压力与负载的数值，并分析原因，让学生明白压力决定于负载的道理。

(6)讲解系统中每一个液压元件的作用和特点。

(7)观察完毕后拆卸液压系统，将元件摆放原处，并打扫卫生。

四、思考与练习

1-1　什么是液压传动？

1-2　相对于其他的传动方式，液压传动有哪些优点和缺点(可查阅有关资料作答)？

1-3　解释液压技术中压力、流量和流速概念。
1-4　液压系统中的压力分为哪几个等级？
1-5　液压系统的工作压力取决于什么？为什么？
1-6　液压缸的运动速度取决于什么？为什么？
1-7　什么是压力能？如何计算？
1-8　简述液压传动的必要条件。
1-9　对照图1-1或图1-2填写表1-3。

（液压设备）　　　　　液压系统组成　　　　　表1-3

序号	组　成	元件或介质
1	传动介质	
2	动力元件	
3	执行元件	
4	控制元件	
5	辅助元件	

1-10　抄画推土机液压系统原理图。
1-11　试分析千斤顶液压系统的工作原理。
1-12　查阅资料并了解：①液压传动技术的发展概况；②液压传动技术的优点和缺点；③了解液压传动技术在工程机械中的具体应用。

任务2　液压系统的维护

教学目标

1. 知识目标
(1) 了解液压设备的维护内容和操作规程；
(2) 理解压力表和压力表开关的结构原理；
(3) 掌握油管和管接头的类型和结构。

2. 能力目标
(1) 能够使用压力表等仪表对液压设备进行点检维护；
(2) 能够更换液压油管。

一、任务引入

液压系统使用得当，维护修理及时，是保证能长期处于良好状态，并尽可能地延长其使用寿命的先决条件。为此，对设备的管理部门来说，必须建立和完善液压设备使用和维护方面的制度，建立较完善的设备技术档案，妥善保存设备使用说明书及有关技术资料；对设备的使用者和维修者来说，必须掌握液压设备的结构原理、使用维护等方面的知识，接受有关操作维护的指导和培训，学习使用说明书及有关技术资料，以便正确操作、维护液压设备，如实记录设备使用、维护、修理情况并将其纳入设备技术档案，并可作为修理依据之一。

本任务主要对某液压设备进行点检维护，掌握液压系统的维护规程、维护内容和正确的操作方法。在液压系统的维护中，经常需要使用压力表和压力表开关，并且要和油管打交道，所以，还应熟悉压力表和压力表开关，掌握油管和管接头的结构。

所需设备:液压设备(推土机、挖掘机、机床等),备用橡胶管;压力表、温度计、万用表、常用钳工工具等。

二、相关知识

(一)液压设备的维护

1. 液压设备的点检制

(1)点检制简介。在国内大型的、先进的企业一般都建立了液压设备维护的点检制。设备点检制是20世纪80年代从工业先进国家引入中国,因其先进性、有效性和重要性得到广泛的应用。事实证明,以设备点检制为主体的设备管理体系是适应中国工业企业设备管理的有效方法。

所谓点检制,是按照一定的标准、一定的周期、对设备规定的部位进行检查,以便发现设备故障隐患,及时加以修理调整,使设备保持其规定功能的检查方式。值得指出的是,设备点检制不仅仅是一种检查方式,而且是一种管理制度和管理方法。企业设备点检一般都有一整套细致、标准的程序。

(2)点检制的特点。点检制的特点可以归纳为以下8个方面,简称"八定"。

①定人:设立兼职和专职点检员。兼职点检员指设备操作者,专职点检员指修理工。

②定点:设定检查的部位、任务和内容。

③定时:不同设备及不同部位的点检周期必须依据工作环境、工作强度(参数)、工作性质等具体情况确定。

④定标准:给出每个点检部位是否正常的判断标准,且判断标准应量化。

⑤定方法:确定不同部位的检查方法,是采用感官,还是用工具、仪器。

⑥定点检计划表:点检计划表又称作业卡,指导点检员沿着规定的路线作业。

⑦定记录:包括作业记录、异常记录、故障记录及倾向记录,都有固定的格式。

⑧定点检业务流程:明确点检作业和点检结果的处理程序。如急需处理的问题,要通知维修人员;不急处理的问题则记录在案,留待计划检查处理。

点检管理的要点是:实行全员管理,专职点检员按区域分工管理。点检员本身是一贯制管理者。点检是动态的管理,与维修相结合,并按照一整套标准化、科学化的程序进行。

2. 液压设备的维护等级

对一般的液压设备来说,其维护通常分为日常检查、定期检查和综合检查3个等级。

(1)日常检查。日常检查通常由操作者执行,是用目视、耳听及手触感觉等比较简单的方法,在泵起动前、起动后和停止运转前检查油量、油温、压力、漏油、振动、噪声等情况,并随时进行维护。对重要的液压设备应填写"日检维修卡"。

(2)定期检查。定期检查的间隔时间一般与过滤器检修间隔时间相同,通常为2~3个月,由维修人员在停机后进行。定期检查的内容包括:调查日常检查中发现异常现象的原因并进行排除;对需要维修的部位在必要时进行分解检修,具体检查任务和内容如表2-1所示。

(3)综合检查。综合检查大约每年进行1次,由维修人员在停机后进行。其主要内容是:检查液压系统的各元件和部件,判断其性能和使用寿命,并对故障部位进行检修或更换元件。综合检查的方法主要是分解检查,要重点排除1年内可能产生的故障因素。

定期检查任务和内容　　　　　　　　表2-1

定检部位	任务	内容
螺栓和管接头	定期紧固	10MPa以上系统,每月1次;10MPa以下系统,每3个月1次。螺栓和管接头紧固牢靠,以防松动和漏油
过滤器、空气滤清器	定期清洗	一般系统每月一次,恶劣环境下每半月1次(特殊规定除外)
油箱、管道、阀块	大修检查	清洁油箱、阀块
密封件	定期更换	按环境温度、工作压力、密封件材质确定,一般为1.5~2年
油液污染度	定期更换	定期抽样化验,并按规定的牌号选用液压油并更换
压力表	定期检查	按设备使用情况确定检验周期,如出现指示不准,立即更换
高压软管	定期更换	根据使用老化情况,规定更换周期
电气部分	定期检查	按电气使用维修规定,定期检查维修
泵、阀等液压元件	定期检查	根据使用情况,定期测定其性能,并尽可能采用在线测试办法
蓄能器	定期检查	发现气压不足或油气混合时,应及时充气和修理

3.液压设备的维护操作规程

液压设备的维护操作,除满足对一般机械设备的维护要求以外,还有它的特殊要求,其内容如下:

(1)操作者必须熟悉本设备液压系统的原理,熟悉主要液压元件的作用,掌握系统动作顺序。

(2)液压设备应保持清洁,防止灰尘、棉纱等污物进入系统。

(3)在设备起动前,应检查所有运动机构主电磁阀是否处于初始位置,检查油箱油位。若发现油量不足,应及时补充同牌号的液压油;若发现油量过多,应查明原因及时处理。

(4)停机4h以上的液压设备,在开始工作前,应先起动液压泵空转5~10min,然后才能带负荷工作。

(5)设备起动后,操作者应随时监视设备的工作状态,观察工作压力、速度、油温、振动、噪声是否正常,以保证液压系统工作稳定可靠。

(6)维护时要按设备检查卡规定的部位和任务进行认真检查。

(7)不得使用有缺陷的压力表或在无压力表的情况下工作或调压。

(8)电气柜、电气盒、操作台和指令控制箱等应有盖或门,不得敞开使用,以免积污。

(9)操作维护时注意不得损坏电气系统的互锁装置,不得用手直接推动电控阀,不得损坏或任意移动各限位开关的位置。

(10)操作者不得私自调节或拆换各液压元件。

(11)当液压系统出现故障时,操作者不得自行处理,应报告维修部门,由专业维修人员及时进行处理,不要勉强运转,以免造成大事故。

(二)压力表和压力表开关

1.压力表

液压系统各部位的压力可通过压力表观测,以便调整和控制。压力表的种类很多,最常用的是弹簧管式压力表,如图2-1所示。弹簧管式压力表的型号有Y-40、Y-60、Y-100、Y-150、Y-200(Y表示压力表;"-"后数字为表的外径,单位为mm)。

压力油进入扁截面金属弯管,弯管变形使其曲率半径加大,端部发生位移并通过杠杆使齿扇摆动,于是与齿扇啮合的小齿轮带动指针转动,这时即可由刻度盘上读出压力值。

压力表有多种精度等级。普通精度的有1,1.5,2.5,…级;精密型的有0.1,0.16,0.25,…级。精度等级的数值是压力表最大误差占量程(表的测量范围)的百分数。例如,2.5级精度,量程为6MPa的压力表,其最大误差为$6MPa \times 2.5\% = 0.15MPa$。

选择和使用压力表时应注意以下几点:

(1)根据液压系统的测试方法,以及对精度等方面的要求,选择合适的压力表。如果是一般的静态测量和指示性测量,可选用弹簧管式压力表。工程机械、机床等液压设备一般选用2.5~4级精度的压力表即可。

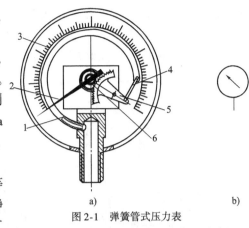

图2-1 弹簧管式压力表
1-弹簧弯管;2-指针;3-刻度盘;4-杠杆;5-齿扇;
6-小齿轮

(2)压力表量程的选择。若是静态测量或压力波动较小,按测量的范围为压力表满量程的1/3~2/3选择,被测压力一般不应超过压力表量程的75%;若测量的是动态压力,则需要预先估计压力信号的波形和最高变化的频率,以便选用具有比此频率大5倍以上的固有频率的压力表。

(3)被测系统的工作介质(各种牌号的液压油)应对压力表的敏感元件无腐蚀作用。

(4)应严格按照有关测试标准的规定来确定测压点的位置,除了具有耐大加速度和振动性能的压力传感器外,一般的仪表不宜装在有冲击和振动的地方。例如:液压阀的测试要求,上游测压点距离被测试阀为$5d$(d为管道内径),下游测压点距离被测试阀为$10d$,上游测压点距离扰动源为$50d$。

(5)压力表必须直立安装,压力表接入压力管道时,应通过阻尼小孔,以防止压力波动造成直读式压力表的读数困难,同时也可防止被测压力突然升高而将表冲坏。

(6)在安装时如果使用聚四氟乙烯带或胶粘剂,勿堵住油(气)孔。

(7)装卸压力表时,切忌用手直接扳动表头,应使用合适的扳手操作。

2. 压力表开关

压力表需要接入液压系统,一般通过压力表接头或压力表开关。压力表接头在使用中需要经常拆装,不太方便,如果使用压力表开关则比较方便。

压力表开关实际上是一个小型截止阀,用以接通或断开压力表与油路的通道。压力表开关有一点、三点、六点等。

图2-2所示为公称压力为32MPa的单点式压力表开关。它只能连接一个压力表和测量一个测压点的压力。调节手轮,使阀杆下移到底,可切断压力表与被测油路;使阀杆上移,即可使油路与压力表油口接通。调节阀口大小可改变阻尼,以减缓压力表指针的急剧跳动,防止压力表损坏。安装压力表时,可通过接头螺母5任意调整压力表表面的方向。单点式压力表也可在小流量回路中作截止阀用。

图2-3所示为六点压力表开关。图示位置为非测量位置,此时压力表油路经沟槽a、小孔b与油箱连通。若将手柄向右推进去,沟槽a将把压力表油路与测量点处的油路连通,并将压力表油路与通往油箱的油路断开,这时便可测出该测量点的压力。如将手柄转到另一个测量点位置,则测出其相应压力。压力表中的过油通道很小,因其阻尼作用可防止表针的剧烈

摆动。当液压系统进入正常工作状态后,应将手柄拉出,使压力表与系统油路断开,以保护压力表并延长其使用寿命。六点压力表开关可使压力表油路分别与6个被测油路相连通,用一个压力表通过一次安装即可检测6个点(位置)的压力,因而使用更为方便。

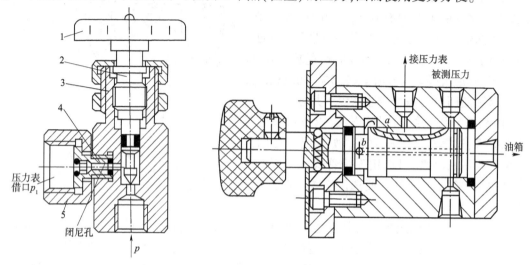

图 2-2　单点式压力表开关
1-手轮;2-阀杆;3-阀体;4-压紧螺栓;5-接头螺母

图 2-3　六点式压力表开关

(三) 油管和管接头

1. 油管的类型

液压系统中使用的油管分为软管和硬管两大类,必须根据系统的工作压力、工作环境和安装位置正确选用。各种油管的特点及其适用范围如表 2-2 所示。

液压系统中使用的油管　　表 2-2

种类		特点和适用场合
硬管	钢管	能承受高压,刚性好,抗腐蚀,价格低廉但装配时不能任意弯曲;常用在拆装方便处用做压力管道,中、高压用无缝钢管,低压用焊接管
	紫铜管	易弯曲成各种形状,但承压能力一般不超过 6.5~10MPa,抗振能力较弱,且易使油液氧化;适用于小型中、低压设备的液压系统,特别是内部装配不方便处
软管	橡胶管	高压橡胶管由耐油橡胶夹几层钢丝编织网制成(图 2-4),钢丝网层数越多,承受的压力越高,其最高承受压力可达 70~100MPa,价格也较高,用做中、高压系统中两个相对运动件之间的压力管道;低压软管由耐油橡胶夹帆布制成,可用做回油管道。橡胶软管安装方便,不怕振动,并能吸收部分液压冲击能量
	尼龙管	乳白色半透明,承压能力因材质而异,在 2.5~8MPa 之间;加热后可随意弯曲成形或扩口,冷却后又能定形不变,使用方便,价格低廉
	塑料管	质轻耐油,价格便宜,装配方便。但承压能力低,长期使用会老化;只宜用作压力低于 0.5MPa 的回油管和泄油管

2. 管接头

管接头是油管与油管,油管与液压元件间的可拆卸连接件。它应满足连接牢固、密封可靠、液阻小、结构紧凑、拆装方便等要求。

管接头的形式很多,按接头的通路方向分为直通、直角、三通、四通、铰接等形式;按其与油管的连接方式分为管端扩口式、卡套式、焊接式、扣压式等。管接头与机体的连接常用圆锥螺纹和普通细牙螺纹。用圆锥螺纹连接时,应外加防漏填料;用普通细牙螺纹连接时,应采用组合密封垫(熟铝合金与耐油橡胶组合),且应在被连接件上加工出一个小平面。各种管接头均已标准化,选用时可查阅有关液压手册。这里介绍几种常用的管接头。

a) b)

图 2-4 高压橡胶管
a)橡胶管总成;b)橡胶管断面

(1) 扣压式管接头。扣压式软管接头一般与钢丝编织的高压橡胶软管配合使用,它由接头螺母、接头芯、接头套和胶管构成,如图 2-5 所示。装配前先剥去胶管上的一层外胶,然后把接头套套在剥去外胶的胶管上,再插入接头芯,最后将接头套在压床上用压模进行挤压收缩,使接头套内锥面上的环形齿嵌入钢丝层使连接牢固,也使接头芯外锥面与胶管内层压紧,从而防止接头拔脱和漏油。值得注意的是,胶管是以内径为规格依据的,金属管接头是以外径为规格依据的。

(2) 卡套式管接头。卡套式管接头由接头体、卡套、螺母等零件组成,如图 2-6 和图 2-7 所示。装配时先把螺母和卡套套在接管上,然后把油管插入接头体内孔(靠紧),把卡套安装在接头体内锥孔与油管之间的间隙内,再把螺母旋紧在接头体上,使卡套产生弹性变形并嵌入被连接的油管(一般嵌入 0.25~0.5mm),从而将油管夹紧并实现密封。这种接头拆装方便,能承受较大的振动,但对卡套的制造工艺和油管的径向尺寸精度要求较高,需采用冷拔无缝钢管且油管外径不超过 42mm。通常用于高压系统,特别是有燃烧爆炸危险、高空作业和拆装频繁的场合,工作压力可达 40MPa。

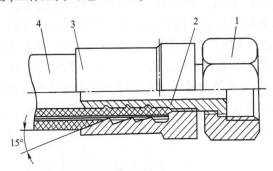
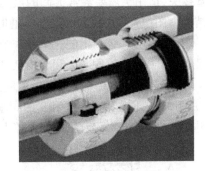

图 2-5 扣压式管接头结构　　图 2-6 卡套式管接头实物剖切结构
1-接头螺母;2-接头芯;3-外套;4-胶管

(3) 焊接式管接头。焊接式管接头是将管子的一端与管接头上的接管焊接起来后,再通过管接头上的螺母、接头体等与其他管式液压元件连接起来的一类管接头,如图 2-8 所示。接头体与元件连接处采用细牙螺纹,配合组合密封圈防漏;接头体与接管之间采用 O 形密封圈密封。这种管接头结构简单、制造方便、耐高压、耐振动、密封可靠,广泛用于高压系统的厚壁钢管连接,工作压力可达 32MPa。但这种管接头焊接麻烦,拆装不便。

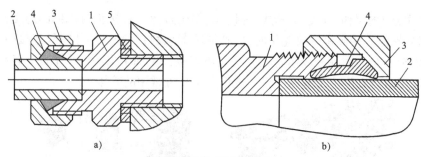

图 2-7 卡套式管接头结构
1-接头体；2-接管；3-螺母；4-卡套；5-组合式密封垫

（4）扩口式管接头。扩口式管接头适用于纯铜管、薄壁钢管、尼龙管及塑料管的连接，如图 2-9 所示。装配前先将油管管端套上导向套和接头螺母，然后在专用的工具上将其端部扩成约 74°～90°的喇叭口。连接时，靠拧紧接头螺母使管端扩口紧压在接头体的锥面上并保证其密封。这种连接，结构简单，造价低，一般用于压力小于 10MPa 的中低压系统。

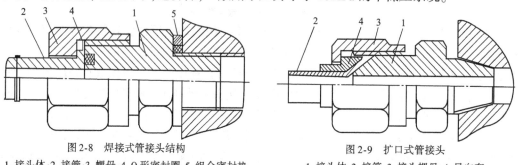

图 2-8 焊接式管接头结构
1-接头体；2-接管；3-螺母；4-O 形密封圈；5-组合密封垫

图 2-9 扩口式管接头
1-接头体；2-接管；3-接头螺母；4-导向套

（5）凸缘式管接头。凸缘式管接头是把钢管焊接在凸缘上，再用螺栓连接起来，两凸缘之间用 O 形圈密封，如图 2-10 所示。这种管接头结构坚固、工作可靠、防振性能好，但外形尺寸大，适用于高压、大流量液压系统。

（6）快速装拆管接头。快速装拆管接头是一种不需要任何工具，能实现迅速连接或断开的油管接头，适用于需要经常拆卸的液压管路，如液压实验台。图 2-11 所示为快速装拆管接头的结构。图中各零件位置为油路接通时的位置。它有两个接头体 3 和 9，接头体分别与管道连接。外套 8 把接头体 3 上的 3 个或 8 个钢球 7 压落在接头体 9 上的 V 形槽中，使两个接头体连接起来；同时，两个锥阀芯 2 和 5 相互挤紧顶开，形成油流通道。当需要断开油路时，可用力将外套 8 向左推移，同时拉出接头体 9，此时弹簧 4 使外套复位，锥阀芯 2 和 5 分别在各自弹簧 1 和 6 的作用下伸出，顶在接头体 3 和 9 的阀座上而关闭油路，故分开的两段软管均不漏油。这种接头使用方便，但结构较复杂，压力损失较大，常用于各种液压实验台及需经常断开油路的场合。

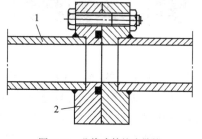

图 2-10 凸缘式管接头结构
1-钢管；2-凸缘

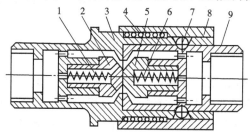

图 2-11 快速装拆管接头结构
1、4、6-弹簧；2、5-锥阀芯；3、9-接头体；7-钢球；8-外套

三、任务实施

任务实施 1　液压设备日常检查

选择一台液压设备(如推土机、挖掘机、机床等)进行日常检查实训,并做好记录。

1. 泵起动前检查

(1)环绕机器一周,观察机器及地板上是否有漏油现象。

(2)液压油箱油位检查。通过液压油箱上的油位计进行目视检查,油面在 UP 和 DOWN 刻度之间为油量合适。如液面过低,须及时加注;如液面太高,应报告老师,查明原因。

(3)检查各换向阀控制手柄。各操纵控制手柄应按标识处于初始位置(零位),不能处于工作位置。

(4)检查行程开关和挡块。检查位置是否正确,螺栓紧固是否可靠。

(5)检查手动和自动循环(如有)是否正确。

2. 在设备运行中检查

(1)系统压力。通过油泵出口所接压力表观察压力表指针是否稳在设备使用说明书规定的范围内,如有剧烈波动,应查明原因。

(2)振动、噪声。通过耳听辨别液压设备尤其是液压泵的声音是否正常,声音柔和并带有韵律为正常,如有啸叫声和尖利的刮擦声则有问题。通过手摸感受机器的振动。

(3)油温。在设备运转 30min 后,观察油温表。油温表指示在绿色区域或显示的温度在 35~60℃ 为正常,对于野外工作的工程机械,一般不应超过 70℃。

(4)漏油(外泄漏)。全系统不得有漏油现象,重点检查油管和管接头部位。如管接头漏油,则应拧紧接头螺母或更换管接头处密封圈;如橡胶软管漏油,则更换橡胶软管。

(5)电压。用万用表测量电磁阀外接电路的电压,规定值在 ±5% 为正常。

(6)在进行上述检查的同时,填写"日检维修卡",见表 2-3。

日 检 维 修 卡　　　　表 2-3

设备编号:＿＿＿＿＿＿　　　　姓名:＿＿＿＿　　时间:＿＿年＿＿月＿＿日
设备名称:＿＿＿＿＿＿　　　　班级:＿＿＿＿　　学号:＿＿＿＿

起动前检查			运行中检查		
序号	检查任务	检查情况	序号	检查任务	检查情况
1	漏油(外泄漏)		1	系统压力	
2	油位		2	振动、噪声	
3	换向阀控制手柄		3	油温	
4	行程开关和挡块		4	漏油(外泄漏)	
5	手动和自动循环		5	电压	
符号说明	√——完好; ×——有问题; ⊗——修好	特别说明事项	事由: 签名:		

任务实施 2　更换橡胶油管

1. 橡胶管安装步骤

(1)将工作装置停放在地面或安全位置,然后设备停机。

(2)用脱脂擦布将要拆卸的橡胶管、管接头及其附近部位的油污擦拭干净。

(3)先拆卸橡胶管较高位置的管接头,用油堵堵住与管接头连接的油口;然后拆卸橡胶管较低位置的管接头。

(4)将新橡胶管装上,先装较低部位的管接头,再装较高部位的管接头。拧紧接头螺母时应一手握住橡胶管,一手用扳手拧紧,防止橡胶管扭曲;同时两边接头螺母的拧紧力矩要一致。

(5)实训完毕,将机械停放原处,并搞好清洁卫生。

2.油管安装的技术要求

(1)油管在安装前要进行清洗。一般先用20%硫酸和盐酸进行酸洗,然后用10%的苏打水中和,再用温水洗净,做2倍于工作压力的预压试验,确认合格后才能安装。

(2)管路应尽量短,横平竖直,转弯少。为避免管路皱折,以减少管路压力损失,硬管装配时的弯曲半径要足够大,符合表2-4的要求。管路悬伸较长时,要适当设置管夹。

硬管装配时允许的弯曲半径　　　　　　表2-4

管子外径 D/mm	10	14	18	22	28	34	42	50	63
弯曲半径 R/mm	50	70	75	80	90	100	130	150	190

(3)管路应在水平和垂直两个方向上布置,尽量避免交叉,平行管间距要大于10mm,以防止接触振动并便于安装管接头。

(4)软管直线安装时要有30%左右的余量,以适应油温变化、受拉和振动的需要。弯曲半径要大于软管外径的9倍,弯曲处到管接头的距离至少等于外径的6倍。

四、思考与练习

2-1　液压设备的维护分为哪几个等级?各等级维护有哪些不同?

2-2　压力表的精度等级是如何规定的?如何选择压力表的量程和精度等级?

2-3　某压力表量程为40MPa,精度为2.5级,其最大误差为多少?

2-4　单点式压力表开关与六点式压力表开关有何不同?

2-5　液压系统常用的油管有哪几种类型?工程机械中常用哪种油管?说明原因。

2-6　管接头有哪几种类型?工程机械中常用哪种管接头?液压实训台常用哪种管接头?简要说明原因。

2-7　液压设备的日常检查包含哪些内容?

2-8　什么是设备点检制?有哪些特点?

任务3　液压油的使用及油液污染控制

教学目标

1.知识目标

(1)掌握液压油的性质、种类和合理使用知识;

(2)掌握油液污染的来源、种类与控制措施;

(3)掌握油箱的功用、结构与安装使用要求;

(4)掌握过滤器的类型、结构与使用要求。

2. 能力目标

(1) 能够更换液压油;
(2) 能够清洗油箱和过滤器,并更换过滤器滤芯;
(3) 能够用常用方法检测和判断液压油的污染度。

一、任务引入

液压系统是通过油管将各种液压元件连接起来形成的密闭容腔系统。液压油作为工作介质,不仅起传递运动和动力的作用,而且在系统中还起润滑、冷却和防锈等作用。液压油质量的优劣直接影响液压系统的工作性能,因此合理选择和使用液压油是保证液压系统正常工作的前提条件。油箱作为液压油流动的起点和终点,起储存油液的作用;在油液流动的过程中,通过过滤器清除油液中的各种杂质,是防止油液污染、保证系统正常工作的重要手段。

本任务主要通过对液压油及其污染度进行检测,判断油液污染的程度及决定是否需要换油,并对油箱及过滤器进行清洗。

所需设备:典型液压系统(如推土机、挖掘机、数控机床等),恩氏黏度计,秒表,试管若干,滴管,钢板,酒精灯,pH试纸,油盆,常用工具等。

二、相关知识

(一) 液压油

1. 液压油的理化性质

液压油的物理性质有密度、黏性、可压缩性、润滑性、防锈性、闪点、凝点、抗燃性、抗凝性、抗泡沫性以及抗乳化性等;化学性质有热稳定性、氧化稳定性、水解稳定性和对密封材料不侵蚀、不溶胀性等,均可由液压工程手册中查到。在这些理化性质中,对液压系统影响最大的是黏性和可压缩性。

(1) 黏性。液体在外力作用下流动时,液体分子间的内聚力阻碍分子间的相对运动而产生内摩擦力的特性称为黏性。如图 3-1 所示,假设两平行平板之间充满液体,当下板固定不动,上板以速度 u_0 向右移动时,液体在附着力的作用下,紧贴下板的一层液体仍保持不动,而紧贴上板的一层液体也以速度 u_0 向右运动,上、下板之间各层液体在内聚力的作用下相互牵制,运动快的一层液体带动运动慢的一层液体,而运动慢的一层液体对运动快的液体起阻滞作用。因此,液体从上到下按递减的速度向右运动。当平板间的距离很小时,各流层的速度呈线性规律分布。

如果液体在管道中流动,则越靠近管壁的流层速度越小,越接近管道中心的流层速度越大,因此各流层的速度也不相等。

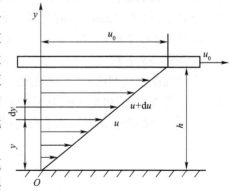

图 3-1 液体黏性示意图

当液体静止不动时,各层之间无相对滑动,不产生内摩擦力,因而不显示黏性。

黏性的大小用黏度表示,常用的黏度有动力黏度、运动黏度和相对黏度等 3 种。

①动力黏度。是用液体流动时产生的内摩擦力大小来表示的黏度,其计算式为:

$$\mu = \tau / \left(\frac{du}{dy}\right) \tag{3-1}$$

式中:μ——动力黏度;

τ——单位面积上的切应力,即内摩擦力;

du/dy——速度梯度,即液层间相对速度对液层距离的变化率。

式(3-1)的物理意义是:面积各为$1cm^2$、相距为$1cm$的两层液体,以$1cm/s$的速度相对运动时所产生的内摩擦力。

②运动黏度。液体动力黏度μ与其密度ρ的比值,称为运动黏度,用ν表示,即

$$\nu = \mu / \rho \tag{3-2}$$

运动黏度的法定计量单位是m^2/s(米^2/秒)。由于该单位偏大,实际上常用cm^2/s、mm^2/s来表示。

运动黏度是在理论推算时产生的,因其具有速度或加速度的量纲,故将其命名为运动黏度,其本身并没有任何物理意义。

国际标准ISO和我国标准规定,工作介质按其在一定温度下运动黏度的平均值来标定黏度等级。例如,N32液压油是指这种油在温度为40℃时,其运动黏度的平均值为$32mm^2/s$。

③相对黏度。由于运动黏度难以直接测量,工程上常使用容易测量的相对黏度。相对黏度又称条件黏度,它是采用特定的黏度计在规定的条件下测出来的液体黏度。根据测量条件不同,各国采用的相对黏度的单位也不同。例如,美国采用国际赛氏黏度(SSU),英国采用商用雷氏黏度($''R$),我国、德国及俄罗斯则采用恩氏黏度($°E$)。

恩氏黏度用恩氏黏度计测定。温度为t(℃)的$200cm^3$被测液体由恩氏黏度计的小孔中流出所用的时间t_1,与温度为20℃的$200cm^3$蒸馏水由恩氏黏度计的小孔中流出所用的时间t_2(通常$t_2 = 51s$)之比,称为该被测液体在t(℃)下的恩氏黏度,记为$°E_t$,即

$$°E_t = t_1 / t_2 = t_1 / (51s) \tag{3-3}$$

值得一提的是,恩氏黏度是一个没有量纲的物理量。恩氏黏度与运动黏度(用斜体希腊字母ν表示,单位mm^2/s)的换算关系为:

a. 当$1.3 \leqslant °E \leqslant 3.2$时 $\qquad \nu = 8\,°E - 8.64/°E \tag{3-4}$

b. 当$°E > 3.2$时 $\qquad \nu = 7.6\,°E - 4/°E \tag{3-5}$

选择黏度合适的液压油,对液压系统的工作性能有着重要的作用。但有时现有油液的黏度不符合要求,这时可把两种不同黏度的油液混合起来使用,这种混合油称为调和油。

c. 调和油的恩氏黏度可用下面的经验公式计算

$$°E = \frac{a°E_1 + b°E_2 - c(°E_1 - °E_2)}{100} \tag{3-6}$$

式中:$°E_1$、$°E_2$——混合前两种油的恩氏黏度,$°E_1 > °E_2$;

$°E$——混合后调和油的恩氏黏度;

a、b——参与调和的两种油液各占的体积百分数($a + b = 100$);

c——实验系数(见表3-1)。

实验系数 c 的数值　　　　　　　　　　　　　　　　　　表 3-1

a	10	20	30	40	50	60	70	80	90
b	90	80	70	60	50	40	30	20	10
c	6.7	13.1	17.9	22.1	25.5	27.9	28.2	25	17

黏度受温度、压力、气泡等因素的影响。其中,液体的黏度对温度的变化十分敏感,温度升高时,其黏度显著降低,这对液压系统是很不利的。不同液压油的黏度受温度变化的影响是不同的,如果液压油的黏度随温度的变化小,则说明其黏温特性好。压力增大时,液压油的黏度一般来说会随之增大,但这种影响在中低压时并不明显,可以忽略不计;当压力较大时($p >$ 10MPa)或压力变化较大时,压力对黏度的影响才趋于显著。

(2)可压缩性。液体因所受压力增高而发生体积缩小的性质称为可压缩性。一般情况下,液压油的可压缩性对液压系统的性能影响不大,但在高压下或研究系统的动态性能时,则必须予以考虑。由于空气的可压缩性很大,所以当液压油中有游离气泡时,其可压缩性将变得十分明显。因此,应采取措施尽量减少液压系统工作介质中游离空气的含量。

(3)密度。单位体积液体的质量称为液体的密度。密度是液体的一个重要物理参数,密度的大小随液体的温度或压力的变化会产生一定的变化,但其变化量较小,一般可以忽略不计。

一般矿物油的密度为 $850\sim950\text{kg/m}^3$,一般取 15℃时液压油的密度为 900kg/m^3。

2. 常用液压油的种类

液压传动介质按照国家标准《润滑剂、工业用油和有关产品(L 类)的分类 第 2 部分:H 组(液压系统)》(GB/T 7631.2—2003)进行分类。液压油的种类很多,主要包括石油型、合成型和乳化型 3 大类。液压油的主要类型及其性质见表 3-2。

液压油的主要类型及其性质　　　　　　　　　　　　　　　　表 3-2

类　型	可燃性液压油			抗燃性液压油			
	石油型			合成型		乳化型	
	通用液压油	抗磨液压油	低温液压油	磷酸酯液	水-乙二醇液	油包水乳化液	水包油乳化液
密度(kg/m³)	850~950			1120~1200	1040~1100	920~940	1000
黏度	小~大	小~大	小~大	小~大	小~大	小	小
润滑性	优	优	优	优	良	良	一般
防锈蚀性	优	优	优	良	良	良	一般
闪点(℃)	170~200	170	150~170	难燃	难燃	难燃	不燃
凝点(℃)	-10	-25	-5~-45	-20~-50	-50	-25	-5

石油型液压油的黏度较高、润滑性能较好,目前 90% 以上的液压设备采用石油型液压油。石油型液压油是以石油馏分出的机械油为原料,进一步精炼,去除杂质,并根据需要加入适当的添加剂制成,是多种碳氢化合物的混合物。它所用的添加剂有两类:一类是用以改善其物理性质的,如抗磨剂、增黏剂、降凝剂、防爬剂等;另一类是用以改善其化学性能的,如抗氧化剂、防腐剂、防锈剂等。石油型液压油的缺点是抗燃性较差,在一些高温、易燃、易爆的工作场合,为安全起见,其液压系统应使用抗燃性能较好的合成型或乳化型工作介质。常用液压油的主要品种及适用范围见表 3-3。

常用液压油的主要品种及适用范围　　　　　　　　　表3-3

分类	名称	代号	黏度等级	应用场合
石油型	普通液压油	L-HL	32、46、68	适用于7~14MPa的一般设备的液压系统
石油型	液压导轨油	L-HG	22、32、46、68	适用于机床中液压与导轨润滑合用的系统
石油型	抗磨液压油	L-HM	32、46、68	适用于工程机械、车辆液压系统
石油型	低温液压油	L-HV	32、46、68	可用于环境温度-25℃以上的高压、高速工程机械、农业机械和车辆的液压系统(加降凝剂,可在-20℃~-40℃下工作)
石油型	高黏度指数液压油	L-HR	22、32、46	适用于对黏温特性有特殊要求的低压系统和伺服系统,如数控机床
石油型	机械油	L-HH	15、22、32、46、68	主要用于机械润滑,可作液压代用油,用于7MPa以下的低压系统
石油型	汽轮机油	L-TSA		汽轮机专用油,可作液压代用油,用于要求不高的液压系统
乳化型	水包油乳化液	L-HFA		又称高水基液。适用于有抗燃要求、油液用量大且泄漏严重的系统
乳化型	油包水乳化液	L-HFB		适用于有抗燃要求的中压系统
合成型	水—乙二醇液	L-HFC		适用于有抗燃要求的中低压系统
合成型	磷酸酯液	L-HFDR		适用于有抗燃要求的高精密液压系统

3.合理选用液压油的品种和规格

正确而合理地选用液压油,是保证液压系统正常和高效率工作的必要条件。选用液压油时常常采用两种方法:一种是按液压元件生产厂样本或说明书所推荐的油类品种和规格,选用液压油;另一种是根据液压系统的具体情况,如机械特殊要求、液压元件的种类、工作压力、环境温度、运动速度、价格等因素,全面地考虑选择适当的液压油品种和合适的黏度范围。需要考虑的因素如下:

(1)机械特殊要求。为避免温度升高引起机件变形,影响工作精度,精密机械如机床伺服系统宜采用黏度较低的液压油;工程机械的工作精度要求不是很严格,宜采用黏度较高的液压油,这样可防止泄漏。

(2)液压元件的种类。液压泵是系统中最重要的液压元件,并且在系统中它的运动速度、压力和温升都较高,工作时间又长,因而对黏度的要求较严格,所以选择黏度时应先考虑液压泵。各类液压泵的推荐油液黏度见表3-4。

按液压泵类型推荐用液压油运动黏度[单位:mm²/s(40℃)]　　　表3-4

液压泵类型		环境温度5~40℃时	环境温度40~80℃时
叶片泵	>7MPa	30~50	40~75
叶片泵	<7MPa	50~70	55~90
齿轮泵		30~70	60~165
柱塞泵		70~80	65~240

(3)系统工作压力。通常,工作压力较高时,宜选用黏度较高的液压油,以免系统泄漏过多,效率过低;工作压力较低时,宜选用黏度较低的液压油,可以减少压力损失。例如,工程机械液压系统的工作压力一般较高,多采用较高黏度的油液;机床液压系统的工作压力一般较

低,多采用黏度较低的液压油。

(4) 环境温度。一般来说,当环境温度较高时,宜采用黏度较高的液压油;当环境温度较低时,宜采用黏度较低的油液。我国幅员辽阔,南北温差大,如北方部分地区冬季最低温度达 -50℃,而南方夏季最高室外气温达 50℃,野外作业的机械设备的环境温度可达 78~80℃,油温则高达 130℃。对于一般的工程机械,在不同环境条件下使用相应的液压油就较容易解决这个问题,但对于一些特殊设备,如航空航天、全天候工作的军事装备等,可能在较短的时间内,其工作环境会发生较大的变化,就要求液压油具有较强的适应能力,在不同的环境条件下满足不同的使用要求。

(5) 运动速度。当液压系统中工作部件的运动速度较高时,油液的流速也高,而泄漏相对减小,宜选用黏度较低的液压油,这样可以减少压力损失;反之,工作部件的运动速度较低时,宜选用黏度较高的液压油。

(6) 价格。质量较好的液压油,其价格一般较高,但优质油的使用寿命长,对液压元件的损害小,从整个使用周期来看,其经济性往往还要好些。

4. 识别液压油的简易方法

识别液压油的品种,可以有效防止油品的错收、错发、错用、混装等事故的发生。在化验条件不具备的情况下,生产现场常常采用"看、嗅、摇、摸"简易鉴别法。简易鉴别法应用举例见表 3-5。

(1) 看。由于不同品种液压油颜色不同,有经验的人往往仅凭肉眼即能鉴别出油液的品种。通常,浅色的油是蒸馏出来的或精制程度较深的油;深色的是残渣油或精制程度较浅的油。

(2) 嗅。润滑油的气味,一般有酸味、香味、醚味、酒精味等几种。一般说来,普通液压油有酸味,合成磷脂有醚味,蓖麻油型制动液有酒精味。

(3) 摇。摇动装有油液的无色玻璃瓶,视油膜挂瓶状况及气泡的状态,可判定油液的黏度。油膜挂瓶薄、气泡多、气泡直径小、上升快及消失快,表明油液黏度小。

(4) 摸。通过用手摸的感觉可以区别油品的精制程度。精制程度高的油液,通常其光滑感强。

油品简易鉴别法应用举例　　　　　　表 3-5

油　品	看	嗅	摇	摸
N32~N46 机械油	黄褐到棕黄,有不明显的蓝荧光		泡沫多而消失慢,挂瓶呈黄色	
普通液压油	浅黄到深黄,发蓝光	酸味	气泡消失快,稍挂瓶	
汽轮机油	浅黄到深黄		气泡多、大、消失快、无色	沾水捻不乳化
抗磨液压油	橙红、透明		气泡多,消失较快,稍挂瓶	
低凝液压油	深红			
水—乙二醇液压油	浅黄	无味		光滑、感觉热
磷酸酯液压油	浅黄			
油包水型乳化液	乳白		浓稠	
水包油型乳化液		无味	清淡	
蓖麻油型制动液	淡黄、透明	强烈酒精味		光滑、感觉凉
矿物油型制动液	淡红			
合成制动液	苹果绿	醚味		

(二)油液污染及控制

液压油是否清洁,不仅影响液压系统的工作性能和液压元件的使用寿命,而且直接关系到液压系统能否正常工作。根据国外的统计研究,约有75%的液压故障是由于油液受到污染造成的。因此,控制液压油的污染是十分重要的。

1. 油液污染物的来源

油液污染物是指混杂在油液中对系统可靠性和元件寿命有害的各种物质。污染物的来源主要有3个途径:

(1)制造、安装及维修过程中残留的物质,主要有型砂、切屑、磨料、焊渣、铁锈、灰尘、清洗液等;

(2)从外界混入的物质,主要有空气、灰尘、棉纱、水、砂粒等;

(3)在工作过程中系统内产生的物质,主要有密封件破损的橡胶碎片、金属和密封材料的磨损磨粒、过滤材料脱落的颗粒、油液氧化变质生成的胶质沉淀物、油液中繁殖的微生物等。

2. 油液污染的危害

油液污染物可根据其物理形态分为固体颗粒、液体及气体等类型,不同类型的污染物给液压系统造成的危害是不同的,其中固体颗粒的危害最为严重:固体颗粒会加剧液压元件的磨损,造成液压元件里的节流孔、阻尼孔堵塞或阀芯卡死,从而造成液压故障;水、空气及其他污染物的混入会降低油液的黏度和润滑性能,并加速液压元件的腐蚀和油液的氧化变质,产生气蚀,使液压系统出现振动、爬行等。

3. 油液污染度等级标准

油液的污染度是指单位容积的油液中固体颗粒污染物的含量。污染物的含量可用质量或颗粒数表示。我国参照国际标准 ISO4406 制定的《液压传动 油液 固体颗粒污染等级代号》(GB/T 14039—2002)就是用颗粒数表示的,见表3-6。标准中有31个污染度等级代号,代号越大,油液中颗粒浓度越高。

污染度等级国家标准(GB/T 14039—2002)   表3-6

颗粒数(mL)	等级代号	颗粒数(mL)	等级代号	颗粒数(mL)	等级代号
>5000000	30	>2500~5000	19	>1.3~2.5	8
>2500000~5000000	29	>1300~2500	18	>0.64~1.3	7
>1300000~250000	28	>640~1300	17	>0.32~0.64	6
>640000~1300000	27	>320~640	16	>0.16~0.32	5
>320000~640000	26	>160~320	15	>0.08~0.16	4
>160000~320000	25	>80~160	14	>0.04~0.08	3
>80000~160000	24	>40~80	13	>0.02~0.04	2
>40000~80000	23	>20~40	12	>0.01~0.02	1
>20000~40000	22	>10~20	11	≤0.01	0
>10000~20000	21	>5~10	10		
>5000~10000	20	>2.5~5	9		

这个标准用两个代号表示油液的污染度等级。前面的代号表示每 1mL 油液中大于 $5\mu m$ 颗粒数的等级，后面的代号表示每 1mL 油液中大于 $15\mu m$ 颗粒数的等级，两个代号之间用一斜线分隔。例如，污染度等级 20/17，表示每毫升油液中大于 $5\mu m$ 的颗粒数在 5000~10000，大于 $15\mu m$ 的颗粒数在 640~1300。

典型液压元件污染度等级要求见表 3-7。

典型液压元件污染度等级要求 表 3-7

液压元件类型	优等品	一等品	合格品
各种类型液压泵	16/13	18/15	19/16
普通控制阀	16/13	18/15	19/16
液压马达	16/13	18/15	19/16
液压缸	16/13	18/15	19/16
蓄能器	16/13	18/15	19/16
摆动液压缸	17/14	19/16	20/17
过滤器壳体	15/12	16/13	17/14
比例控制阀	14/11	15/12	16/13
伺服控制阀	13/10	14/11	15/12

4. 油液污染的控制措施

油液污染的控制措施如下：

(1) 液压油在使用前保持清洁。液压油在运输和保管过程中都会受到外界污染，新买来的液压油看上去很清洁，其实可能并非如此，必须将其静放数天后经过滤再加入液压系统中使用。

(2) 保持液压系统的清洁。液压元件在加工和装配过程中必须清洗干净，液压系统装配后、运转前应彻底进行清洗，最好用系统工作中使用的油液清洗，清洗时除通气孔 (加防尘罩) 外必须全部密封，密封件不可有飞边、毛刺。

(3) 液压油在工作过程中应保持清洁。液压油在工作过程中会受到环境污染，因此应保持油箱周围的清洁，油箱通气孔应安装空气滤清器，并经常检查并定期更换密封件、防尘圈和蓄能器中的胶囊，防止尘土、水、气及其他污染物的侵入。

(4) 采用合适的滤油器。滤油器是防止油液污染的重要措施，应根据设备的要求选用不同过滤方式、过滤精度和结构的过滤器，并定期检查和清洗过滤器和油箱。

(5) 定期检查、更换液压油。对系统中的液压油进行抽样检查，分析其污染程度是否还在系统允许的使用范围内，如不合要求，应及时更换。换油时要将油箱和管路中的回油放净，然后将油箱和过滤器清洗干净，系统较脏时，还应对整个系统进行清洗，清洗液排净后注入新油。油箱油量必须在规定值范围内。

(6) 控制液压油的工作温度。工作温度过高会降低油液的黏度和润滑性能，加速液压油的氧化过程和橡胶密封件的老化过程，产生各种生成物，还会导致液压元件的配合间隙减小，影响阀芯的移动，甚至卡住。为此，要保持适当的工作油温。液压泵入口处的油温应在 55℃ 以下，油路中局部区段的最高温度不应超过 120℃。如以油箱的温度为准，理想的温度范围是 30~45℃，超过 55℃ 时，液压油的使用寿命将缩短。稠化油允许达到 85℃。

(三) 液压油箱

油箱在液压系统中的主要作用是存储油液、散发热量、分离空气及沉淀杂质。在中小型液压系统中，往往还把液压泵和一些液压元件安装在油箱的顶板上，使其结构紧凑。

1. 油箱的结构

液压系统中的油箱有总体式和分离式两种。总体式油箱是利用机器设备机身内腔作为油箱(如推土机的后桥箱)。这种油箱结构紧凑，各处漏油易于回收；但散热性差，维修、清理不便。

分离式油箱是单独设置或与主机分开的装置，它布置灵活，维护方便，可减少油箱发热及液压源振动对主机工作精度及性能的影响，便于设计成通用化、系列化的产品，因而得到了广泛的应用。对于一些小型液压设备，为了节省占地面积或批量生产，常将液压泵与电动机装置及液压控制阀安装在分离油箱的顶部，成为液压站。对大中型液压设备一般采用独立的分离油箱，即油箱与液压泵分开放置。当液压泵安装在油箱侧面时，称为旁置式油箱；当液压泵安装在油箱下面时，称为下置式油箱(高架油箱)。油箱一般根据用户的需要自行设计制造，典型的油箱结构如图3-2所示。

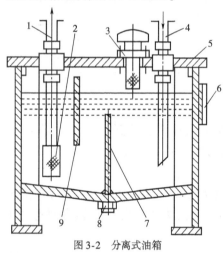

图3-2 分离式油箱
1-吸油管；2-网式过滤器；3-空气过滤器；4-回油管；5-顶盖；6-油面指示器；7,9-隔板；8-放油螺塞

油箱的壳体用钢板焊接而成，大型油箱还须先用角钢焊成骨架，再焊接钢板。在油箱顶部安装有通气孔和空气过滤器，通气孔可使油箱液面与大气相通，保证液压泵的吸油压力；空气过滤器可滤除空气中的灰尘，兼作加油时的过滤装置，因此一般布置在顶盖靠近油箱边缘处。在油箱壁面的易见部位安装油面指示器，用于监测油面高度；大型油箱还开设有便于安装、清洗、维护的窗口。油箱底部设计成双斜面或向回油侧倾斜的单斜面；在位置最低处设置放油口，安装带密封圈的放油螺塞。在油箱内设若干块隔板，将吸油区与回油区分开，同时也有利于散热、沉淀杂质及逸出气泡。液压泵的吸油管口所装过滤器，其底面与油箱底面应保持一定距离，其侧面离箱壁应有3倍管径的距离，以使油液能从过滤器的四周和上面、下面进入过滤器内。回油管口应切成45°斜口，并插入最低液面以下，离箱底距离大于管径的2~3倍，以免飞溅起泡；同时斜口朝向箱壁，以利于散热、减环流速和杂质沉淀。

2. 油温调节装置

油箱中油液的温度一般推荐为30~55℃，最高温度不超过70℃，最低温度不应低于15℃。对高压系统，为了避免漏油，油温不应超过50℃。为此，有时需要用冷却器或加热器来控制油温。冷却器和加热器实际上都是热交换器，是通过物理上的传感传热、对流传热等热交换方式进行工作的。液压机械中使用的冷却器有水冷式、风冷式和电冰箱式等类型。水冷式有盘管式、列管式、翅片式等类型，如图3-3所示。

盘管式冷却器结构简单，只需用铜管盘绕成螺旋状便成，但传热效率低，冷却效果差。列管式和翅片式结构复杂，但工作可靠，传热效率高，其中以带翅片的列管式传热效率更高。但都不及国外设备上的类似于电冰箱的油冷却器。

风冷式冷却器由风扇和许多带散热片的管子组成。油液流过油管时，风扇迫使空气穿过管子和散热片表面,使油液冷却。它的冷却效果不如水冷式冷却器,但使用时不需要水源,比较方便,特别适用于行走机械的液压系统。

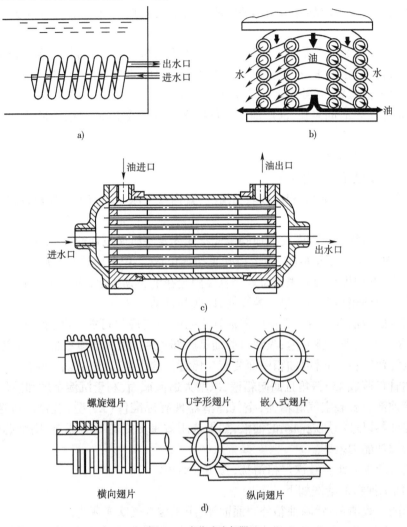

图 3-3 水冷式冷却器

a) 盘管式；b) 多层螺旋管式；c) 列管式；d) 带散热翅片的冷却水管

油箱中通常采用结构简单的电加热器使油温升高。电加热器(图 3-4)应水平安装,并使其发热部分全部浸入油中。其安装位置应保证油箱内油液有良好的自然对流。加热器的功率不应选得过高,以免它周围的油温过高。

3. 油箱的使用与维护

(1) 油箱的加油量不能超过油箱高度的 80%(液面高度占油箱高度的 80% 时,油箱的容积称为有效容积)。

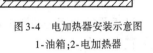

图 3-4 电加热器安装示意图

1-油箱；2-电加热器

(2) 加油时应先把加油口擦拭干净,并且一定要通过滤网加油,不要图省事,把滤网取掉。

(3) 保持空气滤清器的畅通,这样有利于保证液压泵的吸油压力,防止吸入有污染的空气；同时,也有利于油箱内的热空气排除,避免在冷的油箱盖上凝结成水珠掉落在油箱内。

(4)保持油箱的温度在一个较低值范围内(30~55℃)。

(5)应每半月清洗一次冷却器散热片,以去除其表面污垢,保证空气能自由地通过散热片及提高散热效果。清洗散热片可用水冲洗或压缩空气喷吹干净,并注意保持其密封件和冷却器不会被损坏。

(6)液压油经长期工作之后,会产生一些冷凝水与沉积物,应当每月定期排放一次。操作的方法是:在机器停止工作一夜之后,拧开油箱底部的放油螺塞,让脏油流出至见到干净油为止。然后装好放油螺塞,并补充新鲜液压油。

(7)无论是工作时间多长,液压油都要每年化验油品或更新一次,以防止油液变质污染液压系统。

4.油箱的安装与清洗

(1)油箱的安装要点如下:

①新油箱内壁需经喷丸、酸洗和表面清洗,其内壁可涂一层与工作液相容的塑料薄膜或耐油涂料。

②油箱安装时须用机脚螺栓或地脚螺栓牢固固定在机架或地面上,防止振动;油箱底部高度应不小于150mm,以便于散热、搬运和放油;油箱的安装位置应远离热源。

③液压泵、电动机和阀的集成装置等直接固定在油箱顶盖上,亦可安装在专门设计的安装板上。安装板与油箱顶盖间应垫上橡胶板,以缓冲振动。

④液压泵的吸油管与液压系统的回油管之间的距离应尽可能远些,管口插入规定的液面以下,以免吸入空气和飞溅起泡;吸油口离油箱底部的距离要大于管径的2~3倍,以免吸入油箱底部的沉淀污物;吸油管离油箱壁面要有3倍管径的距离,以便从四周吸油。

⑤回油管口截成45°斜角且面向箱壁,以增大通流截面,利于沉淀杂质和散热。

⑥油箱顶部应安装空气滤清器,空气滤清器现有标准件(EF型)提供。可选用100目左右的铜网滤油器以过滤加进油箱的油液;如果选用效果更好的纸质滤芯,则纸芯的容量要大,因为纸芯的通油能力差些。

⑦新油箱装配后须再一次严格清洗,去锈去油污。

(2)新加工油箱的清洗如下:

①油箱的外表清理:铲除油箱外表面油泥、用压缩空气吹净灰尘。

②内表面预处理:用铲刀清理油箱内表面的焊渣、磷化液残留物、颗粒;用砂布除锈,并在已除锈部位涂上磷化液,2min后清理磷化液残留物;油箱内表面灰尘用低颗粒脱落的长纤维织物品擦除。

③内表面清洗:用吸尘器吸出灰尘,颗粒等杂物;用清洁的煤油(清洁度等级不低于16/13),擦洗干净;将面粉加干净的液压油揉合成团状,粘去油箱内表面微小灰尘和颗粒。自检:要求用手触摸时不得感觉有灰尘和颗粒。

④清洗油箱的箱盖及滤网、螺塞、管接头等。

(四)过滤器

过滤器的功用是清除油液中的各种杂质,保持液压油的清洁,防止油液污染,保证液压系统的正常工作。

1.过滤器的主要性能参数

(1)过滤精度。过滤精度是指介质流经过滤器时滤芯能够滤除的最小杂质颗粒度的大小,以公称直径d表示,单位为mm。颗粒度越小,过滤精度越高,一般分为4个等级:粗过滤

器 $d \geqslant 0.1mm$,普通过滤器 $d \geqslant 0.01mm$;精密过滤器 $d \geqslant 0.005mm$,特精过滤器 $d \geqslant 0.001mm$。

(2)过滤比。过滤器的过滤效果可用过滤比来表示,它是指过滤器上游油液单位容积中大于某一给定尺寸的颗粒数与下游油液单位容积中大于同一尺寸的颗粒数之比。国际标准 ISO4572:1981 推荐过滤比的测试方法是:液压泵从油箱中吸油,油液通过被测过滤器,然后流回油箱。同时在油箱中不断加入某种规格的污染物(试剂),测量过滤器入口与出口处污染物的数量,即得到过滤比。

影响过滤比的因素很多,如污染物的颗粒度及尺寸分布、流量脉动及流量冲击等。过滤比越大,过滤器的过滤效果越好。

(3)过滤能力。过滤器的过滤能力是指在一定压差下允许通过过滤器的最大流量,一般用过滤器的有效过滤面积(滤芯上能通过油液的总面积)表示。

选用过滤器时,其过滤能力应大于通过它的最大流量,允许的压力降一般为 0.03~0.07MPa。

2. 过滤器的类型与结构

(1)表面型过滤器。表面型过滤器滤除的微粒污物被截留在滤芯元件油液上游一面,整个过滤作用是由一个几何面来实现的,就像丝网一样把污物阻留在其外表面一样。滤芯材料具有均匀的标定小孔,可以滤除尺寸大于标定小孔的污物杂质。由于污物杂质积聚在滤芯表面,所以此种过滤器极易堵塞。最常用的有网式和线隙式过滤器两种。

网式过滤器如图 3-5 所示,它是用细铜丝网作为过滤材料,包在周围开有很多窗孔的塑料或金属筒形骨架上,其过滤精度由网孔的大小和层数决定,有 $80\mu m$、$100\mu m$ 和 $180\mu m$ 共 3 个规格。网式过滤器结构简单,清洗方便,通油能力大,压力损失小(不超过 0.04MPa),但过滤精度低。常用于泵的吸油管路,对油液进行粗过滤,以保护液压泵。

线隙式过滤器如图 3-6 所示。滤芯是用铜线或铝线密绕在筒形芯架的外部而成的,利用线间的缝隙进行过滤。一般滤去 $d = 30~100\mu m$ 的杂质颗粒,压力损失为 0.07~0.35MPa。线隙式过滤器过滤效果好,结构简单,通油能力大,机械强度高,但不易清洗。常用于中低压的回油管路或泵吸油口。

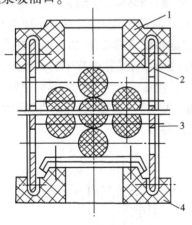
图 3-5 网式过滤器
1-上盖;2-圆筒形骨架;3-铜丝网;4-下盖

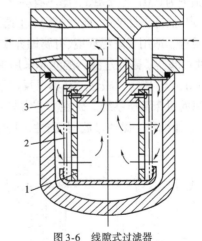
图 3-6 线隙式过滤器
1-芯架;2-滤芯;3-壳体

(2)深度型过滤器。深度型过滤器的滤芯由多孔可透性材料制成,材料内部有曲折迂回的通道,大于表面孔径的颗粒直接被拦截在靠近油液上游的外表面,而较小的颗粒进入过滤材料内部,撞到通道壁上,滤芯的吸附、迂回曲折的通道有利于颗粒的截留与沉积。这种滤芯材料有纸芯、烧结金属、毛毡和各种纤维类等。常见的有纸芯式过滤器和烧结式过滤器。

纸芯式过滤器如图 3-7 所示,它采用折叠成 W 形的微孔纸芯包在由铁皮制成的骨架上。油液从外进入滤芯后流出,过滤精度可达 $d=5\sim30\mu m$,压力损失为 0.05~0.2MPa。纸芯式过滤器结构紧凑,通油能力大,过滤精度高,滤芯价格低。其缺点是无法清洗,需经常更换滤芯。主要用于工程机械、精密机床、数控机床、伺服机构、静压支承等要求过滤精度高的液压系统中。它常与其他类型的过滤器配合使用。

多数纸芯式过滤器上方装有堵塞状态发讯装置,如图 3-8 所示。当滤芯堵塞,其进、出口压差升高到规定值时,活塞 1 和永久磁铁 2 即向右移动,感簧管 4 内的触点受到磁力的作用后吸合,接通了电路,指示灯 3 发出报警信号(报警压力一般为 0.35MPa),操作者即可及时更换滤芯,或由时间继电器延时一段时间后实现自动停机保护。

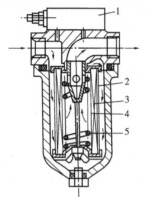

图 3-7 纸芯式过滤器
1-堵塞状态发讯装置;2-滤芯外层;3-滤芯中层;4-滤芯里层;5-支承弹簧

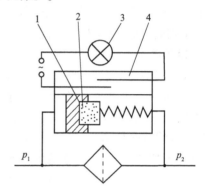

图 3-8 堵塞状态发讯装置
1-活塞;2-永久磁铁;3-指示灯;4-感簧管

烧结式过滤器如图 3-9 所示,其滤芯是用球状青铜粉末烧结而成的。油液从杯状滤芯外部左边油口进入,从滤芯内部下边油口流出,它利用颗粒间的微孔滤去油中的杂质,过滤精度为 10~100μm,压力损失为 0.03~0.2MPa。滤芯有杯状、管状、板状和碟状等多种形式。烧结式过滤器强度大、性能稳定,抗冲击性能好,能耐高温,过滤精度高,制造比较简单;但金属颗粒有时会脱落,堵塞后清洗困难。适用于高温环境、有腐蚀介质和过滤精度高的场合,如工程机械液压系统。

(3)磁性过滤器。磁性过滤器的滤芯采用永磁性材料,可滤除油液中的铸铁末、铁屑等能磁化的杂质,如图 3-10 所示。磁性过滤器可反复清洗,对能磁化的杂质滤除效果很好,特别适用于经常加工金属的机床液压系统。磁性滤芯常与其他过滤材料(如滤纸、烧结青铜)组成有复合式滤芯的过滤器,如纸质—磁性过滤器、磁性—烧结过滤器等。

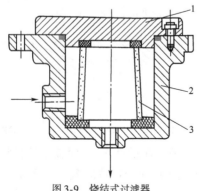

图 3-9 烧结式过滤器
1-端盖;2-壳体;3-滤芯

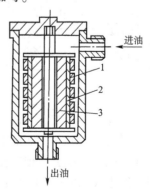

图 3-10 磁性过滤器
1-铁环;2-非磁性罩;3-永久磁铁

3.过滤器的安装

过滤器的图形符号如图3-11所示。

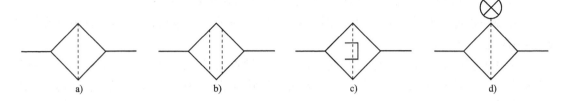

图3-11 过滤器的图形符号
a)一般符号或粗滤器;b)精滤器;c)带磁性滤芯的过滤器;d)带堵塞指示器的过滤器

过滤器可以安装在液压系统的不同部位,如图3-12所示。

(1)安装在液压系统的吸油管路上。粗过滤器通常装在泵的吸油管路上,并需浸没在油箱液面以下,用以保护泵及防止空气进入液压系统。此处过滤器的通油能力应大于液压泵流量的2倍以上,并需要经常地进行清洗。

(2)安装在压力油管路上。在中、低压系统的压力油管路上,常安装各种形式的精密过滤器,以保护精密液压元件或防止小孔、缝隙堵塞。这样安装的过滤器应能承受油路上的工作压力和冲击压力,其压力降不应超过0.35MPa,并应有安全阀或堵塞状态发讯装置,以防止过滤器堵塞造成故障或滤芯损坏。

(3)安装在回油管路上。若在高压系统的压力油管路上安装过滤器,就要求其滤芯有足够的强度,从而加大了过滤器的尺寸和质量。这时,可将过滤器安装在回油管路上,对液压元件起间接的保护作用。为防止其堵塞

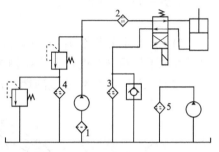

图3-12 过滤器的安装位置
1-吸油路;2-压力油路;3-回油路;4-旁油路;5-独立油路

应并联堵塞状态发讯装置或溢流阀,该溢流阀的开启压力应略低于过滤器的最大允许压差。

(4)安装在旁油路(支油路)上。对于开式液压系统,当泵的流量较大时,如果采用压油管路或回油管路过滤,过滤器的体积将很大。这时可将过滤器安装在只有20%~30%的支油路(旁油路)上,这样也能使系统中的油液不断净化。不过,在这样的系统中,要在关键的液压元件(如伺服阀)前安装辅助的精密过滤器。

(5)安装在独立的过滤系统中。在大型液压系统中,可专设由液压泵和过滤器组成的独立过滤系统,专门用于滤除油箱中的杂质。

使用过滤器还应注意过滤器都只能单向使用,应按规定的液流方向安装,并且不能安装在液流方向可能变换的油路上。必要时也可增设单向阀和过滤器,保证双向过滤。

三、任务实施

选取一台液压设备(以挖掘机为例,其他机械类同)为实训对象进行换油训练。

任务实施1 油液污染的现场鉴别

对于油液中的固体颗粒污染物,目前普遍采用手动显微镜计数法和自动颗粒计数器测定;对于油液中的水分,常用蒸馏法和电量法测定。采用仪器检测油液污染,其结论较为精确,但操作较为繁琐。

在液压设备现场维护中多凭经验目测判断油液的污染情况,它是靠观察油液的颜色、气味等状态来判断。由于人眼的能见度下限为 $40\mu m$,所以看上去脏的油已是严重污染了。这种方法不太准确,但对于要求不高的液压系统,这种检验方法还是很有效的。

从挖掘机油箱中取适量液压油,分别采用下述3种简易方法进行检测,判断油液污染的程度,然后决定是否需要换油。

(1)用试管装入新油和旧油,然后对比进行外观检查,通过感官判断其污染程度。如果旧油色暗带臭味,说明油已变质;如果油液呈乳白色絮状,说明含有水分;对照阳光,如其中出现金属光泽点,说明含有金属磨粒。

(2)取一滴油滴在烧热的钢板上(约250℃),若出现"泼泼"的溅出声,证明油中含有水分;若只出现燃烧,则表明没有水分。

(3)用pH试纸进行硝酸侵蚀试验。把一滴油滴在试纸上,放置 30~60min,观察油的浸润情况,以此判断液压油的污染情况。如在油浸润的中心部分出现浓圆点,表明油中含较多的磨损粉末,油已变质。

任务实施2 换油训练

1. 放油

(1)挖掘机放油之前应先起动发动机运转,将液压油暖热以利于排放(最好是机器工作一段时间或下班后马上进行),将挖掘机停驻在平坦地面上。

(2)回转上部平台,使放油螺塞转到左、右履带间、泵吸油管的底部(图3-13箭头所示)。

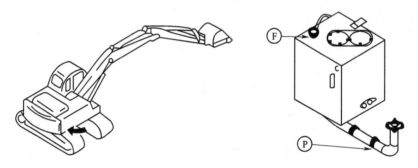

图3-13 挖掘机放油

(3)将斗杆油缸和铲斗油缸缩回至行程终点,然后降低动臂,使铲斗与地面接触。

(4)拆卸放油螺塞(P)底部的下盖。

(5)拆卸液压油箱上面的注油口(F)的盖。

(6)将接油容器放在机器下面的放油螺塞下。用手柄拆卸放油螺塞并排油。拆卸放油螺塞时,注意不要把油溅到身上。

(7)检查放油螺塞上的O形密封圈,如有损坏,应予以更换。

(8)排放油结束之后,把放油螺塞拧紧(拧紧力矩 69±10N·m)。

2. 液压油的净化

对从油箱中放出的液压油,可根据污染物的不同和对油液净化要求的不同,以及现有的实训条件,从表3-8中选用合适的油液净化方法。

3. 清洗油箱

在液压油净化的过程中可进行油箱清洗和过滤器清洗。使用中的液压油箱清洗方法如下:

油液净化方法的原理及应用   表 3-8

净化方法	净 化 原 理	应　　用
过滤法	利用多孔材质滤除油液中的不溶性物质	分离 >1μm 固体颗粒
离心法	用离心机使油液转动,分离存于油液中的不溶性物质	分离固体颗粒和游离水
惯性法	用旋流器使油液转动,分离存于油液中的不溶性物质	分离固体颗粒和游离水
聚结法	利用多孔材质对不同液体亲和力的差异分离混合液	从油中分离水
静电法	利用静电场力使绝缘油中的污染物被吸附在集尘体上	分离固体颗粒和胶状物
磁性法	利用磁场力吸附油液中的铁磁性颗粒	分离铁磁性颗粒(铁屑)
真空法	用在负压下饱和蒸汽压不同分离油、其他液体和气体	分离水、空气和挥发物质
吸附法	利用分子附着力分离油中可溶性和不溶性物质	分离颗粒、水和胶状物

(1)将箱内的液压油全部放出后,撤出液压油滤芯,把泵和油箱之间的管路从泵的接口处拆开,放出管路内的油液。

(2)用洗油冲洗液压油箱和管路。

(3)打开油箱的侧盖,用医用纱布把液压油箱内部擦净。

(4)将面粉加入干净的液压油揉合成团状(湿度为手捏有黏性即可)并分成 3 份,用面团分 3 次粘干净液压油箱里面尤其是油箱的边角处和滤芯筒的金属铁屑。自检:要求用手触摸时不得感觉有灰尘和颗粒。

(5)清洗油箱的箱盖及滤网、放油螺塞、管接头等。

4. 清洗过滤器

如果滤油器滤芯是纸质滤芯,则不能清洗,只能更换新滤芯;如果是其他形式的滤芯,则可以进行清洗。滤芯清洗的方法如下:

(1)将滤芯先泡在清洗液里面一段时间,然后用毛刷将滤芯里面的污渍刷洗干净。

(2)换干净清洗液将滤芯再刷洗一遍。

(3)用压缩空气从内到外将滤芯吹干。

(4)检查滤芯密封件,如有损坏应予换新。

(5)给滤芯密封件涂一层干净液压油,用手拧转滤芯至密封件贴合,然后再加拧半圈。

清洗过滤器前应检查滤芯外形,如发现滤网变形或损坏,需马上更换;清洗时要注意过滤芯上的不锈钢钢丝网不能变形或损坏,否则,再装上去的过滤器,过滤后液压油的纯度达不到设计要求。

5. 加注新油

(1)重新装好放油螺塞、管接头及箱盖。

(2)用加油机通过滤网将净化后一液压油加注到油箱。

(3)净化后的油量一般会不足,因此需要补充新油。要保证加油量在油面指示器的 H、L 标线之间。

(4)试车运转,并操纵各液压系统,检查油位及是否渗漏,需要时可再加注适量的新液压油。

6. 注意事项

在放油、清洗和加油过程中,应始终注意以下事项:

(1)要保持工作环境清洁。

(2)操作人员注意自己的鞋子与衣服,一定用浅色不掉纤维的连体服与胶底的鞋子。

(3)拆开箱盖后,要严防杂质落入油箱。

(4)油管接头卸开的所有开口,必须堵塞紧,以防止灰尘进入。

(5)清洗时所使用的布或刷子,不得附有灰尘、棉绒及松脱掉毛。

(6)封装箱时,应使用密封胶填封,但不得让密封胶挤入油箱中。

(7)所有加入的液压油都要经过过滤器进入油箱内。

任务实施3　油液黏度测量❶

1. 实训步骤

(1)用量杯取200mL的液压油倒入恩氏黏度计的容器中(图3-14),对容器通电加热,用温度计测量油液的温度,当油温达到规定的温度时(如40℃),断电保温1min左右。

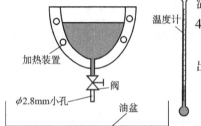

图3-14　恩氏黏度计

(2)准备好秒表,在开启阀门时按下秒表,记录液压油流出的时间。注意油液流完的瞬间要按停秒表。

(3)用公式(3-1)计算恩氏黏度值。

(4)用公式(3-2)或(3-3)计算该液压油的运动黏度值。

(5)如果油液不够,需添加其他油液补充,则重复步骤(1)~(3)测量补充油液的恩氏黏度,再按公式(3-4)计算调合油的黏度。

2. 实训注意事项

操作恩氏黏度计时,要注意加热温度和保温时间,计时一定要准确,要用有标号的液压油来做验证性实验。

四、思考与练习

3-1　液体的黏度有哪几种?液压油的牌号用哪种黏度标定?

3-2　哪些因素会影响液体黏度的变化?试详细说明。

3-3　常用的液压油有哪些类型?

3-4　选用液压油时应考虑哪些因素?湖南地区的工程机械液压系统应采用哪种类型的液压油?试说明理由(提示:应考虑季节因素的变化)。

3-5　不借助仪器设备,如何鉴别液压油?

3-6　怎样合理使用液压油?

3-7　油液污染是怎样造成的?有什么危害?

3-8　如何防止液压油的早期污染?为什么说滤油器是防止液压油污染的重要手段?

3-9　污染后的液压油应如何处理?

3-10　在液压设备现场维护中,如何鉴别液压油的污染情况?

3-11　为什么说新更换的液压油必须经过滤后才能注入油箱?

3-12　油液的污染度是何含义?国家标准中规定了多少个污染度等级?

3-13　为什么液压系统安装后要清洗?

3-14　液压油的净化方法有哪些?

---

❶ 此项实训可穿插在换油实训过程中选做。

3-15 清洗使用中的油箱和新油箱有什么不同?

3-16 简述油箱的功用和安装、使用要点。

3-17 一般液压系统的温度应控制在什么范围内?

3-18 过滤器的主要性能参数有哪些?分别解释其含义。

3-19 常用的过滤器有哪几种?它们分别适用于什么场合?

3-20 过滤器一般安装在什么位置?

3-21 简述换油步骤。

任务4 蓄能器的使用和维护

教学目标

1. 知识目标

(1) 掌握蓄能器的类型、结构和工作原理;

(2) 了解蓄能器的作用;

(3) 理解蓄能器的安装使用要求和常见故障。

2. 能力目标

(1) 能够正确安装和维护蓄能器;

(2) 能够排除蓄能器常见故障。

一、任务引入

在液压系统中,常常设置蓄能器用来储存和释放液体的压力能。其基本作用是:当系统压力高于蓄能器内液体的压力时,系统中的液体充进蓄能器中,直至蓄能器内、外压力保持相等;当系统压力低于蓄能器内液体的压力时,蓄能器的液体将流到系统中,直至蓄能器内、外压力平衡。蓄能器属于压力容器,在装配、安装、充氮操作等维护中有特殊的要求和注意事项,蓄能器的安装与维护也是液压系统维护的重要内容。

所需设备:带蓄能器的典型液压系统(如装载机、混凝土泵与泵车等),氮气瓶,蓄能器充气系统(带压力表),油管及管接头,常用工具等。

二、相关知识

(一) 蓄能器的类型和结构

蓄能器是液压系统中的储能元件,它能储存一定量的压力油,并在需要时迅速地或适量地释放出来,供系统使用。目前较为常用的充气式蓄能器是利用压缩气体来储存能量。按其构造不同,充气式蓄能器分为气囊式、活塞式和隔膜式等几种。

1. 气囊式蓄能器

气囊式蓄能器由充气阀、气囊、壳体、提升阀等组成,如图4-1所示。蓄能器的壳体是一个压力容器。气囊用耐油橡胶制成,装在壳

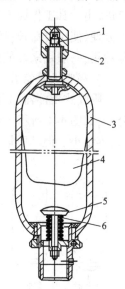

图4-1 气囊式蓄能器
1-充气阀;2-保护帽;3-壳体;
4-气囊;5-提升阀;6-弹簧

体里面并固定在壳体的上部,囊内通过充气阀充入一定量的惰性气体(一般为氮气)。充气阀是一个类似轮胎气门芯的单向气阀。壳体下端的提升阀是一个用弹簧加载的菌形阀,压力油由该阀通入。在液压油全部排出时,该阀能防止气囊膨胀挤出油口。

其工作原理是(图4-2):

(1)充气。通过充气阀充入氮气,气囊膨胀。如果壳体内没有油液,气囊将充满整个壳体的容腔,并将提升阀压下关闭;如果壳体内有油液,那么油液的压力与气囊内气体的压力相等而维持平衡状态。

(2)蓄能。液压油总是从压力高的地方流向压力低的地方,这是液体能够流动的原因之一,称之为压差流动。充气后的蓄能器通过下部的连接油口接入液压系统管道,如果系统管道的压力高于蓄能器内油液的压力,那么管道中的油液将流入蓄能器内,使蓄能器壳体内油液的体积增加,气囊将被压缩,根据玻义耳定律(气态方程)$p_0 V_0^n = p_1 V_1^n = p_2 V_2^n = C$(常数)可知,气体的体积减小,压力将升高。系统管道的油液将一直流到与蓄能器内油液的压力相平衡为止。前面我们已经提到,受压后的液体具有压力能,并且压力越高,压力能就越高。因此,我们把油液流进蓄能器、气囊压缩的过程称为蓄能过程。

(3)放能。如果系统管道的压力低于蓄能器壳体内油液的压力,那么受压差流动的影响,蓄能器内的油液将流向系统管道,导致蓄能器内油液减少,气囊体积膨胀,同样根据理想气体状态方程可知,气囊的压力降低。此压力将一直下降到与系统管道的压力平衡为止。而流入系统管道的压力油将推动执行元件做功。因此,我们把油液流出、气囊膨胀的过程称为放能过程。

总之,气囊式蓄能器就是利用气囊的压缩和膨胀来存储、释放压力能的。这种蓄能器气液密封可靠,气囊惯性小,反应灵敏,容易维护,因而在液压系统中使用最广泛。其缺点是工艺性较差,气囊和壳体的制造比较困难,容量较小。

2. 活塞式蓄能器

活塞式蓄能器的结构类似于液压缸,如图4-3所示。其壳体被活塞分隔为上、下两个腔,其上腔充满压缩气体,下腔充满油液。压缩气体由壳体上端的充气阀充入,压力油由下端的a口进、出。其工作原理与气囊式蓄能器相似。这种蓄能器结构简单,工作可靠,安装、维护都比较方便,使用寿命长;但活塞的惯性力和摩擦力都较大,灵敏性较差,故不宜用于低压系统吸收脉冲用,一般用来蓄能或供中、高压系统吸收脉冲之用。

3. 隔膜式蓄能器

隔膜式蓄能器用两个半球形壳体扣在一起,在两个半球之间夹着一张橡胶薄膜,将油和气分开,如图4-4所示。隔膜式蓄能器橡胶薄膜面积较小,气体膨胀受到限制,所以充气压力有限,容量小。但其质量和容积比最小,反应灵敏,低压消除脉冲效果显著。

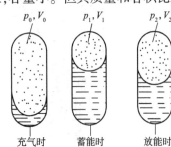

图4-2 气囊式蓄能器的工作原理

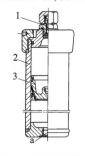

图4-3 活塞式蓄能器
1-充气口;2-壳体;3-活塞

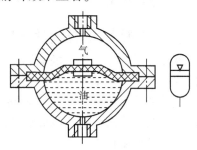

图4-4 隔膜式蓄能器

(二) 蓄能器的作用

蓄能器可以用来吸收液压系统的压力脉动和减小液压冲击,也可用来在短时间内向系统提供一定压力的液体。随着液压传动技术向高压化、高性能化发展,蓄能器在节能、补偿压力、吸收压力脉动、缓和冲击、提供应急动力、输送特殊液体方面所发挥的作用会越来越大。

(1) 用作辅助动力源(节能)。当执行件作间歇运动或只作短时高速运动时,可利用蓄能器在执行件不工作时储存压力油,而在执行件需快速运动时,由蓄能器与液压泵同时向液压缸供给压力油。这样就可以用流量较小的泵使运动件获得较快的速度,不但可减少功率损耗,还可降低系统的温升。

(2) 使系统保压。当执行件停止运动的时间较长,并且需要保压时,可利用蓄能器储存的液压油补偿油路的泄漏损失,以保证其压力不变。这时可使液压泵卸荷,既降低能耗,又能延长液压泵的使用寿命。

(3) 吸收压力冲击和脉动。在控制阀快速换向、突然关闭或执行件的运动突然停止时都会产生液压冲击,齿轮泵、柱塞泵、溢流阀等元件工作时也会使系统产生压力和流量的脉动,严重时还会引起故障。因此,当液压系统的工作平稳性要求较高时,可在冲击源和脉动源附近设置蓄能器,以起缓和冲击和吸收脉动的作用。

(4) 用作应急油源。当电源突然中断或液压泵发生故障时,蓄能器能释放出所储存的压力油使执行件继续完成必要的动作,避免可能因缺油而引起的事故。

(5) 在输送对泵和阀有腐蚀作用或有毒、有害的特殊液体时可用蓄能器作为动力源吸入或排出液体,作为液压泵使用。

(三) 蓄能器的使用和维护

1. 蓄能器安装时应注意的问题

(1) 蓄能器的工作介质的黏度和使用温度应与液压系统工作介质的要求相同。蓄能器的容量可根据其用途不同,参阅《液压设计手册》通过计算确定。

(2) 蓄能器应安装在检查、维修方便之处(如图4-5所示)。

(3) 用于吸收液压冲击和脉动时,蓄能器要紧靠振源,装在易发生冲击处。

(4) 蓄能器的安装位置要远离热源,以防止因气体膨胀造成液压系统压力升高。必须在高温热源附近使用时,可在蓄能器旁边装设两层铁板和一层石棉板组成的隔热板,起隔热作用。

(5) 蓄能器安装时应牢固地支持在托架或壁面上,径长比过大时还应设置抱箍加固。但不允许焊接在主机上。

图4-5 安装状态的蓄能器

(6) 气囊式蓄能器原则上应该油口向下垂直安装,倾斜或卧式安装时,皮囊因受浮力与壳体单边接触,会妨碍其伸缩运行,加快皮囊损坏。对于隔膜式蓄能器无特殊安装要求,油口可向下垂直安装、倾斜或卧式安装。

(7) 液压泵与蓄能器之间应设置单向阀,以防止液压泵停止工作时,蓄能器内的压力油向液压泵倒流,冲坏液压泵。

(8) 在蓄能器与系统之间应设置截止阀,供充气、调整、检查、维修或长期停机时使用。

(9)蓄能器装好后应充入惰性气体(一般为氮气),严禁充氧气、氢气、压缩空气或其他易燃性气体,以免发生爆炸。

(10)蓄能器的充气压力可为系统最低工作压力的60%~70%。

2. 蓄能器使用时应注意的问题

(1)蓄能器在使用过程中,要定期对气囊进行气密性检查。对于新使用的蓄能器,第一周检查一次,第一个月还要检查一次,然后每半年检查一次。对于作应急油源的蓄能器,更应经常检查与维护,以确保安全。

(2)蓄能器充气后,各部分绝对不允许再拆开,也不能松动,以免发生危险。需要拆开时应先放尽气体,确认无气体后,再拆卸。

(3)在长期停止使用后,应关闭蓄能器与系统之间的截止阀,保持蓄能器蓄压在充气压力以上,使皮囊不靠底。

(4)蓄能器作为压力容器在液压系统中属于危险部件,所以,在操作中应特别注意。当出现故障时,切记一定要先卸掉蓄能器的压力,然后用充气工具排尽胶囊中的气体,使系统处于无压力状态,才能拆卸蓄能器及各零件,以免发生意外事故。

(5)在搬运机器时,应将蓄能器的气体排出,以免因振动或碰撞而发生意外事故。

(四)蓄能器常见故障

气囊式蓄能器具有体积小、质量轻、惯性小、反应灵敏等优点,目前应用最为普遍。下面以NXQ型气囊式蓄能器为例,说明蓄能器的故障现象及排除方法。

1. 蓄能器压力下降严重,经常需要补气

气囊式蓄能器的皮囊充气阀为单向阀的形式,靠锥面密封。当蓄能器在工作中受到振动时,可能使阀芯松动,从而使密封锥面不密合,导致漏气。阀芯锥面上拉有沟槽,或者锥面上粘有污物,均可能导致漏气。此时可在充气阀的密封盖内垫入3mm左右厚的硬橡胶垫,以及采取修磨密封锥面使之密合的措施解决。

另外,如果出现阀芯上端螺母松脱,或者弹簧折断或漏装的情况,有可能使皮囊内氮气顷刻泄完。

2. 皮囊使用寿命短

影响皮囊使用寿命的因素有:皮囊质量低;使用的工作介质与皮囊材质具有相容性;污物混入;选用的蓄能器公称容量不合适(油口流速不能超过7m/s);油温太高或太低;用于储能时的往复频率过高(若超过1/10次/分则寿命开始下降,若超过1/3次/分则寿命急剧下降);安装不良和配管设计不合理等。

3. 蓄能器不起作用

主要原因有:皮囊内根本无氮气;气阀漏气严重;皮囊破损进油;工作压力p_0大于蓄能器最高工作压力p_2等。

排除的办法是:检查气阀的气密性。发现泄气时,应加强密封,并补充氮气;若气阀处漏油,则很可能是皮囊破裂,应予以更换;当$p_0 \geqslant p_2$时,应降低充气压力或根据载荷情况提高工作压力。

另外,为保证蓄能器在最小工作压力p_1下能可靠工作,并避免皮囊在工程过程中常与蓄能器下端的菌形阀碰撞,以延长蓄能器的使用寿命,充气压力p_0一般应在$(0.75~0.9)p_1$的范围内选取;为避免在工作过程中皮囊的收缩和膨胀的幅度过大而影响使用寿命,充气压力p_0

应超过最高工作压力 p_2 的25%。

4. 吸收压力脉动的效果差

主要原因是：安装的蓄能器离振源太远；管道通径过小或者过长。

5. 蓄能器释放出的流量稳定性差

蓄能器充放液的瞬时流量是一个变量，若想获得较恒定的和较大的瞬时流量，可采取如下措施：

(1) 在蓄能器和执行元件之间加入流量控制元件。

(2) 用几个小容量蓄能器并联来代替一个大容量蓄能器，并且几个小容量蓄能器采用不同档次的充气压力。

(3) 尽量减少工作压力范围 Δp。

(4) 在一个工作循环中安排好足够的充液时间，减少充液期间系统其他部位的内泄量，使再充液时，蓄能器的压力能够迅速和确保升到 p_2，再释放能量。

三、任务实施

选择某装载机上的气囊式蓄能器进行充氮训练。

任务实施1 蓄能器安装及充氮前检查

1. 蓄能器的装配

充气前按照《液压件清洗通用工艺规程》的要求，拆装、清洗蓄能器。下面主要介绍蓄能器的装配步骤。

(1) 往蓄能器壳体内倒入少量液压油，并将油液在壳体内涂抹均匀，使壳体内壁与气囊外壁之间形成一层油垫，在气囊变形时起润滑作用，防止气囊擦伤、破裂。

图4-6 气囊

(2) 在气囊外壁涂抹液压油，同时将气囊(图4-6)内气体排尽、折叠。

(3) 用拉杆(图4-7)作为辅助工具旋入气囊的充气阀座，再一起经壳体下端大开口装入壳体，在壳体上端拉出拉杆。

(4) 卸下拉杆，装上圆螺母，使气囊固定在壳体上。

(5) 装上充气阀和弹簧。

(6) 蓄能器安装到机器上。安装时注意任务分析中所列举的"蓄能器安装注意事项"。

2. 蓄能器充氮前检查

(1) 充氮前应对蓄能器作如下检查：产品是否与选择规格相同、充气阀是否紧固、有无运输造成影响使用的损伤、提升阀进油口是否堵好。

(2) 检查充气设备的接头、胶管等是否完好，泵站运行是否正常，检测氮气瓶内的气体压力，氮气瓶气压必须大于0.5MPa。

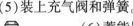

图4-7 拉杆

(3) 清理工作场地的杂物等。

任务实施2 蓄能器充氮训练

1. 采用常规方法充氮

(1) 在蓄能器充气前，使蓄能器壳体稍微向上，灌入壳体容积约1/10的液压油，以便润滑。

图4-8 充气工具

(2)将蓄能器充气阀上的保护帽取下,把充气工具(图4-8)的氮气出口与蓄能器的充气阀连接紧固上,另一端与氮气瓶连接。

(3)打开氮气瓶上的截止阀,调节其出口压力到0.05～0.1MPa,旋转充气工具上的手柄徐徐打开充气阀阀芯,缓慢充入氮气,使气囊逐渐胀大,直到菌形阀关闭。此时充气速度方可加快,并达到所需充气压力(表4-1)。切勿直接把气体全部充入气囊,以免充气过程中因气囊膨胀不均匀而破裂。

若蓄能器充气压力高时,充气系统应装有增压器,如图4-9所示。此时,将充气工具的另一端与增压器相连。

充气装置压力值　　　　　　　　　　　　　　表4-1

蓄能器公称容量,L	6.3	1.6
压力表读数,MPa	8	3
蓄能器公称压力,MPa	10	

(4)充气过程中温度会下降,充气完成并达到所需压力后,应停20min左右,待温度稳定后,再次检查充气压力,进行必要的修正,然后关闭充气阀,卸下充气工具。

(5)在充气24h后,查看蓄能器是否漏气。在以后的正常工作中,也需定期检测。

2.充气压力高于氮气瓶的压力的充氮方法

如充气压力要求14MPa,而氮气瓶的压力只能充至10MPa时,满足不了使用要求,并且氮气瓶的氮气利用率很低,造成浪费。在没有蓄能器专用充气车的情况下,可采用蓄能器对冲的方法(图4-10),具体操作方法如下:

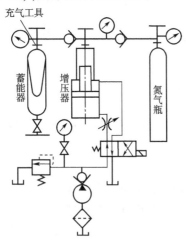

图4-9 带增压器的蓄能器充气系统

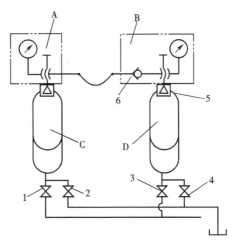

图4-10 蓄能器对充
1、2、3、4-球阀;5-皮囊进气阀;6-进气单向阀;
A、B-充气工具;C、D-蓄能器

(1)首先用充气工具向蓄能器充入氮气,在充气时放掉蓄能器中的油液。

(2)将充气工具A和B分别装在蓄能器C和D上,将A中的进气单向阀拆除,用高压软管连通,顶开皮囊进气单向阀的阀芯,打开球阀1和4,关闭2和3。开启高压泵并缓缓升压,可将 C 内的氮气充入到 D 内,当 C 的气压不随油压的升高而明显升高时,说明其内的氮气已基本用完。此时将油压降下来。

(3)再用氮气瓶向 C 内充气,然后重复上述步骤,直至 D 内的气压符合要求为止。

3．蓄能器充气压力的检查步骤

(1)按图 4-11 连接蓄能器压力检测回路,在蓄能器进油口和油箱之间设置截止阀,并在截止阀前装压力表。

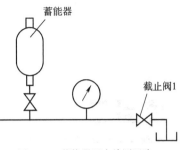

图 4-11　蓄能器压力检测回路

(2)慢慢打开截止阀,使液压油流回油箱,观察压力表。压力表指针先慢慢下降,达到充气压力时,蓄能器的提升阀关闭,压力表的指针迅速降到 0。

(3)在压力表迅速下降前,读取压力表上的读数,即为蓄能器的充气压力。

4．注意事项

(1)可利用充气工具直接检查充气压力。

(2)由于检查一次都要放掉一些气体,所以这种方法不适用于容量很小的蓄能器。

四、思考与练习

4-1　充气式蓄能器有哪几种类型？为什么气囊式蓄能器的应用最广泛？

4-2　蓄能器在液压系统中有哪些作用？如果某高压系统要采用蓄能器消除压力脉冲,用哪种蓄能器最合适？为什么？

4-3　蓄能器在安装时应注意哪些事项？

4-4　蓄能器在使用时应注意哪些问题？

4-5　在装配蓄能器皮囊时,为什么要在蓄能器壳体内壁涂抹一层油液？

4-6　蓄能器充气前应进行哪些检查？

4-7　蓄能器充氮时,氮气瓶压力不够,怎么办？

4-8　如何检查蓄能器充气压力？

项目二

液压缸检修

液压元件检修是液压系统检修的重要内容。在液压元件中,液压缸具有体积较大、结构简单和功能单一的特点,并且通过对液压缸的学习,可以进一步加深对液压传动工作原理和特性的理解,因此学习液压元件的检修,先从液压缸的检修开始。

本项目只有一个任务。通过本任务的训练,学生应该掌握液压缸的结构、原理和检修方法,熟悉液压缸的常见故障模式及诊断排除方法。

任务5 液压缸检修

任务5　液压缸检修

教学目标

1. 知识目标

(1)了解液压缸的类型和特点;

(2)掌握液压缸的工作原理、组成结构;

(3)熟悉液压缸的使用与维护。

2. 能力目标

(1)能够拆卸、安装和调试液压缸;

(2)能够排除液压缸的常见故障。

一、任务引入

液压缸是液压系统中的执行元件,具有体积较大、结构简单、功能单一等特点。其作用是将液体的压力能转换为往复直线运动形式或摆动形式的机械能,使运动部件实现往复直线运动或摆动。在工程机械中常用于驱动工作装置或者支腿,如使推土铲上升、下降,汽车起重机的吊臂上升、下降(摆动),吊臂展开、收回,支腿上升、下降等,如图5-1所示。

液压缸有多种类型,其中以单杆活塞缸最为常用,其结构也最为典型。本任务通过拆装单活塞杆双作用式液压缸,了解液压缸的结构和组成,掌握液压缸各个部件的结构和功能,掌握液压缸的拆装方法、密封方法、调试和试验方法。

所需实训器材:各种类型液压缸。

图 5-1 推土机和轮胎式起重机
a)推土机;b)轮胎式起重机

所需工具:液压拆装实训台,内六角扳手、固定扳手,螺丝刀等钳工常用工具。

二、相关知识

(一)液压缸的类型和特点

液压缸的类型很多,按其结构特点分为活塞式、柱塞式、摆动式3大类,其中活塞式液压缸根据活塞杆的数量又分为单杆式和双杆式两种结构;按其安装方式不同分为缸筒固定和活塞杆固定两种;按其作用方式分为单作用式和双作用式两种。单作用式液压缸的油液压力只能使活塞作(或柱塞)作单方向运动,反方向必须依靠外力(如弹簧力或自重);双作用式液压缸可由油液压力实现活塞两个方向的运动。工程机械中常用的液压缸有单杆活塞缸、柱塞缸、伸缩套筒缸、增压缸等几种类型。

1. 单杆活塞式液压缸

如图 5-2a)所示。单杆活塞式液压缸主要由缸筒、活塞和活塞杆等零件组成。活塞和活塞杆固定在一起,装入缸筒圆柱形空腔内,将内腔分隔成左、右两部分,其中有活塞杆的容腔叫"有杆腔"(小腔);没有活塞杆的容腔叫"无杆腔"(大腔)。有杆腔和无杆腔的端部各有一个外接油口。图 5-2b)为单杆活塞缸的职能符号。

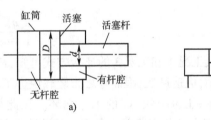

图 5-2 单杆活塞缸
a)结构原理图;b)职能符号

单杆活塞缸的两个外接油口通过油管分别与油泵和油箱连接,其油管的连接方式分为3种情况(图 5-3)。当液压泵的供油压力 p 和流量 q_V 不变时,液压缸的运动方向、运动速度大小、产生的推力或拉力大小各不相同。

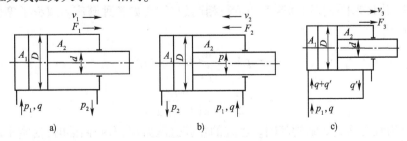

图 5-3 单杆活塞缸油管的3种连接方式

工况 1. 重载慢进:当无杆腔接油泵(进油)、有杆腔接油箱(回油)时,活塞向右移动,如图 5-3a 所示,其推力 F_1 和运动速度 v_1 分别为:

$$F_1 = p_1 A_1 = p_1 \cdot \frac{\pi D^2}{4} \tag{5-1}$$

$$v_1 = \frac{q_V}{A_1} = \frac{4q_V}{\pi D^2} \tag{5-2}$$

工况2. 轻载快退：当有杆腔接油泵（进油）、无杆腔接油箱（回油）时，活塞向左移动，如图5-3b)所示，其拉力F_2和运动速度v_2分别为：

$$F_2 = pA_2 = p \cdot \frac{\pi(D^2 - d^2)}{4} \tag{5-3}$$

$$v_2 = \frac{q_V}{A_2} = \frac{4q_V}{\pi(D^2 - d^2)} \tag{5-4}$$

上述两种连接方式称为液压缸的简单连接方式。比较式(5-1)～(5-4)可知，$F_1 > F_2$，$v_1 < v_2$。说明在工况1液压缸产生的推力大，但速度低；在工况2液压缸产生的拉力较小，但速度快。单杆活塞杆的重载慢进、轻载快退工况，比较适合工程机械工作装置的实际工况，如推土机的推土铲在铲切土壤时，阻力大，负载大，此时铲土速度低一点没关系；推土铲提起来时，液压缸只要克服推土铲自身的重量，此时速度较快，可以提高生产效率。

工况3. 轻载快进：当无杆腔和有杆腔同时通入压力油时，如图5-3c)所示，由于无杆腔活塞有效作用面积比有杆腔大，无杆腔一侧活塞承受的液压力大于有杆腔一侧的液压力，此时活塞向右移动。液压缸的这种连接方式称为差动连接。单杆活塞缸差动连接时，其活塞产生的推力F_3和速度v_3分别为：

$$F_3 = p(A_1 - A_2) = pA_3 = p \cdot \frac{\pi d^2}{4} \tag{5-5}$$

$$v_3 = \frac{q_V}{A_1 - A_2} = \frac{q_V}{A_3} = \frac{4q_V}{\pi d^2} \tag{5-6}$$

比较工况1和工况3的连接方式可知，$F_3 < F_1$，$v_3 > v_1$。说明在工况3虽然液压缸产生的推力较小，但速度快，因而称之为轻载快进工况。在实际工作中，液压系统通常通过换向阀实现"快进→工进→快退"的工作循环。在此循环中，"快进"由差动连接方式完成，"工进"和"快退"则由简单连接方式完成。差动连接是在不增加液压泵流量的前提下实现快速运动的有效方法。

2. 双杆活塞式液压缸

图5-4所示为双杆活塞缸原理图。其活塞的两侧都有活塞杆，当两活塞杆直径相同，缸两腔的供油压力和流量都相等时，活塞（或缸体）两个方向的运动速度和推力也都相等。因此，这种液压缸常用于要求往复运动速度和负载相同的场合，如各种磨床。双杆活塞缸的推力和速度按下式计算

$$F = pA = \frac{\pi}{4}(D^2 - d^2)p \tag{5-7}$$

$$v = \frac{q_V}{A} = \frac{4q_V}{\pi(D^2 - d^2)} \tag{5-8}$$

图5-4a)为缸筒固定式结构简图。当缸的左腔进压力油，右腔回油时，活塞带动工作台向右移动；反之，右腔进压力油，左腔回油时，活塞带动工作台向左移动。工作台的运动范围略大于缸有效长度的3倍，一般用于小型设备的液压系统。

图5-4b)为活塞固定式结构简图。液压油经空心活塞杆的中心孔及其活塞处的径向孔c、

d 进、出液压缸。当缸的左腔进压力油,右腔回油时,缸体带动工作台向左移动;反之,右腔进压力油,左腔回油时,缸体带动工作台向右移动。其运动范围略大于缸有效行程的 2 倍,常用于行程长的大、中型设备的液压系统。

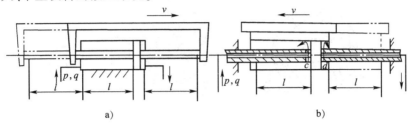

图 5-4 双杆活塞式液压缸
a)缸筒固定;b)活塞杆固定

3. 柱塞式液压缸

柱塞缸是一种单作用式液压缸,其工作原理如图 5-5 所示。柱塞与工作部件相连,缸筒固定在机架上。当压力油进入缸筒时,推动柱塞带动工作部件向右运动,此时产生的推力和速度分别为

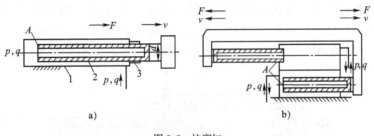

图 5-5 柱塞缸
1-缸筒;2-柱塞;3-导向套

$$F = pA = p \cdot \frac{\pi d^2}{4} \tag{5-9}$$

$$v = \frac{q_V}{A} = \frac{4q_V}{\pi d^2} \tag{5-10}$$

柱塞反方向退回时,则必须依靠其他外力或自重来完成。为实现双向运动,柱塞缸常成对使用,如图 5-5b)所示。

从公式(5-9)可以看出,柱塞越粗产生的推力越大,因此柱塞一般较粗、较重。水平安装时容易产生单边磨损,故柱塞缸适宜于垂直安装使用。需要水平安装时,常将柱塞加工成空心结构并设置支撑套和托架,防止柱塞因自重而下垂。

柱塞缸工作时,柱塞 2 由导向套 3 导向,与缸体内壁不接触,因而缸体不需要精加工,工艺性好,制造成本低。在工程机械中,柱塞缸常用于变幅机构和举升机构,如起重机的支腿油缸、叉车的举升缸等。

4. 摆动式液压缸

摆动式液压缸用于将油液的压力能转变为叶片及输出轴往复摆动的机械能,也称为摆动式液压马达,有单叶片和双叶片两种形式。图 5-6 所示为其工作原理图。摆动缸由缸体、叶片、定子块、叶片轴、两端支承盘及端盖(图中未画出)等零件组成。定子块固定在缸体上,叶片与输出轴连为一体。当两油口交替通入压力油(交替接通油箱)时,叶片即带动输出轴作往复摆动。

单叶片缸的摆动角一般不超过280°,双叶片缸当其他结构尺寸相同时,其输出转矩是单叶片缸的2倍,而摆动角度为单叶片缸的一半(一般不超过150°)。

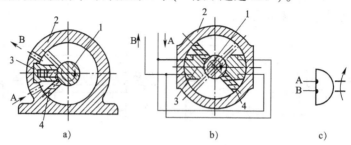

图5-6 摆动式液压缸
a)单叶片式;b)双叶片式;c)职能符号
1-叶片轴;2-缸体;3-定子块;4-回转叶片

摆动式液压缸结构紧凑,输出转矩大,但密封性较差,常用于工程机械回转机构的液压系统,也用于机床的送料装置、间歇送给机构、回转夹具、工业机器人手臂和手腕的回转装置液压系统中。

5. 伸缩套筒缸

伸缩套筒缸由两级或多级活塞缸套装而成。图5-7所示为两级伸缩套筒缸,一级活塞2与二级缸筒3连为一体。活塞伸出时先大后小(一级活塞伸出后,二级活塞再伸出),相应的推力由大到小,伸出的速度由慢到快;活塞缩回的顺序一般是先小后大,缩回的速度由快到慢。

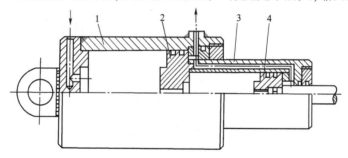

图5-7 伸缩套筒缸
1-一级缸筒;2-一级活塞;3-二级缸筒;4-二级活塞

伸缩套筒缸活塞杆伸出时行程大,而收缩后结构尺寸小。适用于起重运输机械等需占空间小的机械上,如起重机伸缩臂、自卸汽车举升缸等。

6. 增压缸

增压缸又称增压器,如图5-8示,由直径分别为 D 和 d 的复合缸筒及复合活塞等零件组成。

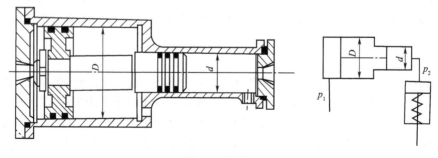

图5-8 增压缸

若大缸进油压力为 p_1,小缸排油压力为 p_2,且不计摩擦阻力的影响,则根据力学平衡的关系有:

$$\frac{\pi}{4}D^2 p_1 = \frac{\pi}{4}d^2 p_2$$

故
$$p_2 = \frac{D^2}{d^2}p_1 = \lambda p_1 \tag{5-11}$$

式中:增压比 $\lambda = D^2/d^2$。

由式(5-11)可知,当 $D = 2d$ 时,$p_2 = 4p_1$,即可以增压 4 倍。说明增压缸可以将输入的低压油转变成高压油。这对于液压系统来说意义很大,因为要提高液压泵的压力等级,其成本很大,有时甚至在技术上很难实现,而使用增压缸则容易实现。应当注意的是,增压缸不能直接作为执行元件,所以安装时应尽量使它靠近执行元件。在工程机械中,增压缸常用于制动系统。

(二)液压缸的典型结构

液压缸的类型很多,即使同一种类型液压缸,厂家不同、用途不同时,其结构也不尽相同。在各种类型的液压缸中,HSG 型双作用单杆活塞缸的构造最为典型,其结构如图 5-9 所示,它由缸筒、缸底、缸盖、活塞、活塞杆等主要零件组成。根据各零件在液压缸工作过程中的作用不同,将其分为 5 个组成部分,具体介绍如下。

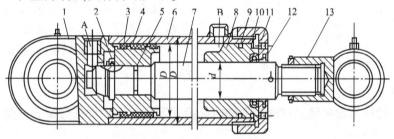

图 5-9 HSG 型双作用单杆活塞缸
1-缸底;2-卡键;3、5、9、10-密封圈;4-活塞;6-缸筒;7-活塞杆;8-导向套;11-缸盖;12-防尘圈;13-耳环

1. 缸体组件

缸体组件主要由缸筒、缸底和缸盖等部分组成。缸筒一般采用铸钢、锻钢或无缝钢管制成。缸筒与缸底、缸盖的连接方式有法兰式、半环式、拉杆式、螺纹式和焊接式等,如图 5-10 所示。各种连接方式的特点如表 5-1 所示。

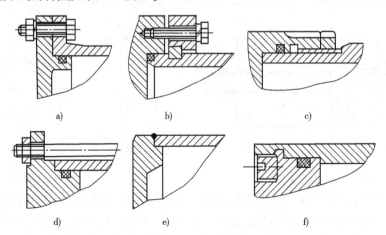

图 5-10 缸筒与缸底、缸盖的连接方式
a)法兰式;b)半环式;c)外螺纹式;d)拉杆式;e)焊接式;f)内螺纹式

缸筒与缸底连接方式的特点   表5-1

连接方式	优点	缺点	适应场合
法兰式	结构简单,加工、装配方便,连接可靠	外形尺寸较大	工作压力<10MPa,一般采用铸铁缸筒
半环式	连接工艺性好,连接可靠,结构紧凑,质量轻	削弱了缸筒强度	工作压力<20MPa,一般采用无缝钢管缸筒
螺纹式	体积小,质量轻,结构紧凑	缸筒端部结构复杂,拆装需专门工具	工作压力>20MPa,一般采用铸钢或锻钢缸筒
拉杆式	加工、装配方便	外形尺寸和质量较大	缸筒较短时采用
焊接式	结构简单,外形尺寸小,密封性好,强度高	焊接后缸筒容易变形,不易加工	工程机械上常用

2. 活塞组件

活塞组件主要包括活塞和活塞杆等零件。活塞一般采用铝合金材料,活塞杆采用合金钢锻造并镀铬。活塞与活塞杆的连接方式中最常用的有螺纹连接和卡键连接,如图2-11所示。

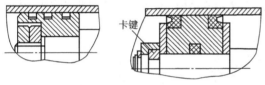

图5-11 活塞与活塞杆的连接方式

螺纹连接结构简单,装拆方便,但一般需要配备螺母防松装置;半环连接多用在高压和振动较大的场合,这种连接强度高,但结构复杂,装拆不便。

3. 密封装置

液压缸中的压力油可能通过固定部件的连接处和相对运动部件的配合间隙处泄漏,其泄漏途径如图5-12所示。

液压缸的泄漏会引起液压缸的容积效率降低和油液发热,降低液压缸的工作性能,并且外泄还会污染环境和增加油液的损耗。因此,要求液压缸选用的密封元件具有良好的密封性能并且密封性能随工作压力的提高而自动提高。工程机械用液压缸的密封装置一般采取密封圈密封的形式。密封圈一般用耐油橡胶制成,按形状分为O形、Y形、V形等多种形式。

(1)O形密封圈密封。O形密封圈(简称O形圈)的截面为圆形,如图5-13所示。它结构简单,制造容易,成本低廉,密封性能好,动摩擦阻力小,安装沟槽尺寸小,使用非常方便。

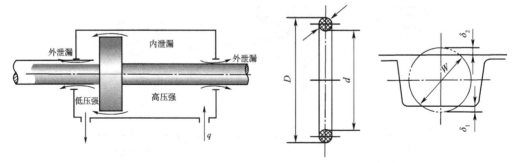

图5-12 液压缸的泄漏途径　　图5-13 O形密封圈

O形圈应用广泛,既可用于直线往复运动和回转运动的动密封,又可用于静密封;既可用于外径密封,又可用于内径密封和端面密封。安装时,O形圈要留有合适的预压缩量δ_1和δ_2,它在沟槽中受油压作用变形,会紧贴壁槽及配合偶件的壁,因而其密封性能可随压力的增高而提高。但压力过高,也可能造成密封圈挤入间隙而造成密封圈橡胶撕裂(图5-14)。

因此,当工作压力≥10MPa时,需在O形圈低压侧设置聚四氟乙烯或尼龙制成的挡圈(厚度为1.2~2.5mm);若双向受压,则需在其两侧加挡圈,如图5-15所示。

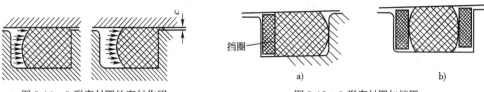

图5-14 O形密封圈的密封作用　　　　图5-15 O形密封圈加挡圈

(2) Y形密封圈密封。Y形密封圈密封用耐油橡胶制成,其断面呈Y形,如图5-16所示,属唇形密封圈。其密封原理是:利用油液的压力使两唇边紧贴在配合偶件的两结合面上实现密封,油液压力越高,唇边贴合越紧,并且在磨损后有一定的自动补偿能力。装配时应注意使唇边开口朝向压力油腔。Y形密封圈有通用型、轴用型和孔用型等3种类型。

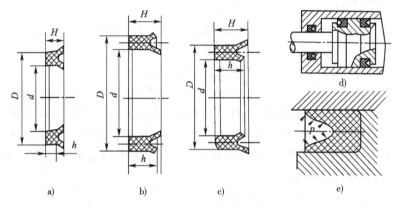

图5-16 Y形密封圈
a)等高唇通用型;b)轴用型;c)孔用型;d)在液压缸中的应用;e)工作原理

(3) V形密封圈密封。V形密封圈由多层涂胶织物压制而成。它由现状不同的支承环1、密封环2和压环3组成,如图5-17所示。当压环压紧密封环时,支承环可使密封环产生变形而起密封作用,如图5-18所示。

V形密封圈属唇形密封圈,其密封长度大,密封性能好,但摩擦阻力大。安装时应将密封环的开口方向朝向压力油腔一侧。调整压环压力时,应以不漏油为限,不可压得过紧,以防密封阻力过大。

(4)滑环组合式密封圈。滑环组合式密封圈由滑环和O形密封圈组成,如图5-19所示。滑环采用聚四氟乙烯材料,与金属的摩擦系数小,因而耐磨;O形圈用橡胶材料,弹性很好,装配后处于压紧状态,能从滑环内表面施加一向外的张力,从而使滑环产生微小变形而与配合件表面贴合,故其使用寿命比单独使用O形圈提高很多倍。

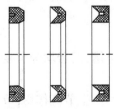 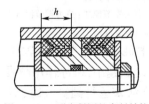 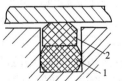 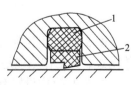

图5-17 V形密封圈　　图5-18 V形密封圈的密封结构　　图5-19 滑环组合式密封圈
1-O形圈;2-滑环

各种密封圈的性能如表5-2所示。

常用密封圈的性能　　　　　　　表5-2

密封圈类型	材料	工作压力(MPa)	温度范围(℃)
O形密封圈	耐油橡胶	≤70	-40 ~ +120
Y形密封圈	耐油橡胶	≤20	-30 ~ +80
Y_X形(轴用)	聚氨酯橡胶	≤32	-20 ~ +100
Y_X形(孔用)	聚氨酯橡胶	≤32	-40 ~ +100
V形密封圈	多层涂胶织物	≤50	-40 ~ +80

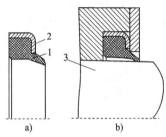

图5-20　骨架式防尘圈
a)防尘圈的形状;b)防尘圈的安装
1-防尘圈;2-骨架;3-轴

(5)防尘圈。防尘圈能将活塞杆上的污物刮除,使活塞杆退回有杆腔时能保持清洁。防尘圈一般用聚氨酯制造(图5-20),有的防尘圈带钢制成的骨架,用以增加防尘圈的强度和刚度。

4.缓冲装置

在液压缸活塞行程的终端,为防止活塞和缸底发生碰撞,往往设置有缓冲装置。常见的缓冲装置有不变节流式、可变节流式和可调节流式几种,如图5-21所示。

图5-21a)所示为不变节流式,当活塞的圆柱形缓冲柱塞移动到缸底的圆柱形孔内时,油液只能从圆柱形环隙流过,由于节流作用而产生较大的运行阻力,使活塞的运动速度降低,从而起到缓冲作用。活塞的运动速度越高,缓冲作用越强;反之,活塞的速度越低,缓冲作用越弱。当活塞运行到终点时,缓冲作用最弱。

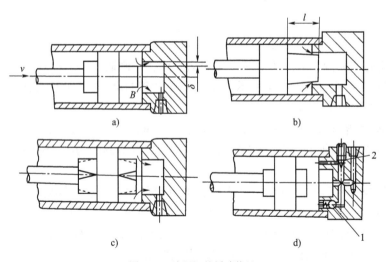

图5-21　液压缸的缓冲装置
a)不变节流式;b)可变节流式;c)可变节流式;d)可调节流式
1-单向阀钢球;2-节流阀

图5-21b)中为圆锥形柱塞,图5-21c)在圆柱形柱塞上加工有轴向三角槽,两者均为可变节流式。其工作原理是:活塞运行越靠近缸底,缝隙越小,缓冲作用越强。

图5-21d)中设置有节流阀2和单向阀1,当活塞运行到缸底时,节流阀产生节流作用;节流阀开口大小可以调节,因此可根据负载的大小及液压缸运行速度的高低调节,以获得较理想的缓冲效果。当活塞反向运动时,压力油将单向阀钢球顶开,使活塞迅速启动。

5. 排气装置

液压缸在安装时,其油腔内一般没有油液。安装后运行时,油液会进入到油腔中和空气混合在一起。液压系统中混入空气后会导致其工作不稳定,产生振动、噪声、低速爬行及启动时突然前冲等现象。因此液压缸需要排气装置。液压缸的排气装置布置在液压缸的最高位置,有排气塞和排气阀等形式,如图 5-22 和 5-23 所示。

对速度稳定性要求不高的液压缸可以不设专门的排气装置。将液压缸的油口布置在缸筒的最高处,由流出的油液将空气带往油箱,空气从油箱中逸出。

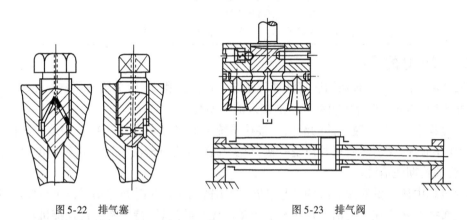

图 5-22 排气塞　　　　　　图 5-23 排气阀

(三)液压缸的性能参数和型号

1. 液压缸的性能参数

液压缸的性能参数主要包括公称压力、速比、最大/最小行程以及缸径、杆径等结构参数。公称压力(单位 MPa)是液压缸能长时间工作允许达到的最高压力;速比 λ 是液压缸往复运动的速度之比,即无杆腔和有杆腔活塞有效作用面积之比:

$$\lambda = v_2/v_1 = A_1/A_2 \tag{5-12}$$

通常,液压缸需要根据用户要求自行设计,确定液压缸的主要尺寸,包括内径、长度、活塞缸的直径及长度等。确定上述尺寸的依据是液压缸的负载、运动速度、行程长度和结构形式等。主要尺寸确定后,再联系配套厂家进行生产制造。

2. 液压缸的型号

液压缸型号中各字母和数字的含义如表 5-3 和表 5-4 所示。设计序号中,05-活塞为 Y 形圈密封;06-活塞为组合密封。

液压缸基本型型号说明　　　　　　表 5-3

	类型	缸盖形式	主要参数(mm)	压力级别(MPa)	行程(mm)	连接方式
型号	HSG-双作用单杆缸 Y-HG-冶金单杆缸 DG-车辆用单杆缸 ZG-柱塞式液压缸	L-外螺纹连接 K-内卡键连接 F-法兰连接	D/d D-缸径:8～630 d-杆径:4～400	C-6.3 E-16 G-25 H-32	25～5000	见表 2-3
举例	HSGK-100/55E-3321-1000×800,表示行程1000mm,安装距800mm,压力16MPa的内卡键连接的双作用单杆缸					

液压缸与主机的连接方式　　表 5-4

缸头、缸筒连接方式	活塞杆端连接方式	缓冲部位
1-缸头耳环带衬套 2-缸头耳环装关节轴承 3-铰轴 4-端部法兰 5-中部法兰	1-杆端外螺纹 2-杆端内螺纹 3-杆端外螺纹杆头耳环带衬套 4-杆端内螺纹杆头耳环带衬套 5-杆端外螺纹杆头耳环装关节轴承 6-杆端内螺纹杆头耳环装关节轴承 7-整体式活塞杆耳环带衬套 8-整体式活塞杆耳环装关节轴承	0-不带缓冲 1-两端带缓冲 2-缸头端带缓冲 3-杆头端带缓冲

（四）液压缸的维护

在安装液压缸之前，必须彻底清洗液压系统。冲洗过程中，应关闭液压缸的连接油管。建议连续冲洗约 30min，然后才能将液压缸接入液压系统。

使用过程中，应保持液压油的清洁。接在系统中的过滤器在液压缸开始运转阶段至少应每工作 100h 清洗一次，然后每月清洗一次，至少每次换油时清洗一次。建议换油时全部更换新油，并将油箱彻底清洗。

使用过程中还应做好液压缸的防松、防尘及防锈工作。长时间停用后再重新使用时，注意用干净棉布擦净暴露在外的活塞杆表面。启动时先空载运转，待正常后再挂接机具。

在冲击载荷大的情况下，应密切注意液压缸支承的润滑。尤其是新系统启动后，应反复检查液压缸的功能及泄漏情况。启动后，还应检查轴心线是否对中，若不对中，应及时进行调节。

作为备件的液压缸应储存在干燥的地方，并加注适量的防锈油，最好先用该防锈油作为介质使液压缸运行几次，然后对液压缸的进出油口进行密封，包裹好活塞杆，使之免受氧化锈蚀或机械损伤。当启用时，要将防锈油彻底清洗干净。

（五）液压缸的常见故障

液压缸的常见故障，见表 5-5。

液压缸的常见故障　　表 5-5

序号	故障现象	常见原因
1	活塞杆不能动作	压力不足；负载背压大；缸内活塞与缸筒、活塞杆与导向套的配合间隙过小或同轴度差；液压缸与工作装置的平行度差
2	运动速度达不到要求	内泄严重；负载过大；脏污进入缸内；缸筒加工精度低；液压缸装配精度低；活塞与缸筒、活塞杆与导向套的同轴度低；液压缸与工作装置的平行度低
3	液压缸爬行	缸内有空气；液压缸憋劲
4	外部泄漏	装配不良；密封件质量问题；活塞杆拉伤；油液黏度过低；油温过高；高频振动
5	缓冲失效	缓冲阀失效；活塞密封件破损；磨损严重

三、任务实施

任务实施 1　液压缸拆装

1. 液压缸的拆卸

（1）将液压缸置于工作台上，用压缩空气排掉缸内的残余油液，如图 5-24 所示。

（2）将活塞杆拉出约 200mm，用布包住活塞杆，按顺序拆卸缸盖上的连接螺栓（图 5-25）。

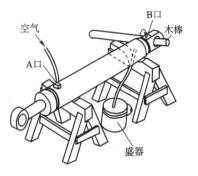
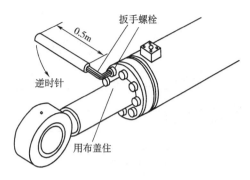

图 5-24 排掉缸内的残液　　　　图 5-25 拆卸连接螺栓

(3) 在缸盖上装 2 个固定螺栓,顺时针旋入,使缸盖和缸筒之间出现缝隙,用塑料锤敲击缸盖边,用绳索吊住活塞杆,拉出活塞杆(图 5-26)。

(4) 当活塞杆拉出 2/3 时,将起吊点移动到活塞杆的重心处,吊出活塞杆(图 5-27)。

(5) 将活塞杆置于支架上,检查活塞上的密封圈。如果密封圈完好无损,则直接将活塞杆装配;如果密封圈破损,则需进行以下步骤,更换破损的密封圈。

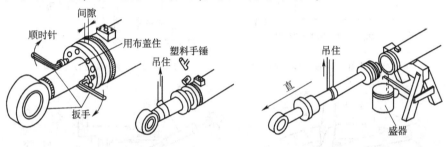

图 5-26 拆卸活塞杆　　　　图 5-27 吊出活塞杆

(6) 分解活塞杆。将活塞杆置于工作台上,用木棒插入活塞杆耳环孔内,防止其滚动(图 5-28);用旋凿拆下挡圈(图 5-29);用扳手拆下活塞螺母(图 5-30)。如果螺母较紧,可在扳手柄上套上管子(加力杆),也可用手锤锤击扳手柄进行拆卸。利用同侧的 4 个孔拆下活塞,拆下弹簧和密封圈,注意不要损坏 O 形圈。

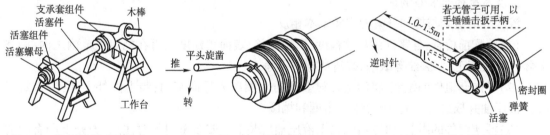

图 5-28 将木棒插入耳环孔内　　图 5-29 拆卸挡圈　　图 5-30 拆卸活塞螺母

(7) 用塑料手锤将导向套从活塞杆上拆下,并取下 O 形圈和挡圈(图 5-31)。

(8) 分解活塞组件。拆下 2 个耐磨环;用旋凿和锤子拆下滑环(滑动密封)和 O 形圈,小心不要损坏 O 形圈槽(图 5-32)。

(9) 分解导向套组件。拆下 O 形圈和挡圈(图 5-33);用一字螺丝刀拆下阶式密封、O 形圈、V 形圈和挡圈(图 5-34);拆下卡环和防尘圈(图 5-35)。拆卸时,夹住卡环不让其转动,然后用旋凿拆下卡环。拆卸防尘圈时,可借助手锤的敲击力冲出防尘圈。

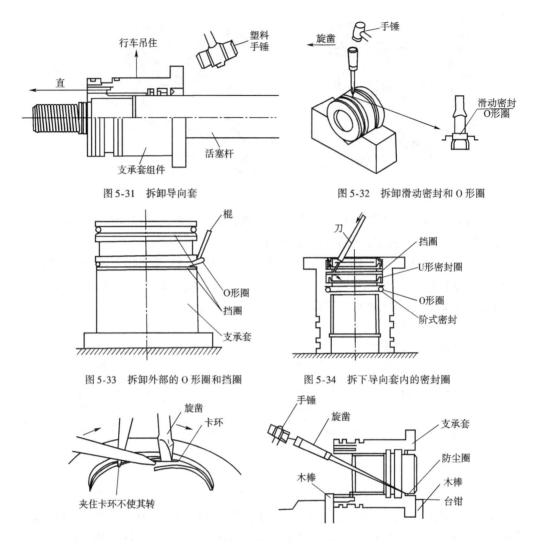

图 5-31 拆卸导向套

图 5-32 拆卸滑动密封和 O 形圈

图 5-33 拆卸外部的 O 形圈和挡圈

图 5-34 拆下导向套内的密封圈

图 5-35 拆卸卡环和防尘圈

2. 液压缸的组装与调试

液压缸的组装与拆卸分解的步骤基本相反。

(1) 装配前检查：各零件的尺寸精度、形位误差、表面粗糙度是否在规定值范围之内；检查各零件是否有毛刺、裂纹等缺陷，并清洗擦拭干净。

(2) 导向套组件的组装：将活塞杆衬套和防尘圈压入导向套内；装上内外卡环；给密封圈涂上液压油并依次安装上；最后装 O 形圈和挡圈。

(3) 活塞组件的组装：给密封圈涂上液压油后装上。安装密封圈时注意：原则上所有的密封圈和防尘圈应换新；密封圈按规定的安装方向安装；装配时应涂以适量的润滑油；不要将密封圈拉伸到永久变形的程度；密封圈不能形成扭曲形状。密封圈的变形量不能太大。

(4) 活塞杆组件的组装：将活塞杆置于工作台上，装上 O 形圈和挡圈；用工具将导向套组件装到活塞杆上；将活塞组件装到活塞杆上；拧紧活塞螺母，然后装上挡圈；最后将耐磨环装到活塞组件上。

(5) 液压缸组件的组装：将缸筒置于工作台上，用吊车吊住活塞杆，将其装入缸筒，安装并拧紧连接螺栓。

(6)调整端盖与缸体、活塞的同轴度,在活塞全行程往复运动中,不得有卡阻现象。

任务实施2 液压缸的安装与调试

1. 液压缸的安装

液压缸组装完毕后,按图5-36安装到系统中。安装时注意:

(1)检查液压缸标牌上的参数、型号与系统要求(或订货要求)是否一致。

(2)检查基座,基座必须有足够的刚度;连接液压缸的两个基座,其对称中心面必须重合,并且保证液压缸安装后,缸筒与活塞杆一端固定,一端活动。

(3)将液压缸安装后,再连接油管。

(4)液压缸安装前要将油口用油堵塞住;安装过程中要确保油口清洁;安装后要将液压缸外部油泥擦拭干净。

(5)液压缸体积大,质量大,安装时要注意安全。

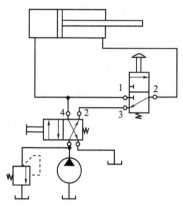

图5-36 单杆活塞缸的差动连接

2. 液压缸的调试

(1)安装完毕后,检查各元件是否安装正确。经检查合格后才能启动调试。

(2)检查液压缸各部位,包括各个密封件的漏油情况,安装连接部件的螺栓有无松动等现象。

(3)排气装置调整。将缸内压力降到0.5~1MPa,然后使活塞杆往复运动,打开排气塞进行排气。打开的方法是:当活塞快到达行程末端,压力升高的瞬间打开排气塞,而在开始返回前立即关闭。排气时可听到"嘘嘘"的排气声,随后喷出泡沫状油液,空气排净时油液没有泡沫。一般需要往复多次,才能排干净空气。

(4)缓冲装置调整。对于装有可调缓冲装置的液压缸,应先将节流阀调节到流量较小的位置,然后在活塞运动时逐渐将节流口调大,直至满足要求为止。

3. 液压缸的试运行

(1)对照图5-36,操纵二位四通手动换向阀,使其处于左位,观察液压缸的运动方向和运动速度,并记录运动时间。

(2)操纵二位四通手动换向阀,使其处于右位,观察液压缸的运动方向和运动速度,并记录运动时间。

(3)再操纵二位四通手动换向阀,使其处于左位,同时按下二位三通手动换向阀,观察液压缸的运动方向和运动速度,并记录运动时间。

(4)分析上述3种工况的运动特点。

四、思考与练习

5-1 简述HSGL05-80/40E2311液压缸型号的含义。

5-2 活塞式、柱塞式、摆动式液压缸各有什么特点?分别适用于什么场合?

5-3 液压缸的哪些部位需要密封?常用的密封方法有哪些?

5-4 液压缸支撑环、防尘圈与密封圈有何区别?

5-5 Y形、V形等唇形密封圈安装时应注意什么问题?

5-6 液压缸设置缓冲装置的目的是什么?安装排气阀的目的是什么?

5-7 单杆活塞式液压缸在缸筒固定和活塞杆固定时,其运动部件方向和进油方向之间是什么关系?绘图说明。

5-8 什么是液压缸的差动连接?适用于什么场合?若要求液压缸快进与快退的速度相同,缸筒内径与活塞杆外径应满足什么关系?试计算之。

5-9 有一柱塞缸,当柱塞固定、缸体运动时,压力油从空心柱塞中流入,压力为 p,流量为 q_V,缸体内径为 D,柱塞外径为 d,柱塞中心孔直径为 d_1。试求缸所产生的推力、运动速度和方向。

5-10 两个结构相同的单杆活塞式液压缸同向安装,其中 A 缸为活塞杆固定,B 缸为缸筒固定,两缸均为大腔进油,进油压力为 p_1,回油压力为 p_2,在输入流量为 q_V 的情况下,两缸的运动方向和速度是否相同?

5-11 完成表 5-6。

单杆活塞缸各种工况的速度推力   表 5-6

工况	活塞杆运动方向	活塞杆推力	活塞杆速度	工况特点
工进	活塞杆伸出	$F_1 = p_1 A_1$	$v_1 = q_V/A_1$	重载慢进
快退				轻载快退
快进				轻载快进

5-12 如图 5-37 所示,两结构、尺寸完全相同的液压缸串联,$A_1 = 100 \text{cm}^2$,$A_2 = 80 \text{cm}^2$,$p_1 = 0.9 \text{MPa}$,$q_1 = 12 \text{L/min}$。若不计摩擦损失和泄漏,试问:

(1)两负载相同($F_1 = F_2$)时,两缸的负载和速度各为多少?
(2)缸 1 不受负载时,缸 2 能承受多大负载?
(3)缸 2 不受负载时,缸 1 能承受多大负载?

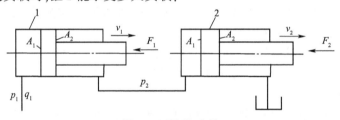

图 5-37 液压缸串联

项目三

液压控制阀检修

　　液压控制阀是液压系统中控制油液压力、流量及流动方向的元件。液压控制阀有普通控制阀和新型控制阀两大类,其中普通控制阀按其用途不同分为方向控制阀、压力控制阀和流量控制阀3类。其中方向控制阀包括单向阀和换向阀;压力控制阀包括溢流阀、减压阀、顺序阀和压力继电器;流量控制阀包括节流阀和调速阀。这3类阀是基本阀,这些基本阀可以根据需要互相组合成组合阀,如单向顺序阀、电磁溢流阀、单向行程调速阀等,使几阀同体,结构紧凑,使用方便。

　　液压控制阀也可以按照安装连接方式来分类。按安装连接方式的不同,可以分为管式(螺纹式)、法兰式、板式、叠加式、插装式等。其中,管式阀的油口通过螺纹管接头和油管同其他液压元件连接,并由此固定在管路上,连接方式简单,刚性差,拆装不便,仅用于简单液压系统;通径大于32mm的大流量阀采用法兰式连接,强度高,连接可靠;板式阀的各油口均布置在同一安装面上,此安装面用螺钉固定在与阀各油口有对应油孔的连接板上,再通过连接板上的孔道或与连接板连接的管接头和油管与其他液压元件连接,刚性好,拆装方便,应用较广;叠加式连接是在板式阀的基础上发展起来的,叠加阀的上下面为连接结合面,各油口分别在这两个面上,并且同规格阀的油口连接尺寸相同,各阀相互叠加组装,阀体同时起着油路通道的作用,无须油管连接,结构紧凑,压力损失小;插装式连接这类阀无单独的阀体,只有阀芯和阀套等组成的项目组件插装在可通用的插装块体的预制孔中,用连接螺栓或盖板固定,并通过块内通道把各插装式阀连通组成回路。插装块体起到阀体和管路通道的作用。这是一种能灵活组装的新型连接的阀。

　　阀的规格和性能参数是选用液压阀的依据。其规格用进、出油口的名义通径 D 表示,单位为毫米;性能参数包括额定压力、最大工作压力、额定压力损失、额定流量、最大流量、最小稳定流量、允许背压、压力调整范围等数值参数。在产品说明书中除给出阀的规格和性能参数外,一般还同时给出若干条特性曲线,如压力—流量曲线、压力损失—流量曲线,这就更能确切地表明阀的性能。

　　液压控制阀具有结构较简单、功能较复杂的特点。其功能复杂的主要体现是在不同的液压系统(或液压基本回路)中,液压控制阀的功能是不同的。所以,了解阀的功能不能离开液压基本回路,了解基本回路的功能也不能离开组成液压回路的各种控制阀的结构。因此,应该把控制阀的学习和液压基本回路的学习结合在一起。

　　液压基本回路是能实现某种规定功能的液压元件的组合,是构成复杂液压系统的基本组成单元。液压基本回路按其完成的功能不同分为方向控制回路、压力控制回路、速度控制回路和多缸控制回路。其中,方向控制回路包括换向回路、锁紧回路等;压力控制回路包括调压回路、保压回路、减压回路、增压回路、卸荷回路、平衡回路等;速度控制回路包括调速回路、快速回路、速度转换回路等;多缸控制回路包括顺序动作回路、同步回路、互锁回路、多缸快慢互不干扰回路等。

本项目主要介绍液压控制阀和液压基本回路,通过以下4个任务,训练液压控制阀的拆装、检修技能,以及分析、组建、调试液压基本回路的技能。

任务6　方向控制阀检修
任务7　压力控制阀检修
任务8　流量控制阀检修
任务9　新型液压控制阀检修

任务6　方向控制阀检修

教学目标

1. 知识目标

(1)了解方向控制阀的类型和特点;
(2)掌握方向控制阀的结构和工作原理;
(3)理解换向阀的操作方式和中位机能;
(4)掌握方向控制回路的组成和特点。

2. 能力目标

(1)能够正确拆装方向控制阀;
(2)能够判断三位四通换向阀的中位机能;
(3)能够排除换向阀的常见故障。

一、任务引入

方向控制阀是控制和改变液压系统中液流的通断或液流方向的液压元件,分为单向阀和换向阀两类。其中单向阀用于控制液流在管道中的接通和断开;换向阀用于控制油液的通、断与流动方向。方向控制阀的用途非常广泛,种类也非常多。

本任务通过拆装方向控制阀和组建方向控制回路,熟悉方向控制阀的操作方式、结构形式和使用注意事项,并掌握方向控制阀的工作原理,能够辨别3位换向阀的中位机能。

所需实训器材:各种方向控制阀,液压试验台及组建方向控制回路的有关液压元件。
所需工具:液压实训台、台虎钳、内六角扳手、活动扳手、螺丝刀等。

二、相关知识

(一)单向阀

单向阀分为普通单向阀和液控单向阀两类。

1. 普通单向阀

图6-1所示为普通单向阀的结构图。它由阀体、阀芯和复位弹簧等零件组成。当压力油

从左腔流入时,油液推开阀芯向右(上)移动,阀口打开,油液从右腔流出。当压力油从右腔流入时,液压力和弹簧力方向相同,使阀芯压紧在阀座上,阀口关闭,油液无法通过。

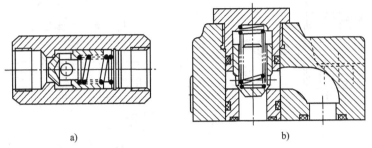

图 6-1 普通单向阀
a)直通式单向阀;b)直角式单向阀

因普通单向阀控制油液只能向一个方向流动,故又称为止回阀。普通单向阀类似于二极管,其工作原理特点可归纳为"正向流通,反向截止"。

图 6-1a)所示为管式连接的直通式单向阀。直通式是指进、出油呈直线;管式连接是指单向阀可通过螺纹连接在管路中。该阀的公称压力为 6.3MPa,属中压系列。其阀芯开启压力为 0.04MPa。

图 6-1b)所示为板式连接的直角式单向阀。直角式是指进、出油呈直角;板式连接是指单向阀可通过螺栓将阀体下平面连接在其他液压元件或面板上。该阀的公称压力有 21MPa 和 35MPa 两种,属中高压系列。其阀芯开启压力为 0.4MPa。

普通单向阀除管式、板式连接外,还有法兰式、插装式等连接方式。

对单向阀的性能要求主要是:液流正向流通时压力损失要小,反向不通时密封性要好,动作灵敏,工作时无撞击声和噪声。

2. 液控单向阀

如图 6-2a)所示,液控单向阀比普通单向阀多一个控制油腔和控制活塞。当控制油口 K 无压力油时,它和普通单向阀一样,压力油只能从 P_1 流向 P_2 腔,不能反向倒流;当控制油口 K 腔通入压力油后,控制活塞 1 将阀芯顶开,此时压力油可从 P_2 腔流向 P_1 腔。其工作原理特点可归纳为:"正向流通,反向控制流通"。

为了减少控制活塞的移动阻力,将控制活塞制成台阶状并设一外泄油口 L。控制油的压力不应低于油路压力的 30%~50%。当油路压力提高时,控制油的压力也要相应提高。图 6-2c)所示为带卸荷阀芯的液控单向阀。其工作原理是,当控制油口 K 通入控制油时,控制活塞上移,先顶开卸荷阀芯,使锥阀芯上、下油腔连通,上、下腔的压力差减小,此时控制活塞可用较小的力顶开锥阀芯,使 P_1 和 P_2 油腔完全连通。这样,液控单向阀可用较低的控制油压控制较高油压的主油路。

(二)换向阀

换向阀用来控制液压系统的油流方向,从而改变执行元件的运动方向。换向阀由阀的主体部分和控制机构两部分组成。

1. 换向阀的共同工作原理

换向阀的主体部分由阀体和阀芯组成,阀芯装在阀体内腔中,如图 6-3 所示。阀体和阀芯上均有台肩和沉割槽,阀体内腔由台肩和沉割槽组成。其中阀体的每个沉割槽一般对应一个外接油口,可分别接油泵(P表示)、油箱(T表示)和执行元件(A和B表示);阀芯的台肩和阀体的台肩属间隙配合(间隙很小),使阀芯可在阀体内腔来回移动。

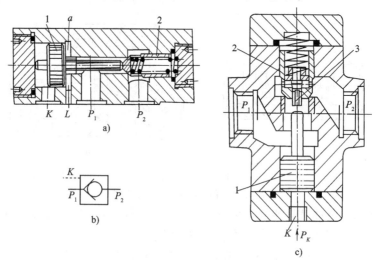

图 6-2 液控单向阀的工作原理和图形符号
1-控制活塞;2-锥阀芯;3-卸荷阀芯

当阀芯处于图示位置时,P、T、A、B四个油腔互不相通,液压缸活塞不会移动,处于锁止状态;当阀芯左移时,P→A(指P油口通A油口),B→T,此时液压缸无杆腔通入压力油,有杆腔回油,活塞向右移动;反之,若阀芯右移,则P→B,A→T,活塞左移。

因此,换向阀是利用阀芯与阀体相对位置的改变来改变油口的通、断关系,从而控制油路的连通、断开或改变油液流动的方向的,这就是换向阀的共同工作原理。

2. 换向阀的类型和图形符号

阀芯在阀体内的相对位置简称为"位",在图形符号中,用方框"□"表示。换向阀按"位数"的不同,可分为二位换向阀、三位换向阀、四位换向阀等,其对应的图形符号分别用2个、3个、4个方框表示。

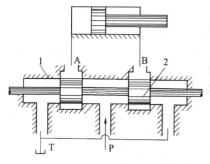

图 6-3 换向阀的工作原理
1-阀体;2-阀芯

换向阀阀体的外接油口简称为"通",常用大写字母表示,如P表示压力油的进口,T表示与油箱连通的回油口,A、B表示接其他工作油路;若油口相互连通,用箭头"↑↓↗↙"表示(箭头并不表示油液的实际流向),若不通则用符号"⊤、⊥"表示。换向阀按其外接油口数,可分为二通换向阀、三通换向阀等。换向阀位和通的符号、相应的结构原理见表6-1。

换向阀的结构原理与图形符号 表 6-1

名 称	结构原理图	图形符号
二位二通阀		

58

名　　称	结构原理图	图形符号
二位三通阀		
二位四通阀		
二位五通阀		
三位四通阀		
三位五通阀		

换向阀的控制机构用来控制阀芯的移动(或转动)。按控制的方式不同,分为手动、机动、电磁动、液动、电液联动等,其图形符号如图6-4所示。表示控制方式和弹簧复位的图形符号应画在方框的两端,其中靠近弹簧侧的位置为常态位(简称"常位"),三位换向阀的中位一般是常态位。在液压系统原理图中,换向阀的符号与油路的连接一般应画在常态位上。

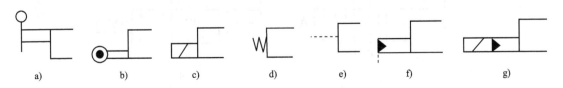

图6-4　换向阀操纵方式图形符号
a)手动;b)机动;c)电磁动;d)弹簧复位;e)液动;f)液动外控;g)电液联动

3. 换向阀的典型结构

(1)机动换向阀。图6-5所示为二位二通机动换向阀。在图示位置(右位),阀芯在弹簧作用下处于最左端,P与A不通(记作P⊥A);当运动部件的挡块(或楔铁)压向滚轮1时,通过滚轮使阀芯2右移,此时P与A连通(记作P→A)。

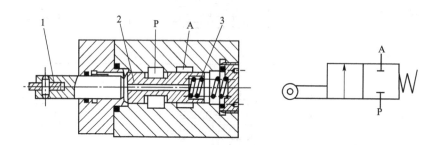

图6-5 二位二通机动换向阀
1-滚轮;2-阀芯;3-弹簧

机动换向阀结构简单,一般为二位阀。换向时阀口逐渐打开或关闭,故换向平稳、可靠、位置精度高,常常用于控制运动部件的行程,或快、慢速度的转换。其缺点是它必须安装在运动部件附近,一般油管较长。

(2)手动换向阀。手动换向阀是用手动杠杆操纵阀芯换位的换向阀。它有自动复位式,见图6-6a)、c)和钢球定位式见图6-6b)、d)两种。自动复位式可用手操作使其左位或右位工作,但当操纵力取消后,阀芯便在弹簧力作用下自动恢复中位,停止工作。因而适用于动作频繁、工作持续时间短必须由人操作的场合,例如工程机械的液压系统。钢球定位式手动换向阀的阀芯端部有钢球定位装置,可使阀芯分别停止在左、中、右3个不同的位置上,使执行机构工作或停止工作,因而可用于工作持续时间较长的场合。

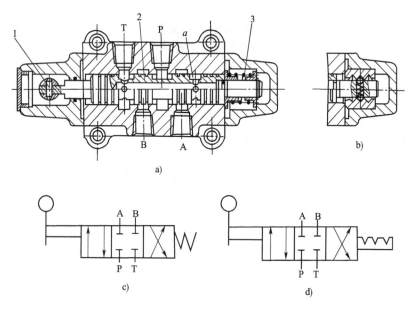

图6-6 三位四通手动换向阀
1-手柄;2-阀芯;3-弹簧

值得一提的是,在图6-6中,换向阀阀芯的台肩上有若干道环形槽,这种槽叫"均压槽",起密封作用,这种密封方式叫间隙式密封❶。

图6-7所示为旋钮控制式手动换向阀。旋转手柄,通过螺杆来推动阀芯移动,从而切换油路通流状态,达到换向的目的。这种阀体积小,调节方便,手柄上还带有保险锁装置,不用钥匙开锁,则不可调节阀芯,因此保证了使用时的安全性。

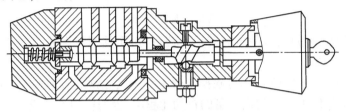

图6-7 旋钮式手动换向阀

(3)转阀。转阀是用手动或机动使阀芯转位而改变油流方向的换向阀。图6-8为三位四通转阀。

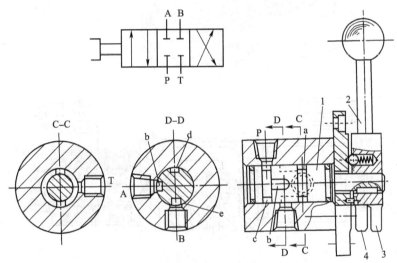

图6-8 三位四通转阀
1-阀芯;2-手柄;3、4-手柄座叉形拨杆

进油口P与阀芯上左环形槽c及向左开口的轴向槽b相通,回油口T与阀芯上右环形槽a及向右开口的轴向槽e、d相通。在图示位置时,P经c、b与A相通;B经e、a与T相通;当手柄带阀芯逆时针转90°时,其油路即变为P经c、b与B相通,A经d、a与T相通;当手柄位于上两个位置的中间时,P、A、B、T各油口均不相通。手柄座上有叉形拨杆3、4,当挡块拨动拨杆时,可使阀芯转动实现机动换向。

---

❶ 间隙式密封是通过精密加工,使相对运动零件之间的配合面之间有极微小的间隙(0.01~0.05mm)而实现密封,如图6-9所示。
其密封原理是:在阀芯台肩圆柱面上开设均压槽(压力平衡槽),油液在这些槽中形成涡流,能减缓漏油速度;同时由于受均压槽油液压力的作用,阀芯相对于阀体内腔的偏心量会减小,泄漏量可进一步减小。间隙式密封结构简单,摩擦力小,能耐高温,是一种结构简便而紧凑的密封方式。缺点是密封性能随工作压力的升高而变差,配合面磨损后无法补偿。在控制阀的阀芯与阀体,柱塞泵、柱塞马达的柱塞和缸体上有广泛的应用,也可用于尺寸较小、压力较低、速度较高的液压缸活塞与缸体内孔间的密封。

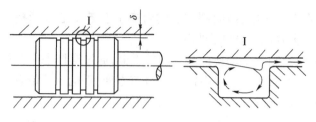

图 6-9 间隙式密封

转阀阀芯上的径向液压力不平衡,转动比较费力,而且密封性较差,一般只用于低压小流量系统,或用作先导阀。

(4) 电磁换向阀。图 6-10 所示电磁换向阀是利用电磁铁的吸力控制阀芯换位的换向阀,它操作方便,布局灵活,有利于提高设备的自动化程度,因而应用最广泛。

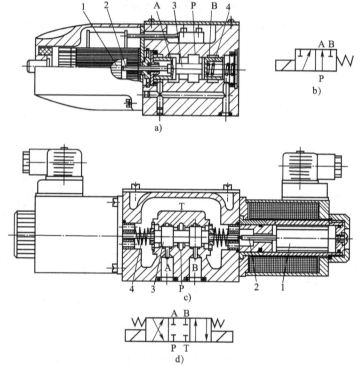

图 6-10 电磁换向阀
1—衔铁;2—推杆;3—阀芯;4—弹簧

图 6-10a) 所示为二位三通干式交流电磁换向阀结构图,图 6-10b) 为其图形符号。其左边为一交流电磁铁,右边为滑阀。当电磁铁不通电时,阀处于常态位(右位,即图示位置),其油口 P 通 A,B 不通;当电磁铁通电时,衔铁 1 右移,通过推杆 2 使阀芯 3 推压弹簧 4 并向右移至端部,阀处于左位,其油口 P 通 B,A 不通。

干式直流电磁铁的工作电压一般为 24V。在滑阀和电磁铁之间设置 O 形密封圈,以避免油液流入电磁铁内部,这导致推杆移动时产生较大的摩擦阻力,也易造成油的泄漏。这种换向阀的优点是换向平稳,工作可靠,噪声小,发热少,寿命高,允许使用的换向频率可达 120 次/min;缺点是起动力小,换向时间较长(0.05~0.08s),且需要专门的直流电源,成本较高。因而常用于换向性能要求较高的液压系统。如使用自整流型电磁铁取代干式直流电磁铁,则使用很方便。

图 6-10c) 所示为三位四通直流湿式电磁换向阀结构图,图 6-10d) 为其图形符号。阀的两

端各有一个电磁铁和一个对中弹簧。当两个电磁铁都不通电时,阀处于中位(常态位),四个油口相互不通;当右端电磁铁通电时,右衔铁1通过推杆2将阀芯3推至左端,阀右位工作,其油口P→A,B→T;当左端电磁铁通电时,阀左位工作,其阀芯移至右端,油口P→B,A→T。

湿式交流电磁铁的常用电压为220V和380V,不需要特殊电源,电磁吸力大,换向时间短(0.01~0.03s),且电磁铁的衔铁和推杆均浸在油液中,运动阻力小,散热效果好;但换向冲击大、噪声大、发热大、换向频率不能太高(约30次/min),寿命较低。若阀芯被卡住或电压低,电磁吸力小衔铁未动作,其线圈很容易烧坏。因而常用于换向平稳性要求不高,换向频率不高的液压系统。

图6-11所示为SE型二位三通球式电磁换向阀,是一种以钢球作为阀芯的座阀式电磁换向阀。该阀的工作原理是:当电磁铁8断电时,P油口的压力油除作用在球阀5的右边外,还通过通道a进入推杆3的空腔,作用在球阀5的左边,使钢球两边所受液压平衡,仅受弹簧7的压力被推向左阀座4,使油口P→A,T⊥;当电磁铁通电时,通过杠杆1和推杆3给球阀5一个向右的推力,将球阀5推向右阀座6,使油口P⊥,A→T。

球式阀芯的密封性能比滑阀好,反应速度快,使用压力高(一般工作压力31.5MPa,最高可达63MPa)。

(5)液动换向阀。电磁换向阀布置灵活,易实现程序控制,但受电磁铁尺寸限制,难以用于切换大流量油路。当阀的通径大于10mm时常用压力油操纵阀芯换位。这种利用控制油路的压力油推动阀芯改变位置的阀,即为液动换向阀。

图6-12为三位四通液动换向阀。当其两端控制油口K_1和K_2均不通入压力油时,阀芯在两端弹簧的作用下处于中位;当K_1进压力油,K_2接油箱时,阀芯移至右端,其通油状态为P→A,B→T;反之,当K_2进压力油,K_1接油箱时,阀芯移至左端,其通油状态为P→B,A→T。

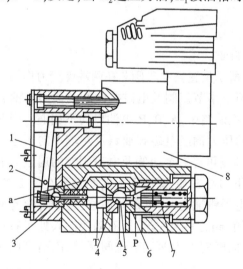

图6-11 SE型二位三通球式电磁换向阀(常开型)
1—杠杆;2—支点;3—推杆;4—左阀座;5—球阀;6—右阀座;7—弹簧;8—电磁铁

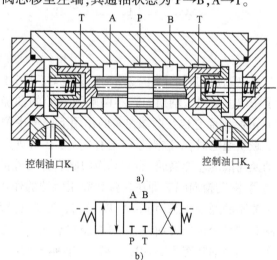

图6-12 液动换向阀

液动换向阀经常与机动换向阀、电磁换向阀或手动换向阀组合成机液换向阀、电液换向阀或手液换向阀,实现自动换向或大流量主油路换向。

(6)电液换向阀。电液换向阀是由电磁换向阀和液动换向阀组成的复合阀,如图6-13所示。电磁换向阀为先导阀,它用以改变控制油路的方向;液动换向阀为主阀,它用以改变主油路的方向。这种阀的优点是可用反应灵敏的小规格电磁阀方便地控制大流量的液动阀换向。

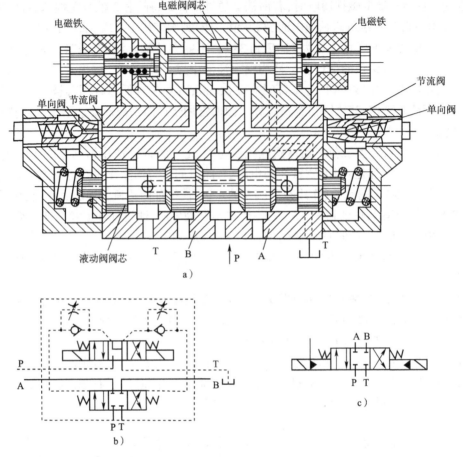

图 6-13 电液换向阀

当电磁换向阀的两电磁铁均不通电时(图6-13所示位置),电磁阀芯在两端弹簧力作用下处于中位。这时液动换向阀芯两端弹簧腔的油经两个小节流阀及电磁换向阀的通路与油箱(T)连通,因而它也在两端弹簧的作用下处于中位,主油路中,A、B、P、T油口均不相通。当左端电磁铁通电时,电磁阀芯移至右端,由 P 口进入的压力油经电磁阀油路及左端单向阀进入液动换向阀的左弹簧腔,而液动换向阀右弹簧腔的油则可经右节流阀及电磁阀上的通道与油箱连通,液动换向阀芯即在左弹簧腔压力油的作用下移至右端,即液动换向阀处于左位工作。其主油路的通油状态为 P→A,B→T;反之,当右端电磁铁通电时,电磁阀芯移至左端,液动换向阀右弹簧腔进压力油,左弹簧腔经左节流阀通油箱,阀芯移至左端,即液动换向阀处于右位工作。其通油状态为 P→B,A→T,液动换向阀的换向时间可由两端节流阀调整,因而可使换向平稳,无冲击。

若在液动换向阀的两端盖处加调节螺钉,则可调节液动换向阀芯移动的行程和各主阀口的开度,从而改变通过主阀的流量,对执行元件起粗略的速度调节作用。

(7)多路换向阀。多路换向阀是一种集中布置的组合式手动换向阀,常用于工程机械等要求集中操纵多个执行元件的设备中。多路换向阀可以简化油路,减少管路数目和换向阀所占的空间,便于安装和操纵。按组合方式不同,多路换向阀有串联式、并联式、串并联(顺序单动)式以及复合式等4种,其图形符号如图6-14所示。

串联式多路换向阀的油路中,见图6-14a),前一个阀的回油口与下一个阀的进油口连通,泵只能依次向各执行元件供油。各执行元件可以单独动作,也可以同时动作。在各执行元件同时动作的情况下,多个负载压力之和不应超过泵的工作压力,但每个执行元件都可以获得高的运动速度。

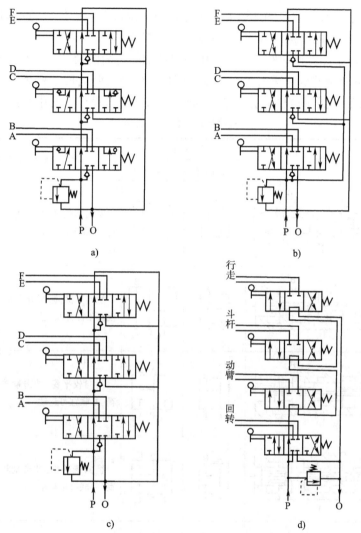

图6-14 多路换向阀的油路连接方式
a)串联式;b)并联式;c)顺序单动式;d)复合方式

在并联式多路换向阀的油路中,见图6-14b),各个换向阀的进油口都与一条总的压力油路连通,各个回油口都与一条总的回油路连通,泵可同时向各执行元件供油(这时负载小的执行元件先动作;若负载相同,则执行元件的流量之和等于泵的流量),也可只对其中一个或两个执行元件供油。

顺序单动式多路换向阀的油路中,见图6-14c),各换向阀之间进油路串联,回油路并联,泵只能顺序向各执行元件分别供油。操作前一个阀的就切断了后面阀的油路,从而可避免各执行元件动作间的干扰,并防止其误动作。

如果多路换向阀同时采用了上述3种连接方式的两种或3种连接方式,则称为复合方式。如某挖掘机采用图6-14d)所示的复合方式连接关系,其中动臂、斗杆和行走换向阀之间采用串联连接方式,表明这3个执行元件可以同时工作,从而提高工作效率。而回转与其他换向阀之间采用顺序动作方式,即回转马达工作时,其他油路被切断,这样可以防止其他油路的高压油作用到液压马达的回油口,从而使马达的输出转矩大大减小,甚至不能驱动负载转动。

3. 三位换向阀的中位机能

三位换向阀中位时各油口的连通方式称为它的中位机能。中位机能不同的同规格阀,其阀体通用,但阀芯台肩的结构尺寸不同,内部通油情况不同。

表6-2中列出了三位换向阀5种常用中位机能的结构简图及其中位符号。结构简图中为四通阀,若将阀体两端的沉割槽由 T_1 和 T_2 两个回油口分别回油,四通阀即成为五通阀。此外还有J、C、K等多种形式中位机能的三位阀,必要时可由液压设计手册中查找。

三位换向阀的中位机能　　　　表6-2

机能形式	结构简图	中间位置的符号		作用、机能特性
		三位四通	三位五通	
O		A B / P T	A B / T_1 P T_2	换向精度高,但有冲击,缸被锁紧,泵不卸荷,并联缸可运动
H		A B / P T	A B / T_1 P T_2	换向平稳,但冲击量大,缸浮动,泵卸荷,其他缸不能并联使用
Y		A B / P T	A B / T_1 P T_2	换向较平稳,冲击量较大,缸浮动,泵不卸荷,并联缸可运动
P		A B / P T	A B / T_1 P T_2	换向最平稳,冲击量较小,缸浮动,泵不卸荷,并联缸可运动
M		A B / P T	A B / T_1 P T_2	换向精度高,但有冲击,缸被锁紧,泵卸荷,其他缸不能并联使用

三位阀中位机能不同,中位时对系统的控制性能也不相同。在分析和选择时,通常要考虑执行元件的换向精度和平稳性要求;是否需要保压或卸荷;是否需要"浮动"或可在任意位置停止等。

(1)换向精度及换向平稳性。中位时通液压缸两腔的A、B油口均堵塞(如O形、M形),换向位置精度高,但换向不平稳,有冲击。中位时A、B、T油口连通(如H形、Y形),换向平稳,无冲击,但换向时前冲量大,换向位置精度不高。

(2)系统的保压与卸荷。中位时P油口堵塞(如O形、Y形),系统保压,液压泵能向多缸系统的其他执行元件供油。中位时 P、T 油口连通时(如 H 形、M 形),系统卸荷,可节省能量消耗,但不能与其他缸并联用。

(3)"浮动"或在任意位置锁住。中位时 A、B 油口连通(如 H 形、Y 形),则卧式液压缸呈"浮动"状态,这时可利用其他机构(如齿轮—齿条机构)移动工作台,调整位置。若中位时 A、B 油口均堵塞(如 O 形、M 形),液压缸可在任意位置停止并被锁住,而不能"浮动"。

(三)方向控制阀的应用

方向控制阀主要用来组装方向控制回路。方向控制回路是指在液压系统中,起控制执行元件的启动、停止及换向作用的液压基本回路,包括换向回路、锁紧回路、浮动回路等。

1. 换向回路

运动部件的换向一般通过各种换向阀来实现,在容积式调速的闭式回路中也可利用双向变量泵控制油流的方向来实现液压缸(或液压马达)的换向。

图 6-15 所示即为简单的换向回路。当按下启动按钮,1YA 通电,液压缸活塞向右移动;活塞碰上行程开关 2 时,2YA 通电,1YA 断电,换向阀切换到右位工作,液压缸右腔通压力油,活塞向左运动。活塞碰上行程开关 1 时,1YA 通电,2YA 断电,活塞又向右移动。这样往复变换换向阀的工作位置,就可自动变换液压缸的运动方向。当 1YA 和 2YA 都断电时,液压缸停止运动。

这种回路使用方便,价格便宜。但是换向冲击大,换向精度低,工作可靠性较差。因此,只适用于低速、轻载和换向精度要求不高的场合。

对于压力较高、流量较大、换向精度和平稳性要求高的液压系统,通常采用电液换向阀换向,如图 6-16 所示。

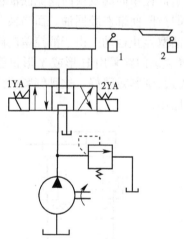
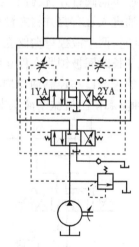

图 6-15 用行程开关实现自动换向　　图 6-16 用电液换向阀换向

在电液换向阀中,是以液动换向阀作为主阀,电磁换向阀作为先导阀控制主阀的动作的。采用电液换向阀换向也便于实现自动化。对于换向平稳性要求较高、自动化程度不高的工程机械,也可采用手动换向阀作为先导阀,以液动换向阀为主阀的换向回路,如图 6-17 所示。回路中,辅助泵 2 提供低压控制油,通过手动换向阀来控制液动换向阀,来实现主油路换向。当手动换向阀处于中位时,液动阀在对中弹簧的作用下也回到中位,主油泵卸荷。

在某些场合,也可采用行程阀控制液动阀来实现换向,如图 6-18。在这种回路中,行程阀必须布置在液压缸附近,不如电磁阀灵活,并且换向性能也差。当执行元件速度过低时,因瞬时失去动力,会使换向终止;当执行元件速度过快时,又会引起换向冲击。

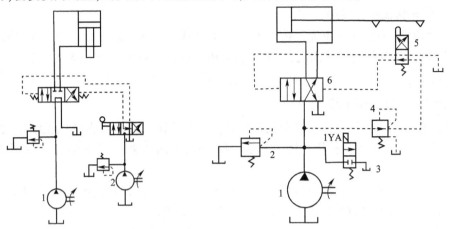

图 6-17 用手动阀控制液动阀的换向回路　　图 6-18 采用行程阀控制液动阀的换向回路

2. 锁紧回路

锁紧回路是使液压缸能在任意位置上停止,且停止后不会在外力作用下移动位置的油路。锁紧回路有以下几种。

采用 O 形或 M 形机能的三位换向阀实现锁紧的回路,如图 6-19 所示。在这种回路中的换向阀处于中位时,液压缸的进出油口均被封闭,故可将活塞锁住。但这种回路中滑阀泄漏的影响不可避免,因此停止时间稍长,即可能产生松动而使活塞产生少量偏移,故锁紧效果差。

图 6-20 是采用液控单向阀的锁紧回路。换向阀左位时,压力油经左液控单向阀进入缸左腔,同时将右液控单向阀打开,使缸右腔油能经右液控单向阀及换向阀流回油箱;反之,当换向阀右位时,压力油进入缸右腔并将左液控单向阀打开,使缸左腔回油。而当换向阀处于中位或液压泵停止供油时,两个液控单向阀立即关闭,活塞停止运动。由于液控单向阀的密封性能很好,从而能使活塞长时间被锁紧在停止时的位置。该回路采用 H 形或 Y 形机能的三位换向阀时,液控单向阀的进油口和控制油口均与油箱连通,锁紧效果好。这种锁紧回路主要用于汽车起重机的支腿油路和矿山机械中液压支架的油路中。

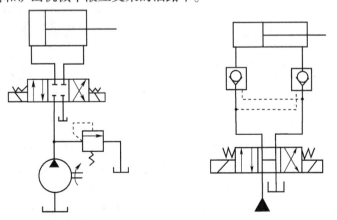

图 6-19 用 O 形机能锁紧的回路　　图 6-20 用液控单向阀的锁紧回路

为使系统结构紧凑,常常将两个液控单向阀集成在一起,组成所谓的液压锁,如图 6-21 所示。该阀由阀体 2,锥阀芯 1 和 4,控制活塞 3 等零件组成。当 A 油口进压力油时,顶开左锥阀芯 1 通往 A′,同时推动控制活塞右移,通过控制活塞顶开右锥阀芯,使 B′ 与 B 连通;反之,当 B

油口进压力油时,顶开右锥阀芯4通往B',同时推动控制活塞左移,通过控制活塞顶开左锥阀芯,使A'与A连通。

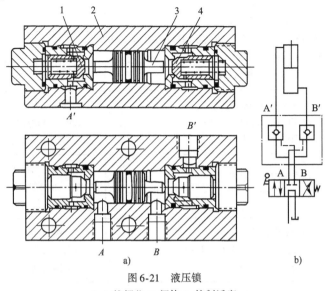

图 6-21 液压锁
1、4-锥阀芯;2-阀体;3-控制活塞

(四)换向阀常见故障分析与排除

换向阀在使用中可能出现的故障现象有阀芯不能移动、外泄漏、操纵机构失灵、噪声过大等,产生故障的原因及其排除方法如表6-3所示。

换向阀常见故障及排除方法　　　　　　　　　　表6-3

故障现象		原因分析	排除方法
阀芯不能移动	电磁铁故障	(1)电磁铁线圈烧坏 (2)电磁铁推力不足或漏磁 (3)电气线路故障 (4)电磁铁卡死	(1)检查原因,进行修理或更换 (2)检查原因,进行修理或更换 (3)排除故障 (4)检查原因,进行修理或更换
	阀芯卡死	(1)阀芯表面划伤、阀体内孔划伤、阀芯弯曲等 (2)弹簧侧弯或弹簧刚度不一致或弹簧断裂、弹簧太软或太硬 (3)油液污染(固体颗粒、胶质沉淀等)使阀芯卡死 (4)油温过高,零件热变形,导致卡死 (5)油液黏度太大,导致阀芯移动困难	(1)拆卸换向阀,仔细清洗,研磨修复内孔,校直或更换阀芯 (2)更换弹簧 (3)清洗、过滤油液 (4)检查温度过高原因并消除 (5)更换适宜黏度的油液
	先导阀故障	(1)控制油路无油:先导电磁阀故障,控制油路堵塞 (2)控制油压力不足:阀端盖处漏油,滑阀排油腔一侧节流阀调节过小或堵死	(1)检查原因并消除,检查、清洗,使油路畅通 (2)拧紧端盖螺栓,清洗节流阀并调整
	装配不良	阀体变形 (1)安装螺栓拧紧力不均匀 (2)安装基面平面度超差,紧固后阀体变形	(1)松开全部螺钉,重新均匀拧紧 (2)重磨安装基面,使平面度达到规定要求

续上表

故障现象	原因分析		排除方法
阀芯换向后通流量不足或压力降太大	阀芯开口太小	(1)电磁阀推杆过短 (2)阀芯与阀体几何精度差,移动时有卡死现象,移动不到位 (3)推力不足,使阀芯行程不到位	(1)更换适宜长度的推杆 (2)配研达到要求 (3)查明推力不足原因
	负荷变化	(1)换向压力超过额定压力 (2)实际流量超过额定流量 (3)回油背压过大	(1)降低压力 (2)更换合适规格的换向阀 (3)检查背压过高原因,对症解决
外泄漏	密封圈失效	(1)泄油腔压力过高 (2)密封圈破损	(1)检查泄油腔压力,如多个换向阀泄油腔串接在一起,则将其分别接口油箱 (2)更换密封圈
	装配不当	(1)漏装密封圈 (2)连接螺栓松动或力矩不一致 (3)安装基面粗糙	(1)补装 (2)重新紧固 (3)磨削安装基面,使之符合要求
振动与噪声大	换向冲击	(1)大通径电磁换向阀,因电磁铁规格大、吸合速度快而产生冲击 (2)液动换向阀因控制流量大,阀芯移动速度快而产生冲击 (3)单向节流阀的单向阀钢球漏装或钢球破碎,不起阻尼作用	(1)优先选用电液换向阀 (2)调节节流阀节流口,减慢阀芯移动速度 (3)检修单向节流阀
	振动	(1)固定电磁铁的螺栓松动 (2)电磁铁铁芯的吸合面接触不良	(1)紧固螺栓,并加装防松垫圈 (2)拆开电磁铁,修整吸合面,清除污物

三、任务实施

任务实施1 电磁换向阀拆装

选取一个电磁换向阀(干式或湿式,如图6-22所示)进行拆装训练。在拆卸过程中,应注意观察主要零件的结构、相互配合关系、密封部位、阀芯与推杆和电磁铁之间的连接关系,并结合结构图和阀表面铭牌上的符号,分析换向阀的工作原理和使用注意事项。

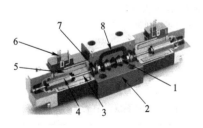

图6-22 电磁换向阀剖切图
1-阀芯;2-阀体;3-推杆;4-衔铁;5-电磁线圈;6-接线柱;7-对中弹簧;8-油道

1.电磁换向阀的拆卸

(1)拆卸前,擦净阀体表面的污物,观察阀的外形,分析各油口的作用。

(2)取下面板,松开阀体上电磁铁的电源线接头。

(3)拧下左、右电磁铁的螺栓,从阀体两端取下电磁铁。

(4)用卡簧钳取出两端弹簧。

(5)取出端盖、弹簧、弹簧座及推杆,然后将阀芯推出阀体(把阀芯放在清洁软布上,以免碰伤外表面)。

(6)用光滑的挑针把密封圈从端盖的槽内撬出,检查弹性和尺寸精度。若有磨损和老化,应及时更换。

2.分析主要零部件的结构和作用

(1)阀体。其外表面开有4个油口。阀体内有沟槽和一个纵向油道(图6-23所示)。纵向油道的作用是将阀芯两端油腔的油集中到共同的出油口。如果阀体内没有纵向油道,则其外接油口的布置方式一般如图6-23所示。其中,L口表示泄漏油口,P口接油泵,T口接油箱,A、B口接执行元件。

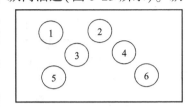

图6-23 三位四通换向阀阀体的外接油口

1-L口;2-P口;3、4-A、B口;5、6-T口

(2)阀芯。其上有台肩和沉割槽,台肩和阀体内腔台肩配合。

(3)电磁铁。电磁铁有干式和湿式之分。电磁铁通电,吸入衔铁,通过推杆推动阀芯移动,油路实现换向。

(4)弹簧。左、右两个对中弹簧的自由长度、刚度完全一致,当左、右电磁铁都不通电时,左、右对中弹簧自动将阀芯置于中位。

3.中位机能的判断

(1)根据铭牌上的型号或图形符号判断。

(2)吹烟法。将阀体擦净,吸入一口烟,在三位换向阀处于中位(常态位)时将烟吹入阀体上某个外接油口,然后观察烟从哪个油口冒出,据此判断油口的通断关系。

(3)换接法。将换向阀某个外接油口接到油泵上,观察油从哪个油口流出。其原理和吹烟法相似。

(4)测量法。测量阀芯及阀体内腔台肩和沉割槽的宽度,然后画在纸上进行比较。当阀体的各沉割槽通过阀芯沉割槽或阀体油道连通,则其对应的外接油口是相通的,否则不通。

4.换向阀的装配

装配前仔细清洗各零件(电磁铁除外),清理阀芯和阀体的卡孔等障碍,这样可保证装配质量和延长元件的使用寿命。清洗后的零件应将清洁液晾干,并涂上液压油,然后按拆卸的相反顺序装配,并注意以下事项:

(1)阀芯装入阀体后,用手推拉几次阀芯,阀芯应移动灵活。

(2)把推杆装入阀芯的槽口内,再装入弹簧座、弹簧、端盖及卡簧等。

(3)不要漏装端盖上的两道O形密封圈,要保护密封面的平整。

(4)把两端电磁铁电源线从专用孔穿至阀体前端,然后再用螺栓将电磁铁与阀体牢固连接。

任务实施2 组建换向回路

(1)按图6-24选择所需的液压元件,并在液压试验台面板上将液压元件大致布置好。

(2)按图6-24用油管将回路连接好。全部连接完毕且检查无误后,接通电源,对回路进行调试。

(3)拧开溢流阀,启动液压泵,再将溢流阀的开口逐渐减小,调试回路。如果缸不能动,要检查油管是否接好,压力油是否已送到位。

(4)通过控制手柄或电磁铁换向,观察液压缸的运动方向变化。

(5)实训完毕,将液压元件放归原处,将液压试验台擦拭干净。

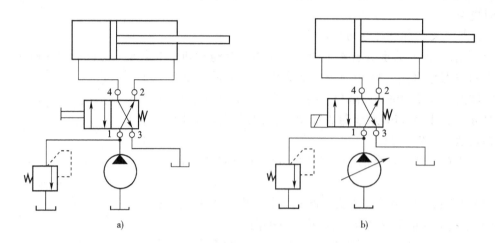

图 6-24 组建换向回路
a) 手动控制换向回路; b) 电磁控制换向回路

四、思考与练习

6-1 单向阀对开启压力有何要求？单向阀作背压阀使用时其开启压力是多少？

6-2 普通单向阀和液控单向阀有何区别？绘制两者的图形符号，并说明两者的作用。

6-3 有人说，单向阀就是一种二位二通换向阀，试根据换向阀的位、通概念绘出普通单向阀和液控单向阀的图形符号。

6-4 对照图 6-21 所示液压锁的结构，说明其工作原理。

6-5 换向阀的共同工作原理是什么？

6-6 不同类型的换向阀，在结构上有什么共同特点？

6-7 解释中位机能的含义，说明常用的中位机能有哪些？说明选用三位换向阀的中位机能时应考虑哪些因素？

6-8 如何判断三位四通换向阀的中位机能？

6-9 说明电液换向阀的结构和工作原理。如何调节其换向时间？

6-10 电液换向阀的先导阀为何选用 Y 型中位机能？改用其他型中位机能是否可以？为什么？

6-11 二位四通电磁阀能否做二位三通或二位二通阀使用？具体接法如何？

6-12 有一使用电磁换向阀的换向回路，当电磁铁通电时，液压缸有时动作，有时不动作。现场检查发现油液太脏，打开换向阀可见阀芯、阀体磨损严重。试分析故障原因并提出解决办法。

6-13 图 6-25 所示用增压缸、换向阀、单向阀等组成的单向增压回路，能供给断续的高压油，请说明各元件的名称，并分析回路的工作原理及单向阀 5 的作用。

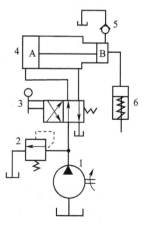

图 6-25 单向增压回路

任务7 压力控制阀检修

教学目标

1. 知识目标
(1) 了解压力控制阀的类型和特点；
(2) 掌握压力控制阀的结构和工作原理；
(3) 理解先导阀远控口的作用；
(4) 掌握压力控制回路的组成和特点。

2. 能力目标
(1) 能够拆装压力控制阀；
(2) 能够调节压力控制阀的压力；
(3) 能够排除压力控制阀的常见故障。

一、任务引入

在液压系统中，控制液压系统压力或利用压力作为信号控制其他元件的阀统称为压力控制阀。压力控制阀包括溢流阀、减压阀、顺序阀和压力继电器等。这类阀的共同特点是，利用作用于阀芯上的液压力和弹簧力相平衡的原理来进行工作。

本任务通过拆装压力控制阀和组建压力控制回路，熟悉压力控制阀的结构形式和使用注意事项，并掌握压力控制阀的工作原理，能够辨别溢流阀、减压阀和顺序阀的结构特点。

所需实训器材：各种压力控制阀，液压实训台及组建压力控制回路的有关液压元件。

所需工具：钳工台虎钳，内六角扳手，活动扳手，螺丝刀等。

二、相关知识

（一）溢流阀

常用的溢流阀有直动式和先导式两种。

1. 直动型溢流阀

直动式溢流阀结构如图7-1a)所示，图7-1b)为其图形符号。该阀由阀体、阀盖、阀芯、调压弹簧、调压螺母等组成。阀体上有两个外接油口，其中P口接油泵，称进油口；T口接油箱，称出油口；滑阀式阀芯装在阀体内，可来回移动，接通或切断P口与T口；阀芯上方装有调压弹簧，所在的油腔称为弹簧腔，弹簧腔通过阀盖与阀体上的油道与T口连通，该油道称为泄油道。

进油口P的压力油经阀芯3上的阻尼孔a与阀芯底部油腔连通。在压力油和弹簧的作用下，阀芯主要受到3种力的作用（忽略阀芯重力、摩擦力和油液的黏性阻力、液动力），即阀芯底部的油液推力（液压力）pA，弹簧压紧力kx和油堵对阀芯的作用力F。这3种力的关系如下

$$kx = pA + F \tag{7-1}$$

式中：k——弹簧刚度；

x——弹簧预压缩量；

p——阀芯底部油腔压力。

根据帕斯卡原理，阀芯底部油腔的油液压力与进油口的油液压力相同。

A——阀芯有效作用面积。

在公式(7-1)中,弹簧刚度 k、阀芯有效作用面积 A 为常量,其余均为变量。

讨论:

(1)当 $pA < kx$,即进油压力较小时,阀芯在弹簧2的作用下处于下端位置,其台肩将进油口 P 和与出油口 T 隔开,此时阀芯关闭。

(2)当进油压力升高至 $pA = kx$ 时,此时处于临界状态。

(3)当进油压力继续升高,至 $pA > kx$ 时,阀芯所受的液压力超过弹簧的压紧力时,阀芯抬起,将油口 P 和 T 连通,使多余的油液排回油箱,即溢流。进油压力愈大,阀芯开口愈大,溢流量愈大。溢流阀刚开启时(溢流量为额定溢流量的1%时),阀的进油压力称为开启压力,记为 p_0;溢流量为额定值时,阀的进油压力称为调定压力,记为 p_n。一般可认为 $p_0 = kx/A$。阻尼孔 a 的作用是减小油压的脉动,提高阀芯工作的平稳性。

弹簧的压紧力可通过调整螺母1调整,实际上也就调整了溢流阀的开启压力和调定压力。即弹簧拧紧,开启压力增大;弹簧拧松,开启压力减小。

图7-1a)所示溢流阀是依靠系统中的压力油直接作用在阀芯上与弹簧力相平衡,以控制阀芯的启闭动作,因此称为直动式溢流阀。该阀采用滑阀式阀芯,密封性较差。图7-2为DBD型溢流阀(由德国力士乐公司引进),分别采用锥阀式阀芯和球阀式阀芯,其密封性较好。

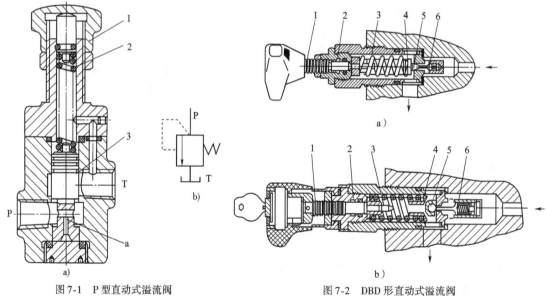

图7-1 P型直动式溢流阀
a)结构原理;b)图形符号
1-调压螺母;2-调压弹簧;3-阀芯

图7-2 DBD形直动式溢流阀
a)锥阀式、手柄调节至40MPa;b)球阀式、带锁手柄调节至63MPa
1-调节螺杆;2-阀体;3-调压弹簧;4-偏流盘;5-阀芯;6-阻尼活塞

DBD型溢流阀有板式、管式和插入式3种连接方式;有手柄调节、带锁的手柄调节和带保护罩的调节螺钉调节3种压力调节方式,有2.5MPa、5MPa、10MPa、20MPa、31.5MPa、40MPa、63MPa 7个压力级别。

其工作原理与一般的直动式溢流阀相同。进油口的压力油进入后作用于阻尼活塞底部,形成了一个与弹簧力相抗衡的液压力。当此液压力小于弹簧力时,阀芯关闭,不起调压作用;当液压力大于弹簧力时,阀芯开启,多余的油液溢流回油箱,使进油口的压力稳定在调定值上。不同的是其阻尼活塞在阀芯启闭时能起阻尼作用,并且作为阀芯的导向杆,保证阀芯启闭时不会歪斜,提高了阀的稳定性。阀芯另一端的偏流盘上有环形槽,在溢流时油液射到偏流盘上,会产生一个与弹簧力相反的射流力,当溢流量增加时,阀芯开口增大引起弹簧力增大,但此时射流力也增大,因此可抵消弹簧力的增加,故可使阀的进油压力不受流量变化的影响,使阀的启闭特性更好,有利于提高阀的额定流量。偏流盘的另一个作用是作为弹簧座可以支承大直径的弹簧,为设计、安装提供方便。

值得注意的是,若系统压力较高或流量较大时,需用刚度较大的硬弹簧,结构尺寸也将较大,调节困难,油的压力和流量的波动也较大。因此,直动式溢流阀一般只用于低压小流量系统或作为先导阀使用。中、高压系统常采用先导式溢流阀。

2. 先导型溢流阀

先导式溢流阀由先导阀和主阀两部分组成,如图7-3所示。该阀分左、右两部分,左边为主阀,右边为先导阀,主阀相当于一个滑阀式单向阀,其弹簧较软,起阀芯复位作用;先导阀是一个小规格锥阀式直动式溢流阀,其弹簧起调压作用。主阀阀体上有外接油口P和T,分别接压力油(油泵)和油箱;主阀阀芯上加工有阻尼油道d,先导阀阀体上加工有进油道c,连通主阀弹簧腔与先导阀前腔(即先导阀的进油腔);先导阀弹簧腔通过泄油道a与主阀T油口连通。

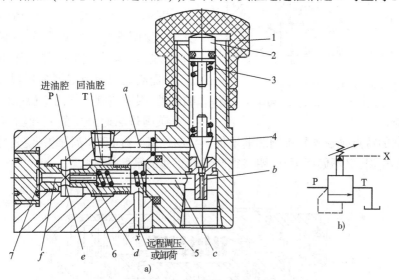

图7-3 Y型先导式溢流阀
a)图形符号;b)结构图
1-保护罩;2-调压螺钉;3-调压弹簧;4-先导阀芯;5-主阀弹簧;6-主阀芯;7-螺堵

油液从进油口P进入,经阻尼油道d及进油道c到先导阀的前腔(在一般情况下,外控口X是堵塞的)。当进油口压力低于先导阀弹簧调定压力时,先导阀关闭,阀内无油液流动,主阀芯左、右腔油压相等,因而它被主阀弹簧抵住在主阀左端,主阀关闭,阀不溢流。当进油口P的压力升高时,先导阀进油腔油压也升高,直至达到先导阀弹簧的调定压力时,先导阀被打开,其前腔的油经先导阀口、弹簧腔、泄油道a溢流回油箱。此时,前腔的油量减少,主阀进油口P的油液经阻尼油道d、主阀弹簧腔、进油道c进入前腔补充,油液流经阻尼油道时产生压力损失❶,使主阀弹簧腔的油压低于左腔的油压,主阀阀芯在不平衡的液压力作用下右移,使进油

---

❶ 根据流体力学理论,液体在管道中流动时,假设液体所有质点的速度相同(即层流状态),则在管道中的压力损失为

$$\Delta p = \lambda \frac{l}{d} \frac{\rho v^2}{2}$$

式中:λ为沿程阻力系数;l为油管长度;d为油管直径;ρ为液体的密度;v为液体的平均流速。

口 P 和回油口 T 连通,P 口的油直接经 T 口流回油箱。

这种结构的阀,其主阀芯是利用压差作用开启的,因而主阀芯弹簧很软,即使系统压力较高,流量较大,其结构尺寸仍较紧凑、小巧,且压力和流量的波动也比直动式溢流阀小。但其灵敏度不如直动式溢流阀。调节先导阀的调节螺钉,便可调整溢流阀的工作压力;更换先导阀的弹簧(刚度不同的弹簧),便可得到不同的调压范围。若将远控口接上压力油,还可实现远程压力控制。

由于 Y 形溢流阀的主阀芯为滑阀式,故其密封性能较差。图 7-4 所示的 Y2 型溢流阀,其主阀采用插装式锥阀芯,故其密封性能较好;并且阀芯的圆柱面与圆锥面可通过一次装夹完成加工(称为"一刀落"),这样能很好地保证两者同心(称为二级同心),故加工性能较好;另外,该阀的阀芯和阀套成对更换,可适应不同流量的液压系统,故适应性好。

图 7-5 为德国力士乐公司的 DB 型先导溢流阀。该阀设有 3 个阻尼器,控制油经阻尼器 2 和防振套 14 右端的阻尼孔作用在先导锥阀芯上,而阀盖内的阻尼器 3 用以缓冲主阀芯 1 的运动,因而该阀工作的平稳性大为提高。

美国丹尼逊公司的先导溢流阀均属于此类溢流阀。它的特点是在先导锥阀芯前增加了导向柱塞、导向套和消振垫,使先导锥阀芯开启和关闭时既不歪斜,又不偏摆振动,明显提高了阀工作的平稳性。

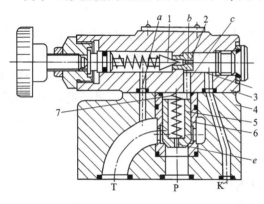

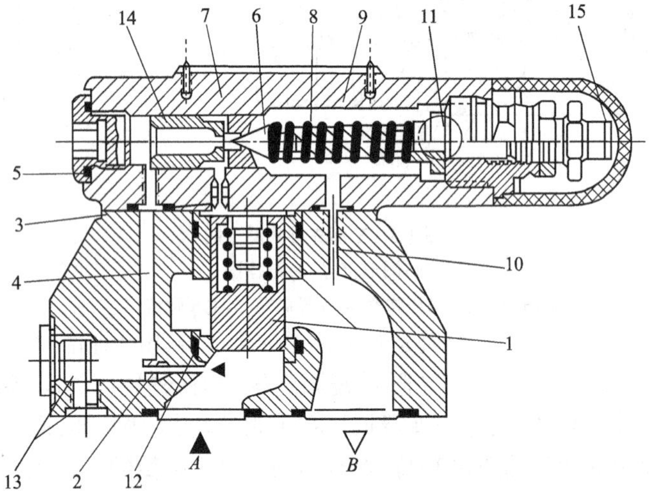

图 7-4　Y2 形先导式溢流阀
1-先导阀芯;2-先导阀座;3-先导阀体;4-主阀体;5-主阀芯;
6-主阀套;7-主阀弹簧

图 7-5　德国力士乐公司 DB 型先导式溢流阀
1-主阀芯;2、3-阻尼;4、5-控制油道;6-锥阀芯;7-阀盖;8-调压弹簧;9-弹簧腔;10、11-控制油回油道;12-控制油口;13-外控油口;14-防振套;15-调压螺栓

3. 溢流阀的应用

溢流阀不同的场合有不同的用途。如:

(1)定压溢流。在定量泵节流调速系统中,溢流阀用来保持液压系统的压力(即液压泵出口的压力),并使液压泵多余的油溢流回油箱,这时溢流阀作定压阀使用,溢流阀处于其调定

压力下的常开状态,其作用称为定压溢流,如图7-6a)所示。

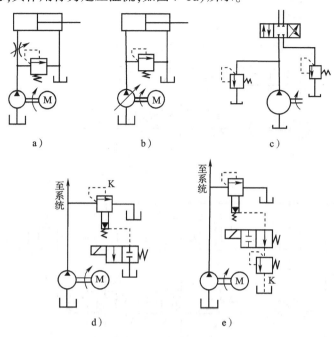

图7-6 溢流阀的应用
a)定压溢流;b)安全保护;c)形成背压;d)使泵卸荷;e)远程调压

(2)安全保护。在采用变量泵供油的容积调速系统中,系统内没有多余的油需要溢流,其工作压力由负载决定。因此在系统正常工作时溢流阀处于关闭状态(即常闭),只有系统压力大于或等于溢流阀调定压力时才开启溢流,对系统起过载保护作用,这时溢流阀作安全阀用,如图7-6b)所示。

(3)形成背压。将溢流阀安设在液压缸的回油路上,可使缸的回油腔形成背压,提高运动部件运动的平稳性,这时溢流阀作背压阀用,如图7-6c)所示。

(4)使泵卸荷。图7-6d)中,当电磁铁通电时,溢流阀的外控口K(远程控制口)通油箱,其主阀芯在进口压力很低时即可迅速抬起,使泵卸荷,以减少能量损耗和发热量,这时溢流阀作卸荷阀用。值得注意的是,作卸荷阀的溢流阀都是先导式溢流阀。

(5)远程调压。图7-6e)中,当电磁阀不通电右位工作时,先导式溢流阀的外控口K与调压较低的溢流阀(称为远程调压阀)连通,其主阀芯上腔的油压只要达到低压阀的调整压力,主阀芯即可抬起溢流(此时先导阀不起调压作用),从而实现远程调压。

(6)多级调压。在图7-7a)所示多级调压及卸荷回路中,先导式溢流阀1与溢流阀2、3、4的调定压力不同,其中阀1的调定压力最高。阀2、3、4的进油口均与阀1的外控口相连,且分别由电磁换向5、7控制出口。电磁阀6进油口与阀1外控口相连,出口与油箱相连。当1YA不通电时,阀1的外控口与油箱连通,使液压泵卸荷;当系统工作时若仅电磁铁1YA通电,则系统获得由阀1调定的最高工作压力;若仅1YA、2YA通电,则系统可得到由阀2调定的工作压力;若仅1YA和3YA通电,则得到阀3调定的压力;若仅1YA和4YA通电,则得到由阀4调定的工作压力。这种多级调压及卸荷回路,除阀1以外的控制阀,由于通过的流量很小(仅为控制油路流量),因此可用小规格的阀,使整个系统的结构尺寸较小。注射机液压系统常采用这种回路。

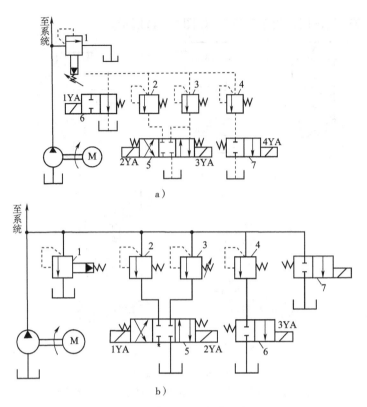

图 7-7 多级调压及卸荷回路
1-先导式溢流阀;2、3、4-溢流阀;5、6、7-电磁阀

图 7-7b)所示多级调压回路中,除阀 1 调压最高外,其他溢流阀均分别由相应的电磁换向阀控制其通断状态,只要控制电磁换向阀电磁铁的通电顺序,就可使系统得到相应的工作压力。这种调压回路的特点是,各阀均应与泵有相同的额定流量,其尺寸较大,因而只适用于流量小的系统。

4. 溢流阀常见故障与排除(表 7-1)

溢流阀常见故障及排除方法　　　　　　　表 7-1

故障现象	原因分析	排除方法
系统压力波动	(1)调压螺钉松动 (2)主阀芯滑动不灵活或卡住 (3)阻尼孔时堵时通 (4)阻尼孔太大,无阻尼作用 (5)锥阀芯与阀座接触密封不良 (6)油液中混有空气	(1)重新调节并锁紧 (2)研修阀芯;过滤或更换油液 (3)清洗、疏通阻尼孔 (4)适当缩小阻尼孔 (5)研修锥阀芯 (6)排气
系统压力完全加不上去	(1)阀芯在开启位置卡死 (2)阻尼孔堵死 (3)调压弹簧太软或漏装 (4)复位弹簧折断或弯曲,使主阀不复位 (5)阀芯和阀座关闭不严,泄漏严重 (6)液压泵故障 (7)远控口管路泄漏	(1)研修阀芯;过滤或更换油液 (2)疏通、清洗阻尼孔;过滤或更换油液 (3)检查、更换 (4)更换弹簧 (5)检修、清洗、研磨阀座 (6)检修液压泵 (7)更换密封件

续上表

故障现象	原 因 分 析	排 除 方 法
压力突然升高	(1) 主阀芯在关闭位置突然被卡死 (2) 主阀复位弹簧弯曲别劲 (3) 先导阀阀芯与阀座粘住脱不开	(1) 查明原因并排除 (2) 更换弹簧 (3) 检查、清洗锥阀芯,过滤或更换油液
压力突然下降	(1) 阻尼孔突然被堵 (2) 主阀芯在开启位置突然被卡死 (3) 主阀盖密封垫破损 (4) 远控口管接头突然脱口或管路破裂 (5) 远控口电磁阀突然失效	(1) 疏通阻尼孔 (2) 查明原因并排除 (3) 更换密封垫 (4) 检查、更换失效零件 (5) 查明原因并修复
振动和噪声过大	(1) 系统压力或流量脉动过大 (2) 装配时阀芯三级同心配合不当 (3) 调压螺钉松动	(1) 在导阀部分加消振元件 (2) 重新装配 (3) 重新调节并采取防松措施

(二)顺序阀

顺序阀是利用油路中压力的变化控制阀口启闭,以实现执行元件顺序动作的液压元件。按结构不同分为直动式和先导式两种,一般先导式顺序阀用于压力较高的场合;按控制油来源分为内控式和外控式;按泄油方式分为内泄式和外泄式。

1. 直动式顺序阀

直动式顺序阀的结构图和图形符号如图 7-8a) 所示。它主要由阀体 4、阀芯 5、控制活塞 3、弹簧 6、上阀盖 7、下阀盖 2 以及螺堵 1 等零件组成。其中上、下阀盖与阀体分别通过 4 个螺钉连接,4 个螺钉孔成正方形布置,这样可保证阀盖在任意角度都能与阀体连接。阀体内腔有 2 个沉割槽,分别对应两个外接油口,其中进口接油泵,出口接执行元件。阀芯是有 2 个台肩的滑阀芯,在弹簧的作用下处于下端位置,将阀体的外接油口对应的油腔隔开(称为阀芯常闭)。

其进油口的油压通过控制油道作用在控制活塞的下端面上,使控制活塞产生向上的推力。对阀芯来说,在垂直方向主要受到控制活塞的液压力和弹簧的弹力。当液压力小于弹簧力时,阀芯 5 依然处于最下端位置,阀口关闭。当进口油压升高,使液压力大于弹簧力时,阀芯 5 抬起,阀口开启,压力油即可从顺序阀的出口流出,使阀后的油路工作。这种顺序阀利用其进油压力控制阀动作,这种控制方式称为内控;由于该阀出口接压力油路,因此其上阀盖弹簧腔的泄油必须单独接一油管通油箱,这种泄油方式称为外泄。所以,这种顺序阀称为内控外泄式顺序阀,也叫普通顺序阀,其图形符号如图 7-8b) 所示。

若将下阀盖 2 相对于阀体转过 90°或 180°,将螺塞 1 拆下,在该处接控制油管并通入控制油,则阀的启闭便可由外供控制油控制。这时即成为外控外泄式顺序阀,其图形符号如图 7-6c) 所示。

若再将控制活塞 3 转过 180°,使泄油口处的小孔 a 与阀体上的小孔 b 连通,将泄油口用螺塞封住,并使顺序阀的出油口与油箱连通,其泄漏油由出口流回油箱,这种泄油方式称为内泄。此时,该顺序阀就成为外控内泄式顺序阀(或称卸荷阀),其图形符号如图 7-6d) 所示。

顺序阀常与单向阀组合成单向顺序阀、液控单向顺序阀等组合阀。直动式顺序阀设置控制活塞的目的是缩小阀芯受油压作用的面积,以便采用较软的弹簧来提高阀的压力—流量特性。直动式顺序阀的最高工作压力一般在8MPa以下。

2. 先导式顺序阀

先导式顺序阀的结构和图形符号如图7-9所示,其结构与先导式溢流阀基本相同,区别主要是先导阀弹簧腔的泄漏油单独回油箱。当外控口K进油压力达到先导阀的调定压力时,先导阀芯打开,主阀芯弹簧腔的油经L油口流回油箱,外控口K的油液经阻尼油道c流过去补充,产生的压力差使主阀芯抬起,从而使P_1与P_2连通,接通顺序油路。如果将下阀盖转过90°安装,将外控口堵上,即可变成内控先导式顺序阀。

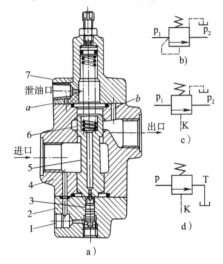

图7-8 X※F型直动式顺序阀
1-螺塞;2-下阀盖;3-控制活塞;4-阀体;
5-阀芯;6-弹簧;7-上阀盖

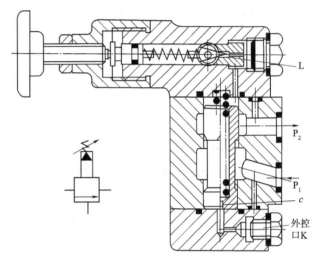

图7-9 先导式顺序阀

先导式顺序阀的主阀弹簧刚度很小,故可省去阀芯下面的控制柱塞,不仅启闭特性好,而且工作压力也可大大提高。其调定压力可接近32MPa。先导式顺序阀的缺点是泄漏量较大,不宜用于小流量液压系统。

引自力士乐公司的DZ型顺序阀均为先导式,且有与单向阀复合的结构,可根据工作需要,加装或拆除单向阀。它有插入式和板式两种连接方式。DZ型先导式顺序阀的基本原理和主要功能与图7-9所示阀基本一样。

3. 顺序阀的应用

(1)控制执行元件的顺序动作。图7-10中,用单向顺序阀2和3与电磁换向阀1配合,可实现A、B两液压缸的顺序动作。图示位置,换向阀1处于中位停止状态,A、B两液压缸的活塞均处于左端位置。当电磁铁1YA通电阀1左位工作时,压力油先进入A缸左腔,其右腔经阀2中单向阀回油,其活塞右移实现动作①;当活塞行至终点停止时,系统压力升高。当压力升高到阀3中顺序阀的调定压力时,顺序阀开启,压力油进入B缸左腔,B缸右腔回油,活塞右移实现动作

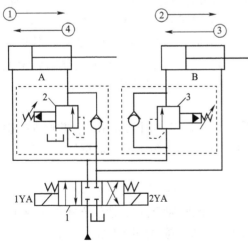

图7-10 用顺序阀控制液压缸的顺序动作
1-电磁阀;2、3-单向顺序阀

②。当电磁铁2YA通电,换向阀1右位工作时,压力油先进入B缸右腔,B缸左腔经阀3中的单向阀回油,其活塞左移实现动作③;当B缸活塞左移至终点停止时,系统压力升高。当压力升高到阀2中顺序阀的调定压力时,顺序阀开启,压力油进入A缸右腔,A缸左腔回油,活塞左移实现动作④。当A缸活塞左移至终点时,可用行程开关控制电磁换向阀1断电换为中位停止,也可再使1YA电磁铁通电开始下一个工作循环。

这种回路工作可靠,可以按照要求调整液压缸的动作顺序。顺序阀的调整压力应比先动作液压缸的最高工作压力高(中压系统一般要高0.5~0.8MPa),以免在系统压力波动较大时产生误动作。

(2)用顺序阀控制的平衡回路。为防止立式液压缸的运动部件在上位停止时因自重而下滑,或在下行时超速,运动不平稳,常采用平衡回路。即在其下行的回油路上设置一顺序阀,使其产生适当的阻力,以平衡运动部件的质量。

图7-11a)为采用单向顺序阀的平衡回路。顺序阀的调定压力应稍大于工作部件的自重在液压缸下腔形成的压力。这样,当换向阀中位,液压缸不工作时,顺序阀关闭,工作部件不会自行下滑。当换向阀左位工作,液压缸上腔通压力油,下腔的背压大于顺序阀的调定压力时,顺序阀开启,活塞与运动部件下行。由于自重得到平衡,故不会产生超速现象。当换向阀右位工作时,压力油经单向阀进入液压缸下腔,缸上腔回油,活塞及工作部件上行。这种回路采用M形中位机能换向阀,可使液压缸停止工作时,缸上下腔油被封闭,从而有助于锁住工作部件,另外还可使泵卸荷,以减少能耗。

这种回路,由于下行时回油腔背压大,必须提高进油腔工作压力,故功率损失较大。它主要用于工作部件质量不变,且质量较小的系统。例如,用在立式组合机床、插床、锻压机床的液压系统中。

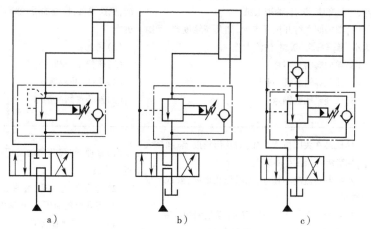

图7-11 用顺序阀的平衡回路

图7-11b)为采用液控单向顺序阀的平衡回路。它适用于工作部件的质量变化较大的场合,如起重机立式液压缸的油路。换向阀右位工作时,压力油进入缸下腔,缸上腔回油,使活塞上升吊起重物。当换向阀处于中位时,缸上腔卸压,液控顺序阀关闭,缸下腔油被封闭,因而不论其质量大小,活塞及工作部件均能停止运动并被锁住。当换向阀左位工作时,压力油进入缸上腔,同时进入液控顺序阀的外控口,使顺序阀开启,液压缸下腔可顺利回油,于是活塞下行,放下重物。由于背压较小,因而功率损失较小。下行时,若速度过快,必然使缸上腔油压降低,顺序阀控制油压也降低,因而液控顺序阀在弹簧力的作用下关小阀口,使背压增加,阻止活塞

下降。故也能保证工作安全可靠。但由于下行时液控顺序阀处于不稳定状态,其开口量有变化,故运动的平稳性较差。

以上两种平衡回路中,由于顺序阀总有泄漏,故在长时间停止时,工作部件仍会有缓慢的下移。为此,可在液压缸与顺序阀之间加一个液控单向阀,如图 7-11c)所示。能减少泄漏影响。

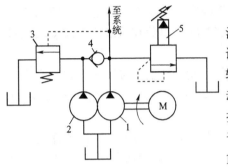

图 7-12 用顺序阀卸荷的双泵供油回路
1、2-双联泵;3-液控顺序阀(卸荷阀);4-单向阀;5-溢流阀

(3)用顺序阀进行压力油卸荷。图 7-12 为双泵供油回路。轻载时,液压系统的压力低于液控顺序阀 3 的调定压力,阀 3 关闭,泵 2 输出的油液经单向阀 4 与泵 1 输出的油液汇集在一起进入液压缸,从而实现快速运动。重载时,系统压力升高至大于阀 3 的调定压力,阀 3 打开,泵 2 的油经阀 3 流回油箱,单向阀 4 关闭,泵 2 处于卸荷状态。此时液控顺序阀作卸荷阀用,系统仅由泵 1 供油,实现慢速工作进给,其工作压力由阀 5 调节。这种快速回路功率利用合理,效率较高。缺点是回路较复杂,成本较高。常用在快慢速差值较大的组合机床、注射机等设备的液压系统中。

4. 顺序阀常见故障与排除(表 7-2)

顺序阀常见故障及排除方法　　　　　表 7-2

故障现象	原 因 分 析	排 除 方 法
始终出油,不起顺序阀作用	(1)阀芯在开启位置卡死,如几何精度差、间隙太小,弹簧弯曲、断裂,油液太脏 (2)单向阀在打开位置卡死,如几何精度差、间隙太小,弹簧弯曲、断裂,油液太脏 (3)单向阀密封不良 (4)调压弹簧断裂、漏装 (5)未装锥阀或钢球	(1)研修,使配合间隙达到要求,使阀芯移动灵活;更换弹簧;检查油质,如不符合要求应过滤或更换 (2)同上 (3)研修单向阀 (4)更换、补装弹簧 (5)补装锥阀或钢球
始终不出油,不起顺序阀作用	(1)阀芯在关闭位置卡死,如几何精度差、间隙太小,弹簧弯曲、断裂,油液太脏 (2)控制油流动不畅通,如阻尼孔堵死,或远控油道堵死 (3)远控油压力不足,或下端端盖处漏油严重 (4)通向调压阀油路上的阻尼孔堵死 (5)泄油管道背压过高,使阀芯不能移动 (6)调节弹簧太软,或压力调得太高	(1)修理,使阀芯移动灵活;更换弹簧;过滤或更换油液 (2)清洗、疏通油道,过滤或更换油液 (3)提高控制油压力;拧紧端盖螺栓 (4)清洗、疏通阻尼孔 (5)泄油管道单独接油箱 (6)更换弹簧,适当调整压力
调定压力不符合要求	(1)调压弹簧调整不当 (2)调压弹簧侧向变形,压力调不上去 (3)滑阀卡死,移动困难	(1)重新调节所需要的压力 (2)更换弹簧 (3)研修滑阀;过滤或更换油液
振动与噪声	(1)回油阻力(背压)太高 (2)油温过高	(1)降低背压 (2)控制油温

(三)先导式减压阀

1. 先导式减压阀

减压阀是利用油液流过缝隙时产生压降的原理,使系统某一支油路获得比系统压力低而平稳的压力油的液压控制阀。减压阀也有直动式和先导式两种。直动式很少单独使用,先导式则应用较多。

图 7-13 所示为先导式减压阀,它由先导阀与主阀组成。油压为 p_1 的压力油,由主阀的进油口流入,经减压阀口 h 后由出油口流出,其压力为 p_2。出口油液经阀体 7 和下阀盖 8 上的孔道 a、b 及主阀芯 6 上的阻尼孔 c 流入主阀芯上腔 d 及先导阀前腔 e。当出口压力 p_2 低于先导阀弹簧的调定压力时,先导阀呈关闭状态,主阀芯上、下腔油压相等,它在主阀弹簧力作用下处于最下端位置(图示位置)。这时减压阀口 h 开度最大,不起减压作用,其进、出口油压基本相等。

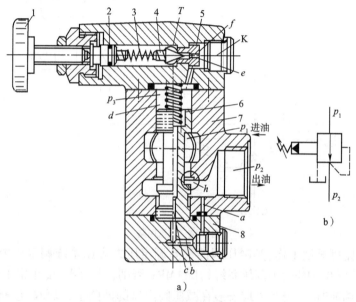

图 7-13 JF 型先导式减压阀

1-调压手柄;2-密封圈;3-调压弹簧;4-锥阀芯;5-阀座;6-滑阀芯;7-主阀体;8-阀盖

当 p_2 达到先导阀弹簧调定压力时,先导阀开启,主阀芯上腔油经先导阀流回油箱 T,下腔油经阻尼孔 c 向上流动,使主阀芯两端产生压力差。主阀芯在此压差作用下向上抬起,关小减压阀口 h,阀口压降 ΔP 增加。由于出口压力为调定压力 P_2,因而其进口压力 p_1 值会升高,即 $p_1 = p_2 + \Delta P$(或 $p_2 = p_1 - \Delta P$),阀起到了减压作用。这时若由于负载增大或进口压力向上波动而使 p_2 增大,在 p_2 大于弹簧调定值的瞬时,主阀芯立即上移,使开口 h 迅速减小,ΔP 进一步增大,出口压力 p_2 便自动下降,仍恢复为原来的调定值。在 p_2 小于弹簧调定压力的瞬时,锥阀芯微量右移,p_2 增大,主阀芯下移,使开口 h 迅速增大,ΔP 进一步减小,出口压力 p_2 便自动上升,亦恢复原来的调定压力。由此可见,减压阀能利用出油口压力的反馈作用,自动控制阀口开度,保证出口压力基本上为弹簧调定的压力,因此,它也被称为定值减压阀。图 7-10b)为减压阀的图形符号。

减压阀的阀口为常开型,其泄油口必须由单独设置的油管通往油箱,且泄油管不能插入油箱液面以下,以免造成背压,使泄油不畅,影响阀的正常工作。

当阀的外控口 K 接一远程调压阀,且远程调压阀的调定压力低于减压阀的调定压力时,可以实现二级减压。

2. 减压阀的应用

减压阀在系统的夹紧、控制、润滑等油路中应用较多,因为这些油路所需的工作压力通常低于主系统的工作压力。

图 7-14 是夹紧机构中常用的减压回路。为防止工件夹紧后变形,在液压缸进油口装一个减压阀,使夹紧缸能获得较低而又稳定的夹紧力。图中单向阀的作用是当主系统压力下降到低于减压阀调定压力(如主油路中液压缸快速运动)时,防止油倒流,起到短时保压作用,使夹紧缸的夹紧力在短时间内保持不变。为了确保安全,夹紧回路中常采用带定位的二位四通电磁换向阀,或采用失电夹紧的二位四通电磁换向阀换向,防止在电路出现故障时松开工件发生事故。

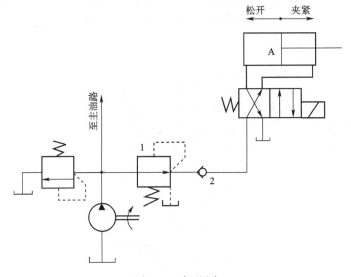

图 7-14 减压回路

为使减压回路可靠地工作,其减压阀的最高调定压力应比系统调定压力低一定的数值。例如,中压系统约低 0.5MPa,中高压系统约低 1MPa,否则,减压阀不能正常工作。当减压支路的执行元件需要调速时,节流元件应安装在减压阀出口的油路上,以免减压阀工作时,其先导阀泄油影响执行元件的速度。

3. 溢流阀、顺序阀与减压阀的比较(表 7-3)

溢流阀、顺序阀与减压阀比较　　　　　表 7-3

任务	溢流阀	顺序阀	减压阀
在系统中的连接方式	并联	串联(作顺序阀)/并联(作卸荷阀)	串联
控制油路的特点	保持进油口压力恒定	保持进油口压力恒定	保持出油口压力恒定
出油口连接情况	接油箱	接工作油路	接工作油路
泄漏形式	内泄式	外泄式	外泄式
阀芯常态	常闭	常闭	常开
阀芯结构特点	2 个台肩	2 个台肩	3 个台肩
功用	限压、保压、稳压	利用压力控制油路通断	减压、稳压
工作原理	利用液压力与弹簧力相平衡的原理,改变阀芯开口量的大小来控制压力		
结构	除泄油路、主阀芯结构不同,其余基本相同		

4.减压阀常见故障与排除(表7-4)

减压阀常见故障及排除方法　　　　　　　表7-4

故障现象	原 因 分 析	排 除 方 法
无二次压力	(1)主阀芯在全闭位置卡死 (2)主阀弹簧折断,弯曲变形 (3)阻尼孔堵塞 (4)减压阀进口无油	(1)研修阀芯;过滤、更换油液 (2)更换弹簧 (3)清洗、疏通阻尼孔 (4)检查并消除油路故障
不起减压作用	(1)螺栓未拧开 (2)泄油阻力大或堵塞 (3)泄油管与主油管相连,回油背压大 (4)主阀芯在全开位置卡死 (5)调压弹簧太硬,弯曲并卡住不动	(1)将螺栓拧开 (2)疏通或更换泄油管道 (3)泄油管与回油管分开,单独回油箱 (4)研修阀芯,过滤、更换油液 (5)更换弹簧
二次压力不稳定	(1)主阀芯与阀体几何精度差,有卡滞 (2)主阀弹簧太软、变形或断裂 (3)阻尼孔时堵时通	(1)研修阀芯,使其动作灵活 (2)更换弹簧 (3)清洗、疏通阻尼孔,过滤或更换油液
二次压力升不高	(1)顶盖结合面或各螺栓处漏油 (2)锥阀与阀座接触不良 (3)调压弹簧弹力不够	(1)更换密封件,按要求紧固螺栓 (2)研修锥阀芯 (3)调整弹簧弹力或更换合适弹簧

(四)压力继电器

压力继电器是将压力信号转换为电信号的液—电信号转换元件。当系统压力达到压力继电器的调定压力时,发出电信号,使电磁铁、继电器、电动机等电气元件通电运转或断电停止工作,以实现对液压系统工作程序的控制、安全保护或动作的联动等,因此又称为"油电开关"。国外一般将压力继电器作为辅助元件,国内习惯将其看做压力控制阀,本书遵循国内习惯。压力继电器有膜片式、柱塞式等结构类型。

1.膜片式压力继电器

图 7-15 所示为膜片式压力继电器。当进口 K 的压力达到弹簧 7 的调定值时,膜片 1 在液压力作用下产生中凸变形,使柱塞 2 上移。柱塞上的圆锥面使钢球 5 和 6 作径向运动,钢球 6 推动杠杆 10 绕销轴 9 逆时针偏转,致使其端部压下微动开关 11,发出电信号,接通或断开某一电路。当进口压力下降到一定值时,弹簧 7 使柱塞 2 下移,钢球 5 和 6 又回落入柱塞的锥面槽内,微动开关 11 复位,切断电信号,并将杠杆 10 推回,断开或接通电路。

压力继电器发出电信号的最低压力和最高压力间的范围称为调压范围。如图 7-16 所示,拧动调压螺钉 8 即可调整其工作压力。压力继电器发出电信号时的压力,称为开启压力;切断电信号时的压力称为闭合压力。由于开启时摩擦力的方向与油压力的方向相反,闭合时则相同,故开启压力大于闭会压力。两者之差称为压力继电器通断返回区间,它应有足够大的数值。否则,系统压力脉动时,压力继电器发出的电信号会时断时续。用螺钉 4 调节弹簧 3 对钢球 6 的压力来调整返回区间。中压系统中使用的压力继电器其返回区间一般为 0.35 ~ 0.8MPa。

膜片式压力继电器膜片位移小、反应快、重复精度高；其缺点是易受压力波动的影响，不宜用于高压系统，常用于中、低压液压系统中。

2. 柱塞式压力继电器

高压系统常使用单触点柱塞式压力继电器，如图7-16所示。压力油作用于柱塞1的底部，当系统压力达到调压弹簧的调定压力时，作用在柱塞1上的液压力便压缩弹簧，使顶杆3上移，压下微动开关4的触头，发出电信号。这种压力继电器结构简单，成本低，工作可靠，使用寿命长，不易受压力波动的影响。但其液压力直接与弹簧力平衡，故弹簧刚度较大，导致重复精度和灵敏度较低，其误差为调定压力的1.5%~2.5%；并且，其开启压力与闭合压力差值较大。

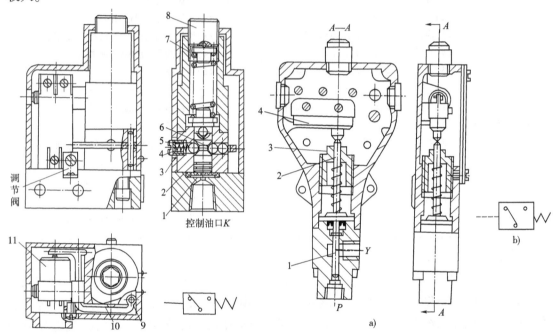

图7-15 膜片式压力继电器
1-膜片；2-柱塞；3-弹簧；4-调节螺钉；5、6-钢球；
7-弹簧；8-调压螺钉；9-销轴；10-杠杆；11-微动开关

图7-16 单触点柱塞式压力继电器
1-柱塞；2-顶杆；3-调压螺钉；4-微动开关

3. 压力继电器的应用

(1) 用压力继电器控制的保压—卸荷回路。在图7-17所示夹紧机构液压缸的保压—卸荷回路中，采用了压力继电器和蓄能器。当三位四通电磁换向阀左位工作时，液压泵向蓄能器和夹紧缸左腔供油，并推动活塞杆向左移动。在夹紧工件时系统压力升高，当压力达到压力继电器的开启压力时，表示工件已被夹牢，蓄能器已储备了足够的压力油。这时压力继电器发出电信号，使二位电磁换向阀通电，控制溢流阀使泵卸荷。此时单向阀关闭，液压缸若有泄漏，油压下降则可由蓄能器补油保压。当夹紧缸压力下降到压力继电器的闭合压力时，压力继电器自动复位，又使二位电磁阀断电，液压泵重新向夹紧缸和蓄能器供油。这种回路用于夹紧工件持续时间较长时，可明显地减少功率损耗。

(2) 用压力继电器控制顺序动作的回路。图7-18所示回路为用压力继电器控制电磁换向阀实现顺序动作的回路。当1YA通电时，电磁阀1左位工作，液压缸5活塞右移，完成动作①；当活塞运动到终点（或碰上挡块、工件被夹紧）后，系统压力升高，压力继电器6发出信号，使 3YA 通电,电磁阀 2 左位工作,液压缸 4 活塞右移,完成动作②;当 3YA 断电、4YA 通电时,液压缸 4 的活塞左移,完成动作③;当活塞运动到终点后,系统压力又升高,压力继电器 3 发出信号,使 2YA 通电,1YA 断电,液压缸 5 的活塞左移,完成动作④。至此,完成了一个工作循环。

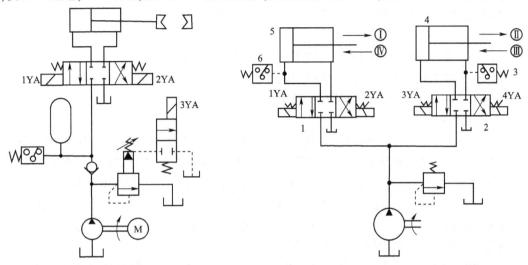

图 7-17 用压力继电器控制的保压-卸荷回路　　　　图 7-18 用压力继电器控制的顺序动作回路

这种回路控制顺序动作方便,但由于压力继电器的灵敏度高,在压力波动的冲击下容易产生误动作,所以仅适用于压力波动不大的液压系统,并且,同一系统中压力继电器的数目不宜过多。为了防止压力继电器在先动作的液压缸活塞到达行程终点之前误发信号,压力继电器的调定值应比先动作液压缸的最高工作压力高 0.3~0.5MPa,同时,为使压力继电器可靠地发出信号,其压力调定值又应比溢流阀的调定压力低 0.3~0.5MPa。

4. 压力继电器常见故障与排除(表 7-5)

压力继电器常见故障及排除方法　　　　表 7-5

故障现象	原因分析	排除方法
无输出信号	(1)微动开关损坏 (2)电气线路故障 (3)阀芯卡死或阻尼孔堵塞 (4)进油管路油流不畅通 (5)弹簧太硬或压力设定过高 (6)微动开关触头未调整好 (7)弹簧或顶杆装配不良,有卡滞现象	(1)更换微动开关 (2)检查电路,排除故障 (3)研修阀芯;清洗、疏通阻尼孔 (4)更换油管,使油流畅通 (5)更换合适弹簧,按要求设定压力值 (6)调整,使接触良好 (7)重新装配,使动作灵敏
灵敏度太差	(1)顶杆柱销处或钢球与柱塞接触处摩擦力太大 (2)装配不良,动作不灵活 (3)微动开关接触行程太长 (4)调整螺钉、顶杆等调节不当 (5)钢球磨损严重 (6)阀芯卡滞,移动不灵活 (7)安装不当,如不平或倾斜安装	(1)重新装配,使动作灵活 (2)重新装配,使动作灵活 (3)合理调整行程 (4)合理调整螺钉和顶杆位置 (5)更换钢球 (6)清洗、研修阀芯 (7)改为水平或垂直安装
发信号太快	(1)进油口阻尼孔大 (2)膜片碎裂 (3)系统冲击压力大 (4)电气系统设计有误	(1)在控制管路上增设阻尼管(蛇形管) (2)更换膜片 (3)控制管路上增设阻尼管(蛇形管) (4)按工艺要求设计电气系统

三、任务实施

任务实施1　压力控制阀拆装

选取先导式溢流阀、顺序阀、减压阀各一个进行拆装训练。

1. 压力控制阀拆卸

(1) 松开先导阀体与主阀体的连接螺栓,取下先导阀体部分。
(2) 从先导阀体部分松开锁紧螺母及调整手轮,取下先导弹簧及先导阀芯。
(3) 从主阀体中取出主阀弹簧及主阀芯。

2. 分析主要零部件的结构和作用

(1) 先导阀。三种压力阀的先导阀结构基本相同。其先导阀采用锥阀芯,依靠弹簧压力压紧在阀座上,阀芯与阀座靠密封环带密封(线连接),使得先导阀开启迅速,动作灵敏,保证了先导阀的密封性和动态稳定性。区别在于先导阀弹簧腔的泄漏油道位置不同。

(2) 主阀阀芯。主阀阀芯的外圆柱面与阀体的内圆柱面要有良好的配合,对同轴度要求高,称为二级同心;先导式溢流阀、先导式顺序阀的主阀芯有两级台肩,先导式减压阀有3个台肩,这是减压阀与溢流阀、顺序阀不同的显著标志。

(3) 主阀阀体。主阀阀体的结构基本相同,均有进、出油口和远程控制油口,其远程控制油口不用时均用螺栓堵住。不同的是溢流阀和顺序阀的出油口有通往先导阀弹簧腔的泄漏油道。

(4) 弹簧。先导阀弹簧用于调压,其刚度较大,直径较小;主阀弹簧用于复位,其刚度较小,直径较大。主阀弹簧刚度越小,阀的静态特性越好;但刚度太小,会使阀芯关闭时密封力不够。

(5) 回答问题:

① 指出所拆压力阀各零件的名称。
② 说明所拆压力阀各油口、油道的名称和作用。
③ 分析远控油口分别接油箱、低压阀会发生什么现象。
④ 如何区分溢流阀、顺序阀、减压阀。

3. 装配要领

(1) 装配前,应该用煤油将各零件清洗干净并晾干,忌用棉纱擦拭。
(2) 装配一般按拆卸的相反顺序进行,即后拆的零件先装配,先拆的零件后装配。装配时切忌遗漏零件。
(3) 装配阀芯时,可在其台肩上涂抹液压油,以防止阀芯卡住。
(4) 装配完毕,将阀外表面擦拭干净,整理工作台。

4. 拆装注意事项

(1) 拆卸时,需记录解体零件的顺序和方向。
(2) 拆下的零件按次序摆放,不应落地、划伤,并防止沾染污物。
(3) 拆、装螺栓组时应按合适的扳手顺序依次拧松或拧紧螺栓。
(4) 需顶出零件时,可用铜棒轻轻敲击出来,禁止用铁棒猛力敲打,这样会损坏阀芯台肩和阀体内腔。

任务实施2　组建高低压转换回路

(1) 按图7-19选择所需的液压元件,并在液压试验台面板上将液压元件大致布置好。
(2) 按图7-19用油管将回路连接好。全部连接完毕且检查无误后,接通电源,对回路进行调试。

(3) 拧开两个溢流阀,启动液压泵,在图示位置时,调节下边位置的溢流阀压力为 4MPa。

(4) 按下二位三通换向阀手柄,使其处于上位工作。调节上边位置的溢流阀压力为 2MPa。

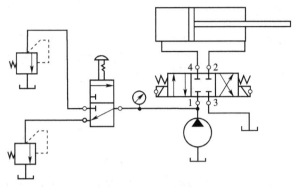

图 7-19　高低压转换回路

(5) 调节完毕,该回路就能达到两种不同的系统压力。操纵二位三通换向阀,观察压力表的数值。

(6) 实训完毕,应先旋松溢流阀手柄,然后停止油泵工作。经确认回路中的压力为零后,取下连接油管和液压元件,分类放入指定位置,并将液压试验台擦拭干净。

(7) 完成实训工单,并回答下述问题:

① 在上述回路中,如果将三位四通换向阀的中位改为 M 型,则泵启动后回路压力为多大?能否实现原来的两种压力值?

② 如果将两只溢流阀串联于回路中,压力表数值有何变化?

四、思考与练习

7-1　先导型溢流阀由哪几部分组成?各起什么作用?与直动型溢流阀比较,先导型溢流阀有什么优点?

7-2　若先导式溢流阀主阀芯上的阻尼孔被污物堵塞,溢流阀会出现怎样的故障?如果溢流阀先导阀锥阀座上的进油小孔堵塞,又会出现怎样的故障?

7-3　若把先导式溢流阀的远程控制口当成泄油口接油箱,这时液压系统会产生什么问题?

7-4　对照图 7-20 画出各图形符号并标注所表示的控制阀名称,再分别指出:(1)控制方式(外控/内控);(2)泄油方式(外泄/内泄);(3)阀口启闭情况(常开/常闭)。

7-5　在图 7-21 中,1 处的压力为 p_1,2 处的压力为 p_2。试问 p_1 和 p_2 哪个大?为什么?

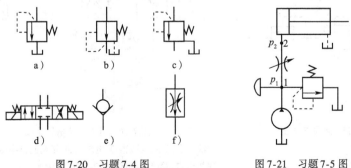

图 7-20　习题 7-4 图　　　图 7-21　习题 7-5 图

7-6 图 7-22 所示回路中各个溢流阀的调定压力分别为:PY1 = 3MPa,PY2 = 2MPa,PY3 = 4MPa,问外负载无穷大时,泵的出口压力各为多少?

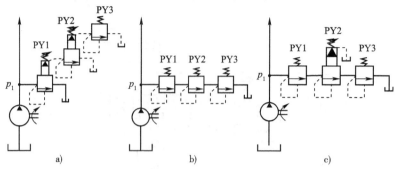

图 7-22 习题 7-6 图

7-7 图 7-23 中,溢流阀 1、2、4、5 的调定压力的关系是 $p_2 > p_1 > p_4 > p_5$,试问能够实现几级调压?

7-8 图 7-24 所示回路,溢流阀的调整压力为 5MPa,顺序阀的调整压力为 3MPa,问下列情况时,A、B 点的压力各为多少?(1)液压缸运动时,且负载压力 p_L = 4MPa;(2)液压缸运动时,且 p_L = 1MPa 时;(3)活塞运动到终点时。

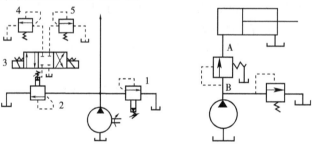

图 7-23 习题 7-7 图　　图 7-24 习题 7-8 图

7-9 图 7-25 所示系统中溢流阀的调整压力为 p_A = 3MPa,p_B = 1.4MPa,p_C = 2MPa。试求系统的外负载趋于无限大时,泵的输出压力为多少?

7-10 图 7-26 是起重机械的起升机构液压系统,其中外控顺序阀和单向阀并联组成平衡阀,起限速平衡作用,防止因重力作用使重物超速或突然下落。试分析系统的工作原理。

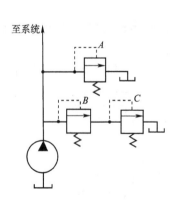

图 7-25 习题 7-9 图

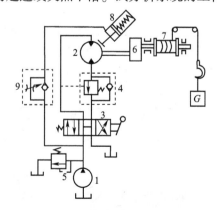

图 7-26 起升机构液压系统
1-液压泵;2-液压马达;3-电磁阀;4-平衡阀;5-溢流阀;6-减速机构;7-卷筒;8-制动器;9-单向节流阀

7-11 若把两个调定压力不同的减压阀串联,串联后的出口压力取决于哪一个减压阀的调定压力?为什么?试绘图分析。

7-12 试比较溢流阀、减压阀、顺序阀三者之间的异同点。

任务8 流量控制阀检修

教学目标

1. 知识目标

(1)了解流量控制阀的类型和特点;

(2)掌握流量控制阀的结构和工作原理;

(3)掌握速度控制回路的组成和特点。

2. 能力目标

(1)能够正确拆装流量控制阀;

(2)能够调节流量控制阀的流量;

(3)能够排除流量控制阀的常见故障。

一、任务引入

在液压系统中,控制油液流量的阀统称为流量控制阀,简称流量阀。流量控制阀主要包括节流阀、调速阀、同步阀等。这类阀的共同特点是,通过改变控制油口的大小来调节通过阀口的流量,以改变执行元件的运动速度。

本任务通过拆装流量控制阀和组建速度控制回路,熟悉流量控制阀的结构形式和使用注意事项,并掌握流量控制阀的工作原理和结构特点。

所需实训器材:各种流量控制阀,液压实训台及组建速度控制回路的有关液压元件。

所需工具:钳工台虎钳,内六角扳手,活动扳手,螺丝刀等。

二、相关知识

(一)节流阀

1. 普通节流阀

(1)普通节流阀的结构和工作原理。图8-1a)所示为普通节流阀(L型)的结构图,图8-1b)为它的图形符号。普通节流阀由阀体、阀芯、复位弹簧、推杆和流量调节手柄等组成。阀芯1的左端开有轴向三角槽形式的节流口,它在弹簧力的作用下始终紧贴在推杆2的端部。压力油从进油口 P_1 流入,经阀芯左端的轴向三角槽后由出油口 P_2 流出。

若用 q 表示通过节流阀的流量,则节流阀调节流量的原理可用流体力学理论中的小孔流量通用公式来描述:

$$q = kA_T\Delta p^m \tag{8-1}$$

式中:k——由节流口的形状、尺寸和油液黏度决定的系数。油液黏度越大,k 值越小。常见节流口的结构形式除轴向三角槽式外,还有偏心式、针阀式、周向缝隙式、轴向缝隙式等形式,如图8-2所示。

A_T——节流口的通流截面面积。旋转手轮 3,使推杆做轴向移动,以此改变节流口 A_T 的大小。A_T 改变,通过的流量 q 也随之改变。这就是节流阀调节流量的原理。

m ——由节流口形状、尺寸大小决定的指数。

Δp——节流口两端的压力差,即进、出油口的压力差,$\Delta p = p_1 - p_2$。

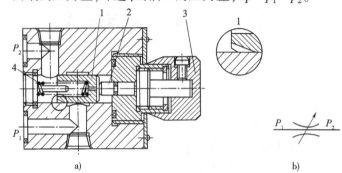

图 8-1 普通节流阀(中压)
1-阀芯;2-推杆;3-手轮;4-弹簧

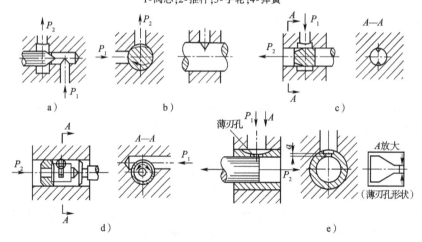

图 8-2 常见节流口的形式
a)针式;b)偏心式;c)轴向三角槽式;d)周向缝隙式;e)轴向缝隙式

普通节流阀结构简单,制造容易,体积小,造价低,使用方便。但负载和温度的变化对公式 8-1 中的 k 值和压力差 Δp 会有较大影响,因而对流量的稳定性会有较大影响,因此只适用于负载和温度变化不大或对速度稳定性要求较低的液压系统。

节流阀能正常工作(不断流,且流量变化率不大于 10%)的最小流量限制值,称为节流阀的最小稳定流量。轴向三角槽式节流口的最小稳定流量为 30~50mL/min,薄刃孔可为 15mL/min。它影响液压缸或液压马达的最低速度值,设计和使用液压系统时应予以考虑。

(2)节流调速回路。在定量泵供油的液压系统中,常用节流阀对执行元件的运动速度进行调节,这种回路称为节流调速回路。它的优点是结构简单,成本低,使用维护方便。缺点是有节流损失,且流量损失较大,发热多,效率低,故仅适用于小功率液压系统。

节流调速回路按节流阀的安装位置不同可分为进油路节流调速、回油路节流调速和旁油路节流调速回路 3 种。

①进、回油路节流调速回路。在执行元件的进油路上串接一个节流阀,即构成进油路节流调速回路,如图 8-3 所示。在执行元件的回油路上串接一个节流阀,即构成回油路节流调速回

路,如图8-4所示。在这两种回路中,定量泵的供油压力均由溢流阀调定。液压缸的速度都靠调节节流阀开口的大小来控制,泵多余的流量由溢流阀溢回油箱。

上述两种节流调速回路的速度-负载特性曲线见图8-5。它反映了这两种回路执行元件的速度随其负载而变化的关系。图中,横坐标为液压缸的负载,纵坐标为液压缸或活塞的运动速度。第1、2、3条曲线分别为节流阀通流面积为 A_{T1}、A_{T2}、A_{T3}。($A_{T1} > A_{T2} > A_{T3}$)时的速度-负载特性曲线。曲线越陡,说明负载变化对速度的影响越大,速度的刚性越差;曲线越平缓,速度刚性越好。

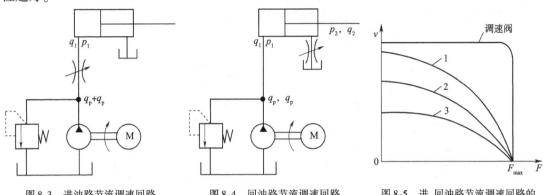

图8-3 进油路节流调速回路　　图8-4 回油路节流调速回路　　图8-5 进、回油路节流调速回路的速度-负载特性曲线

分析上述特性曲线可知:

a. 当节流阀开口 A_T 一定时,缸的运动速度 v 随负载 F 的增加而降低,其特性较软。

b. 当节流阀开口 A_T 一定时,负载较小的区段曲线比较平缓,速度刚性好;负载较大的区段曲线较陡,速度刚性较差。

c. 在相同负载下工作时,节流阀开口较小缸的速度 v 较低时,曲线较平缓,速度刚性好;节流阀开口较大,缸的速度 v 较高时,曲线较陡,速度刚性较差。

d. 节流阀开口不同的各特性曲线相交于负载轴上的一点。说明液压缸速度不同时,其能承受的最大负载 F_{max} 相同(它等于溢流阀的调定压力与液压缸有效工作面积的乘积)。故其调速属于恒推力调速。F_{max} 的数值由溢流阀调定。

由上分析可知,采用节流阀的进、回油路节流调速回路用于低速、轻载且负载变化较小的液压系统,能使执行元件获得平稳的运动速度。

进、回油路节流调速回路的不同点有以下几点。

a. 回油路节流调速回路中,节流阀能使液压缸的回油腔形成背压,使液压缸(或活塞)运动平稳且能承受一定的负值负载(负载方向与液压力方向相同的负载为负值负载)。

b. 进油路节流调速回路中,节流阀前后有一定的压力差,当运动部件行至终点停止(例如碰到死挡铁)时,液压缸进油腔压力会升高,使节流阀前后压差减小。这样即可在流量阀和液压缸之间设置压力继电器,利用该压力变化发出电信号,对系统下一步动作实现控制。而在回油路节流调速回路中,液压缸进油腔的压力等于溢流阀的调定压力,没有上述压差及压力变化,不易实现压力控制。

c. 采用单杆活塞缸的液压系统,一般为无杆腔进压力油驱动工作负载,且要求有较低的速度。由于节流阀的最小稳定流量为定值,无杆腔的有效工作面积较大,因此将节流阀设置在进油路上能获得更低的工作速度。

实际应用中,常采用进油路节流调速回路,并在其回油路上加背压阀。这种方式兼具了两种回路的优点。

②旁油路节流调速回路。将节流阀设置在与执行元件并联的旁油路上,即构成了旁油路节流调速回路,如图8-6a)所示。该回路采用定量泵供油,节流阀的出口接油箱,因而调节节流阀的开口就调节了执行件的运动速度,同时也调节了液压泵流回油箱流量的多少,从而起到了溢流的作用。这种回路不需要溢流阀"常开"溢流,因此其溢流阀实为安全阀。它在常态时关闭,过载时才打开。其调定压力为液压缸最大工作压力的1.1~1.2倍。液压泵出口的压力与液压缸的工作压力相等,直接随负载的变化而改变,不为定值。节流阀进、出油口的压差也等于液压缸进油腔的压力(节流阀的出口压力可视为零)。

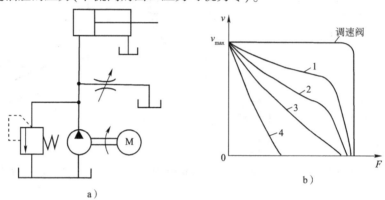

图8-6 旁油路节流调速回路及其速度-负载特性曲线

图8-6b)为旁油路节流调速回路的速度-负载特性,分析特性曲线可知,该回路有以下特点。

a. 节流阀开口越大,进入液压缸中的流量越少,活塞运动速度则越低;反之,开口关小,其速度升高。

b. 当节流阀开口一定时,活塞运动的速度也随负载的增大而减小,而且其速度刚性比进、回油路节流调速回路更软。

c. 当节流阀开口一定时,负载较小的区段曲线较陡,速度刚性差;负载较大的区段曲线较平缓,速度刚性较好。

d. 在相同负载下工作时,节流阀开口较小,活塞运动速度较高时曲线较平缓,速度刚性好;开口较大,速度较低时,曲线较陡,速度刚性较差。

e. 节流阀开口不同的各特性曲线,在负载坐标轴上不相交。这说明它们的最大承载能力不同。速度高时承载能力较大,速度越低其承载能力越小。

根据以上分析可知,采用节流阀的旁油路节流调速回路宜用于负载大一些,速度高一些,且速度的平稳性要求不高的中等功率的液压系统,例如,牛头刨床的主传动系统等。

旁油路节流调速回路有节流损失,但无溢流损失,发热较少,其效率比进、回油路节流调速回路高一些。

从公式(8-1)及上述3种采用节流阀的节流调速回路可以看出,即使节流阀开口大小一定,液压缸的运动速度依然受负载变化的影响,也就是其速度刚性较差,这对速度稳定性要求较高的液压系统是不适合的。对速度稳定性要求较高的液压系统,应采用调速阀或温度补偿调速阀,以消除负载变化和温度变化对速度变化的影响。这从上述3种节流调速回路的速度-负载特性曲线也可以看出,采用调速阀代替节流阀,节流调速回路的速度刚性会有明显的提高。

(3) 节流阀阀常见故障(表8-1)。

节流阀常见故障及排除方法　　　　　　　　　　　表8-1

故障现象	原 因 分 析	排 除 方 法
流量调节失灵	(1)阀芯在全关位置发生径向卡住时,调整流量手柄后出油腔无流量 (2)阀芯在全开位置卡住或节流口调节好开度后卡住,调整流量手柄后流量无变化 (3)单向节流阀进、出油腔接反时,调整流量手柄后流量无变化	(1)清洗阀芯,排除污物 (2)清洗阀芯,排除污物 (3)检查并正确接管
流量不稳定	(1)流量手柄锁紧装置松动 (2)油液中杂质过多,黏附在节流口边上 (3)油温变化 (4)载荷变化引起压力发生变化,导致流量发生变化	(1)流量调节好后,紧固锁紧螺母 (2)过滤、更换油液,并清洗阀芯 (3)控制油温变化 (4)尽可能保持载荷不变化
内泄漏量增加	(1)阀芯磨损过大 (2)节流阀或单向节流阀的节流口关闭时,采用间隙密封的配合处必有泄漏	(1)更换阀芯 (2)节流阀或单向节流阀不能作截止阀使用

2. 单向节流阀

单向节流阀常用于单向控制流量的系统中。图 8-7 所示为单向节流阀的结构和图形符号。当压力油从进油口 P_1 进入时,经阀芯 3 上部的轴向三角槽后从出油口 P_2 流出,这时起节流作用;当压力油从油口 P_2 进入时,压缩弹簧 4,阀芯 3 下移,直接流到油口 P_1,这时阀芯起单向阀作用,而不起节流作用。节流口大小可通过转动手柄 1,通过推杆 2 和弹簧 4,移动阀芯 3 的轴向位置,使节流口有不同的开度,以改变节流口的通流面积。

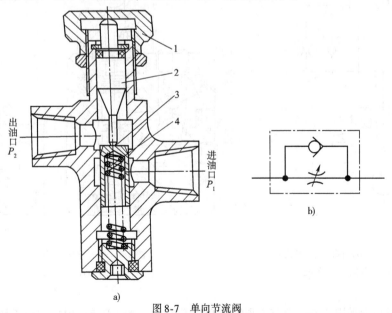

图 8-7　单向节流阀

a)结构原理;b)图形符号

1-手柄;2-推杆;3-阀芯;4-弹簧

图 8-8 所示为采用单向节流阀的速度换接回路。这个回路根据速度变换所需的行程在液压缸壁相应位置开通油孔,同单向节流阀并联,实现液压缸的快、慢速的变换。在图示位置时,液压泵输出的压力油经手动换向阀左位进入液压缸左腔,推动活塞右移,右腔的油液经管路 1、换向阀回油箱,由于油路畅通,活塞快速向右运动。当活塞移动到封住油路 1 时,液压缸右腔的油液只能经节流阀 3 和换向阀回油箱,此时相当于回油路节流调速,回油速度减慢,活塞右移的速度减慢,从而实现快速向慢速的转换。当换向阀换向右位工作时,泵输出的油经换向阀和单向阀 2 进入液压缸右腔,使活塞快速退回。

这种速度换接方法简单,换接可靠、平稳,换接位置精度高。但换接位置固定,工作行程距离不能过长,活塞不能采用密封件,只能采用间隙式密封,所以只能用于低压系统。常用于制动回路,将油路 1 设置在接近行程终点位置,用作活塞运动到终点时的缓冲。

3. 单向行程节流阀

单向行程节流阀是由单向阀和行程节流阀并联而成的组合阀,广泛用于各种液压系统中,用来实现工作机构的减速,所以也称为行程减速阀。

图 8-9 所示为单向行程节流阀的结构及图形符号。压力油从进油口 P_1 流入,经阀芯 1 的环形槽从出油口 P_2 流出,此时不起节流作用。当工作部件运动至预定位置时,工作部件上的挡铁压下滚轮,使阀芯 1 向下移动一定距离后,油液只能经阀芯 1 的轴向三角槽(节流口)从出油口 P_2 流出,此时节流阀起节流作用,使工作部件的运动速度减慢或逐渐停止,以达到减速并避免冲击和精确定位的目的。工作部件减速的程度及快慢,取决于挡铁的形状和尺寸(此时单向阀 2 处于关闭状态)。当油液反向流动,压力油从 P_2 油口进入,不管阀芯处于什么位置,油液直接顶开单向阀芯 2 从 P_1 油口流出。单向行程节流阀常用于实现快进→工进→快退的工作循环,也常用于执行元件行程末端减速,起缓冲作用。

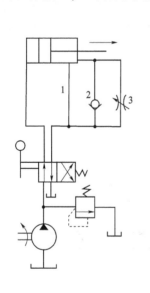

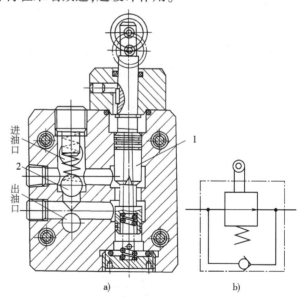

图 8-8 采用单向节流阀的速度换接回路
1-油路;2-单向阀;3-节流阀

图 8-9 单向行程节流阀
a)结构图;b)图形符号
1-阀芯;2-单向阀

图 8-10 所示为采用单向行程节流阀的速度换接回路。当电磁阀通电以左位工作时,液压泵输出的压力油进入液压缸 6 左腔,右腔的油液经单向行程节流阀 4 回油箱,由于回油畅通,活塞快速向

右运动。当活塞运动到撞块 5 压下单向行程节流阀 4 时,节流阀的开口减小,回油量减少,活塞右移速度减慢,从而实现快速向慢速的转换。电磁阀右位工作的情况与图 8-9 类似,不再赘述。

这种速度换接回路管路连接比较简单,若撞块的斜度设计合理,可使节流阀的节流口平缓减小,速度换接平稳,换接精度较高;若将撞块设计成台阶形,并在行程的不同阶段给行程节流阀的滚轮以不同的压缩量时,节流阀的节流口就可以有不同的开度,液压缸就可以得到多种工作进给速度。回路的缺点是单向行程节流阀必须安装在运动部件附近,有时管路接得很长,压力损失大,这样使用不够灵活。

(二) 调速阀

1. 普通调速阀

调速阀是由定差减压阀与节流阀串联而成的组合阀,如图 8-11 所示。节流阀用来调节通过的流量,定差减压阀则自动补偿负载变化的影响,使节流阀前后的压差基本为定值,消除了负载变化对流量的影响。

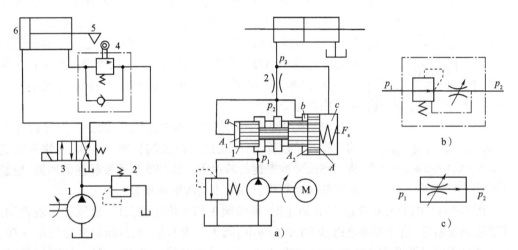

图 8-10 采用单向行程节流阀的速度换接回路
1-液压泵;2-溢流阀;3-电磁阀;4-单向行程
节流阀;5-楔铁;6-液压缸

图 8-11 调速阀的工作原理图
a)工作原理图;b)图形符号;c)简化符号
1-定差减压阀;2-节流阀

图 8-11a)中定差减压阀 1 与节流阀 2 串联。若减压阀进口压力为 p_1,出口压力为 p_2,节流阀出口压力为 p_3,则减压阀 a 腔、b 腔油压为 p_2,c 腔油压为 p_3。若减压阀 a、b、c 腔有效工作面积分别为 A_1、A_2、A,则 $A = A_1 + A_2$。节流阀出口的压力 p_3 由液压缸的负载决定。

当减压阀阀芯在其弹簧力 F_s、油液压力 p_2 和 p_3 的作用下处于某一平衡位置时,则有

$$p_2 A_1 + p_2 A_2 = p_3 A + F_s$$

故有
$$\Delta p = p_2 - p_3 = \frac{F_s}{A} \tag{8-2}$$

由于弹簧刚度较低,且工作过程中减压阀阀芯位移很小,可以认为 F_s 基本不变。故节流阀两端的压差 $\Delta p = p_2 - p_3$ 也基本保持不变。因此,当节流阀通流面积 A_T 不变时,通过它的流量 q ($q = KA_T \Delta p^m$) 为定值。也就是说,无论负载如何变化,只要节流阀通流面积不变,液压缸的速度也会保持恒定值。例如,当负载增加,使 p_3 增大的瞬间,减压阀右腔推力增大,其阀芯左移,阀口开大,阀口液阻减小,使 p_2 也增大,p_2 与 p_3 的差值 $\Delta p = F_s / A$ 却不变;当负载减小 p_3 减小时,减压阀芯右移,p_2 也减小,其差值亦不变。因此调速阀适用于负载变化较大,速度平

稳性要求较高的液压系统。例如，各类组合机床、车床、铣床等设备的液压系统常用调速阀调速。

当调速阀的出口堵住时，其节流阀两端压力相等，减压阀芯在弹簧力的作用下移至最左端，阀开口最大。因此，当将调速阀出口迅速打开时，因减压阀口来不及关小，不起减压作用，会使瞬时流量增加，使液压缸产生前冲现象。为此有的调速阀在减压阀体上装有能调节减压阀芯行程的限位器，以限制和减小这种启动时的冲击。

2. 温度补偿调速阀

对速度稳定性要求高的液压系统，需要用温度补偿调速阀（图 8-12）。这种阀中有由热膨胀系数大的聚氯乙烯塑料推杆，当温度升高时其受热伸长使阀口关小，以补偿因油变稀流量变大造成的流量增加，维持其流量基本不变。

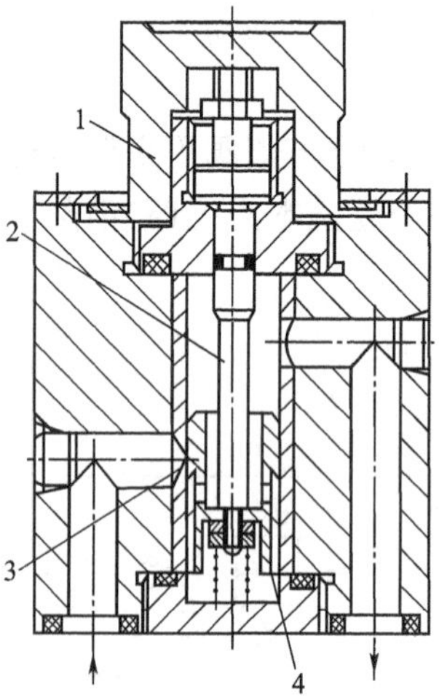

3. 调速阀的应用

调速阀和节流阀在液压系统中的应用基本相同，主要用于与定量泵、溢流阀组成的节流调速回路，在图 8-3、图 8-4 和图 8-6 中的节流阀均可用调速阀代替。其区别如图 8-5 所示特性曲线，节流阀适用于运动平稳性要求不高的场合，而调速阀适用于执行元件负载变化大而运动速度要求平稳的场合。另外，调速阀还可用于速度换接回路、两液压缸的同步回路和容积节流调速回路。后者在液压泵项目中再做介绍。

(1) 采用调速阀的快慢速转换回路。设备工作部件在实现自动工作循环过程中，需要进行速度的转换。例如，由快速转变为慢速工作或两种慢速的转换等。这种实现速度转换的回路，应能保证速度的转换平稳、可靠，不出现前冲现象。

图 8-12 温度补偿调速阀
1-调节手轮；2-温度补偿杆；3-节流口；4-节流阀阀芯

图 8-13a) 中，只有电磁铁 1YA 通电时，换向阀 3 和 4 均左位工作，液压缸实现差动连接，其活塞快速右移；这时如果电磁铁 3YA 也通电，阀 4 换为右位，则液压缸变为简单连接，且右腔回油缸必须经调速阀 5 才能回到油箱，此时活塞慢速右移。当 2YA、3YA 同时通电时，液压缸活塞快速退回。这种速度换接回路简单、经济，但快、慢速的转换不够平稳。

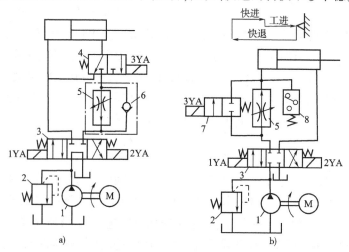

图 8-13 采用调速阀的快慢速转换回路
1-定量泵；2-溢流阀；3-三位四通电磁换向阀；4-二位三通电磁换向阀；5-调速阀；6-单向阀；7-二位二通电磁换向阀；8-压力继电器

图 8-13b)中,电磁铁 1YA、3YA 同时通电时,压力油经阀 4 进入液压缸左腔,缸右腔经阀 4 回油,工作部件实现快进;当运动部件上的挡块碰到行程开关使电磁铁 3YA 断电时,阀 4 右位工作油路断开,调速阀 5 接入油路。此时相当于进油路节流调速,工作部件以阀 5 调节的速度实现工作进给。

这种速度转换回路,速度换接快,行程调节比较灵活,电磁阀可安装在液压站的阀板上,也便于实现自动控制,应用很广泛。其缺点是平稳性较差。

(2)采用调速阀的慢速转换回路。图 8-14 是由调速阀 3 和 4 串联组成的慢速转换回路。当只有 1YA 电磁铁通电时,压力油经调速阀 3 和二位电磁阀 5 左位进入液压缸左腔,缸右腔回油,运动部件得到由阀 3 调节的第一种慢速运动。当 1YA、3YA 电磁铁同时通电时,压力油须经调速阀 3 和调速阀 4 进入缸的左腔,缸右腔回油。由于调速阀 4 的开口比调速阀 3 的开口小,因而运动部件得到由阀 4 调节的第二种更慢的运动速度,实现了两种慢速的转换。

在这种回路中,调速阀 4 的开口必须比调速阀 3 的开口小,否则调速阀 4 将不起作用。该种回路常用于组合机床中实现二次进给的油路中。

图 8-15a)为由调速阀 4 和 5 并联的慢速转换回路。当只有 1YA 电磁铁通电时,压力油经调速阀 4 进入液压缸左腔,缸右腔回油,工作部件得到由阀 4 调节的第一种慢速,这时阀 5 不起作用;当 1YA、3YA 电磁铁同时通电时,压力油经调速阀 5 进入液压缸左腔,缸右腔回油,工作部件得到由阀 5 调节的第二种慢速运动,这时阀 4 不起作用。

这种回路当一个调速阀工作时,另一个调速阀油路被封死,其减压阀口全开。当电磁换向阀换位其出油口与油路接通的瞬时,压力突然减小,减压阀口来不及关小,瞬时流量增加,会使工作部件出现前冲现象。

如果将二位三通换向阀换用二位五通电磁换向阀,并按图 8-15b)所示接法连接。当一个调速阀工作时,另一个调速阀仍有油液流过,且它的阀口前后保持一定的压差,其内部减压阀开口较小,换向阀换位使其接入油路工作时,出口压力不会突然减小,因而可克服工作部件的前冲现象,使速度换接平稳。但这种回路有一定的能量损失。

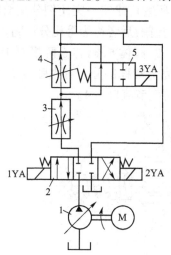

图 8-14 调速阀串联的慢速转换回路
1—变量泵;2—三位四通电磁换向阀;3、4—调速阀;5—二位二通电磁换向阀

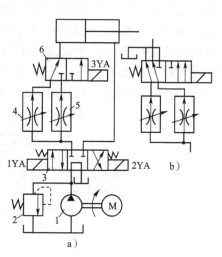

图 8-15 调速阀并联的慢速转换回路
1—定量泵;2—溢流阀;3—三位四通电磁换向阀;4、5—调速阀;6—二位三通电磁换向阀

(3)采用调速阀控制的同步回路。使两个或多个液压缸在运动中保持相同速度或相同位

移的回路,称为同步回路。例如龙门刨床的横梁、轧钢机的液压系统均需同步运动回路。

图 8-16 为用两个单向调速阀控制并联液压缸的同步回路。图中两个调速阀可分别调节进入液压缸下腔的流量,使两缸活塞向上伸出的速度相等,这种回路可用于两缸有效工作面积相等或不相等的场合。其结构简单,使用方便,且可以调速。其缺点是受油温变化和调速阀性能差异等影响,不易保证位置同步,速度的同步精度也较低,一般为 5%~7%,因而用于同步精度要求不太高的系统中。若要求同步精度高,系统需采用同步阀。

(三) 同步阀

同步阀是用以保证两个或多个液压缸(或液压马达)达到同步运动的流量控制阀。同步阀也称分流-集流阀,它是分流阀、集流阀、单向分流阀、单向集流阀和分流集流阀的总称,具有结构简单,安装、使用、维护方便等优点。分流阀、集流阀和分流集流阀的图形符号如图 8-17 所示。

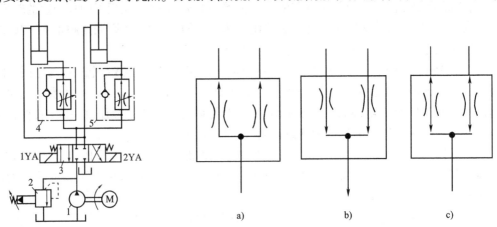

图 8-16 调速阀控制的同步回路
1-液压泵;2-溢流阀;3-电磁阀;4、5-单向调速阀

图 8-17 几种同步阀的图形符号
a)分流阀;b)集流阀;c)分流集流阀

1. 分流阀

分流阀能将压力油平均分配给各液压缸(或液压马达),或按一定比例分配给液压缸(或液压马达),而不受负载变化的影响。前者称为等量分流阀,后者称为等比分流阀。

分流阀的结构如图 8-18 所示,它由固定节流孔 1、2,阀体 5,阀芯 6 两根对中弹簧组成。活塞式阀芯 6 的中部凸肩将阀及油路分为左、右两个完全对称部分。对中弹簧 7 使阀芯的起始位置在中间,阀芯两端的凸肩和阀体 5 组成的两个可变节流口 3、4。

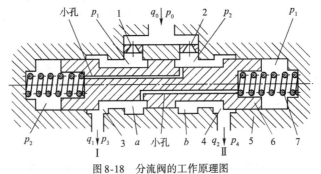

图 8-18 分流阀的工作原理图
1、2-固定节流孔;3、4-可变节流孔;5-阀体;6-阀芯;7-对中弹簧

设分流阀进口油液压力为 p_0,流量为 q_0,进入阀后分两路分别通过两个面积相等的固定节流孔 1、2,分别进入油室 a、b,然后由可变节流口 3、4 经出油口 I 和 II 通往两个执行元件。

如果两执行元件的负载相等,则分流口的出口压力 $p_3=p_4$,因为阀中两支油道的尺寸完全对称,所以输出流量也对称,$q_1=q_2=q_0/2$,且 $p_1=p_2$。当由于负载不对称而出现 $p_3 \neq p_4$,且设 $p_3 > p_4$ 时,阀芯来不及运动而处于中间位置,由于两支流道上的总阻力相同,必定使 $q_1 < q_2$,进而 $(p_0-p_1) < (p_0-p_2)$,则使 $p_1 > p_2$。此时阀芯在不对称液压力的作用下左移,使可变节流口3增大,节流口4减小,从而使 q_1 增大,q_2 减小,直到 $q_1 \approx q_2$,$p_1 \approx p_2$ 为止,阀芯才在一个新的平衡位置上稳定下来。即输往两个执行元件的流量相等,当两执行元件尺寸完全相同时,运动速度将同步。但是,由于节流孔、对中弹簧制造精度以及摩擦力和液动力的影响,分流阀常有一定的分流误差。

单向分流阀是单向阀与分流阀的组合阀,其作用是当执行元件反向运动时,为减少液阻压损,而让油流自单向阀流出,如图8-19所示。

2. 集流阀

保证两个执行元件的回油流量相等或恒为一定比例,并汇集该两股回油在一起的流量控制阀,叫集流阀。它的工作原理与分流阀相同,但在结构上把固定节流孔布置在集油口的一边,而且阀芯两端的控制油腔和同端的可变节流口的油腔相通,如图8-20所示。

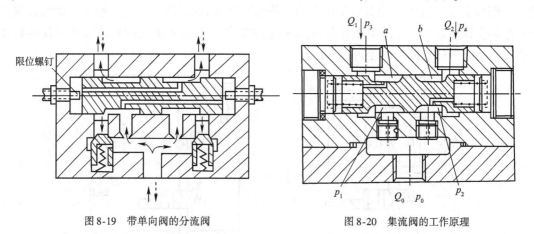

图8-19 带单向阀的分流阀　　　　图8-20 集流阀的工作原理

3. 分集流阀

分流阀、集流阀、单向分流阀与单向集流阀只能使执行元件在一个运动方向上起同步作用,反向时不起同步作用。而分流集流阀是分流阀与集流阀的组合阀,因此它既可当分流阀用,也可当集流阀用,其结构如图8-21所示。图8-22a)表示它作为分流阀且当 $p_4 > p_3$ 时的工作原理,图8-22b)表示它作为集流阀且当 $p_4 > p_3$ 时的工作原理。

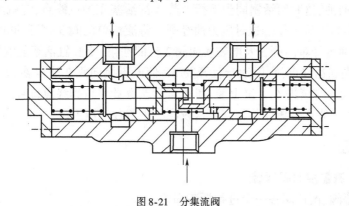

图8-21 分集流阀

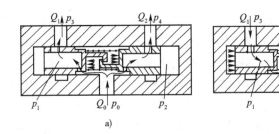

图 8-22 分集流阀工作原理

4. 同步阀的应用

图 8-23 为采用等量分流阀的同步回路。图中电磁换向阀 3 通电右位工作时,压力油经等量分流阀 5 后以相等的流量进入两液压缸的左腔,两缸右腔回油,两活塞同步向右伸出。当换向阀 3 断电左位工作时,压力油进入两缸的右腔,两缸左腔分别经单向阀 4 和 6 回油,两活塞快速返回。分流阀的同步精度约为 2%~5%。这种回路的优点是简单方便,能承受变动负载与偏载。

采用调速阀和同步阀的同步回路存在误差,下面介绍一个带补偿装置的位置同步回路,可使位置同步误差得到补偿。如图 8-24 所示,系统中的两液压缸 A、B 串联,其中 B 缸下腔的有效工作面积等于 A 缸上腔的有效工作面积。若无泄漏,两缸可同步下行。但因有泄漏及制造误差故同步误差较大。采用由液控单向阀 3、电磁换向阀 2 和 4 组成的补偿装置可使两缸每一次下行终点的位置同步误差得到补偿。

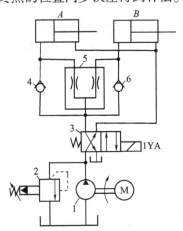

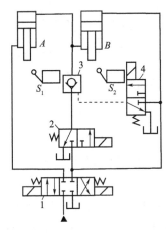

图 8-23 采用等量分流阀的同步回路　　图 8-24 带补偿装置的串联液压缸同步回路

其补偿原理是:当换向阀 1 右位工作时,压力油进入 B 缸的上腔。B 缸下腔油流入 A 缸的上腔,A 缸下腔回油,这时两活塞同步下行。若 A 缸活塞先到达终点,它就触动行程开关 S_1 使电磁阀 4 通电换为上位工作。这时压力油经阀 4 将液控单向阀 3 打开,同时继续进入 B 缸上腔,B 缸下腔的油可经单向阀 3 及电磁换向阀 2 流回油箱,使 B 缸活塞能继续下行到终点位置。若 B 缸活塞先到达终点,它触动行程开关 S_2,使电磁换向阀 2 通电换为右位工作。这时压力油可经阀 2、阀 3 继续进入 A 缸上腔,使 A 缸活塞继续下行到终点位置。

这种回路适用于终点位置同步精度要求较高的小负载液压系统。

三、任务实施

任务实施 1　流量控制阀拆装

选取普通节流阀、调速阀各一个进行拆装训练。

1. 拆卸分解

(1) 节流阀拆卸。先拆卸流量调节螺母,取出推杆、阀芯、弹簧和阀体,用光滑的挑针把密封圈从槽内撬出,并检查其弹性和尺寸精度。观察阀芯结构和阀体上的油口尺寸。

(2) 调速阀拆卸。先拆卸调速阀中的节流阀,再拆卸减压阀的螺钉,取出减压阀的弹簧和阀芯,观察阀芯的结构和阀体上的油口尺寸。

注意:减压阀衬套是压入阀体的,不要将其拆下。

2. 分析主要零部件的结构和作用

拆卸过程中,注意观察各主要零件的结构、各油孔、油道的作用,并结合调速阀原理图和结构图分析其工作原理。

(1) 节流阀芯 外形为圆柱筒形,其开口一侧的圆柱面上开有轴向三角槽,此槽即为节流口;阀芯内腔底部靠近中心位置有小孔,此小孔为泄油道。

(2) 减压阀芯 减压阀阀芯是一个阶梯轴类零件,也可看做3个台肩,不过该减压阀是定差减压阀,其台肩直径是"高-低-低",这与定值减压阀阀芯台肩直径的"高-低-高"的布置方式不同,应注意区别,并思考这样设计制造的目的。

(3) 回答问题:

① 指出所拆流量阀各零件的名称。

② 说明所拆流量阀各油口、油道的名称和作用。

③ 对照实物,分析其调节流量的工作原理。

3. 装配要领

(1) 装配前,清洗各零件,并将节流阀芯、减压阀芯、推杆及配合零件的表面涂上液压油,然后按拆卸时的相反顺序装配。

(2) 减压阀芯装配后,阀芯应运动自如。

(3) 调速阀(不带单向阀)通常不能反向使用,否则,定差减压阀将不起压力补偿器作用。

(4) 流量调整好后,应锁定位置,以免改变调整好的流量。

(5) 装配完毕,将阀外表面擦拭干净,整理工作台。

任务实施2 组建节流调速回路

(1) 按图8-25或图8-26选择所需的液压元件,并在液压试验台面板上将液压元件大致布置好。

(2) 按图8-25或图8-26用油管将回路连接好。全部连接完毕且检查无误后,接通电源,对回路进行调试。

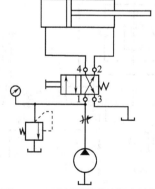
图8-25 双向进油路节流调速回路

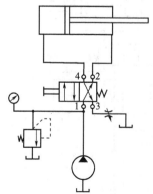
图8-26 双向回油路节流调速回路

(3) 让溢流阀全开,起动液压泵,再将溢流阀的开度逐渐减小,调试回路。如果液压缸不动,要检查压力油是否送到位。

(4) 调节节流阀开度大小,观察液压缸的速度变化。

(5) 电磁阀换位工作,再次调节节流阀开度大小,观察液压缸的速度变化。

(6) 实训完毕,应先旋松溢流阀手柄,然后停止油泵工作。经确认回路中的压力为零后,取下连接油管和液压元件,分类放入指定位置,并将液压试验台擦拭干净。

四、思考与练习

8-1 影响节流阀流量稳定的因素有哪些?如何使通过节流阀流量不受负载变化的影响?

8-2 节流阀的最小稳定流量有什么意义?节流阀在进油路、回油路和旁油路不同的安装位置对液压缸的最低速度有什么影响?

8-3 调速阀与节流阀在结构和性能上有什么异同?各适用于什么场合?

8-4 节流调速回路有哪几种?各有什么特点?

8-5 图 8-15a)图中,当电磁换向阀 6 由图示位置换为右位工作时(使 3YA 通电),液压缸中的活塞常出现前冲现象,试分析其产生的原因。

8-6 对照图 8-27 回答问题:
(1) 系统工作时,溢流阀阀芯是开启还是关闭?为什么?
(2) 泵出口压力是否变化?
(3) 压力决定于负载,此压力指何处压力?
(4) 负载大小发生变化时,液压缸的速度有何变化?

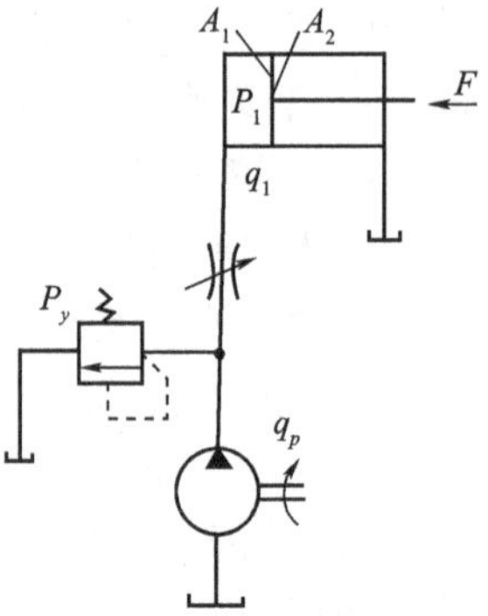

8-7 图 8-28 所示油路中,液压缸无杆腔的有效面积 $A_1 = 100\text{cm}^2$,有杆腔的有效面积 $A_2 = 80\text{cm}^2$,液压泵的额定流量为 10L/min。试确定:
(1) 若节流阀开口允许通过的流量为 6L/min,活塞右移的速度 $v_1 = ?$ 其返回速度 $v_2 = ?$
(2) 若将此节流阀串接在回油路上(其开口不变),$v_1 = ?$ $v_2 = ?$
(3) 节流阀的最小稳定流量为 0.05L/min,该液压缸能得到的最低稳定速度为多少?

8-8 图 8-30 所示油路要实现"快进—工进—快退"工作循环,如设置压力继电器的目的是为了控制活塞换向。试问:图中有哪些错误?应如何改正?

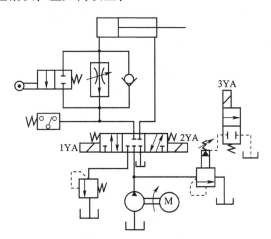

图 8-27 题 8-6 图

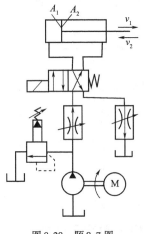

图 8-28 题 8-7 图

图 8-29 题 8-8 图

任务9　新型液压控制阀检修

教学目标

1. 知识目标

(1) 了解插装阀、叠加阀、比例阀和伺服阀的类型和特点;

(2) 掌握插装阀、叠加阀、比例阀和伺服阀的结构和工作原理;

(3) 理解插装阀、叠加阀、比例阀和伺服阀的应用。

2. 能力目标

(1) 能够拆装插装阀、叠加阀、比例阀和伺服阀;

(2) 能够分析采用插装阀、叠加阀、比例阀和伺服阀的简单液压系统的工作原理。

一、任务引入

比例阀、插装阀和叠加阀分别是20世纪60年代末、70年代初和80年代陆续出现并得到发展的液压控制阀。与普通液压控制阀相比,它们具有许多显著的优点,广泛用于各类设备的液压系统中。

本任务通过拆装插装阀、叠加阀、比例阀和伺服阀,熟悉新型控制阀的结构形式和使用注意事项,并掌握它们的工作原理和结构特点。

所需实训器材:各种插装阀、叠加阀、比例阀和伺服阀,液压实训台及组建速度控制回路的有关液压元件。

所需工具:钳工台虎钳,内六角扳手,活动扳手,螺丝刀等。

二、相关知识

(一) 插装阀

插装阀即插装式锥阀或逻辑阀。它是一种结构简单,标准化、通用化程度高,通油能力大,液阻小,密封性能和动态特性好的新型液压控制阀。生产插装阀的知名厂商有 Parker(美国派克)、VICKERS(美国威格士)、Denison(美国丹尼逊)等。

1. 插装阀的基本结构和工作原理

插装阀主要由锥阀组件、阀体、控制盖板及先导元件组成。如图9-1所示,阀套2、弹簧3和锥阀芯4组成锥阀组件,插装在阀体5的孔内。控制盖板1上设有控制油路与其先导元件连通(先导元件图中未画出)。锥阀组件上配置不同的盖板,就能实现各种不同的功能。同一阀体内可装入若干个不同机能的锥阀组件,加相应的盖板和控制元件组成所需要的液压回路或系统,可使结构很紧凑。

从工作原理讲,插装阀是一个液控单向阀。图9-1中,A、B为主油路通口,K为控制油口。设A、B、K油口所通油腔的油液压力及有效工作面积分别为 p_A、p_B、p_K 和 A_1、A_2、A_k($A_1 + A_2 = A_k$),弹簧的作用力为 F_s,且不考虑锥阀的质量、液动力和摩擦力等的影响,则:

(1) 当 $p_A A_1 + p_B A_2 < F_s + p_K A_k$ 时,锥阀闭合,A、B 油口不通;

(2) 当 $p_A A_1 + p_B A_2 > F_s + p_K A_k$ 时,锥阀打开,油路 A、B 连通。

由此可知,当p_A、p_B一定时,改变控制油腔 K 的油压 p_K,可以控制 A、B 油路的通断。当控制油口 K 接通油箱时,$p_K=0$,锥阀下部的液压力超过弹簧力时,锥阀即打开,使油路 A、B 连通。这时若 $p_A>p_B$,则油由 A 流向 B;若 $p_B>p_A$,则油由 B 流向 A。当 $p_K \geq p_A$,$p_K \geq p_B$ 时,锥阀关闭,A、B 不通。

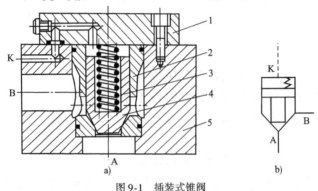

图 9-1 插装式锥阀

1-控制盖板;2-阀套;3-弹簧;4-锥阀芯;5-阀体

插装阀锥阀芯的端部可开阻尼孔或节流三角槽,也可以制成圆柱形。插装式锥阀可用作方向控制阀、压力控制阀和流量控制阀。

2. 插装式方向阀

(1) 插装式单向阀和液控单向阀。将插装锥阀的 A 或 B 油口与控制油口 K 连通时,即成为单向阀。图 9-2a) 中,A 与 K 连通,故当 $p_A>p_B$ 时,锥阀关闭,A 与 B 不通;当 $p_A<p_B$ 时,锥阀开启,油液由 B 流向 A。

在图 9-2b) 中,B 与 K 连通,当 $p_A<p_B$ 时,锥阀关闭,A 与 B 不通;当 $p_A>p_B$ 时,锥阀开启,油液由 A 流向 B。锥阀下面的符号为可以替代的普通液压阀符号。

在控制盖板上接一个二位三通液动换向阀,用以控制插装锥阀控制腔的通油状态,即成为液控单向阀,如图 9-3 所示。当换向阀的控制油口不通压力油,换向阀为左位(图示位置)时,油液只能由 A 流向 B;当换向阀的控制油口通入压力油,换向阀为右位时,锥阀上腔与油箱连通,因而油液也可由 B 流向 A。锥阀下面的符号为可以替代的普通液压阀符号。

(2) 插装式换向阀

用小规格二位三通电磁换向阀来转换控制腔 K 的通油状态,即成为插装式二位二通换向阀,如图 9-4 所示。当电磁铁断电、换向阀左位(图示状态)时,油液只能由 B 流向 A(参考图 9-2a);当电磁铁通电、换向阀右位工作时,K 与油箱连通,油液可由 B 流向 A,也可由 A 流向 B。

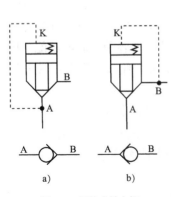

图 9-2 插装式单向阀

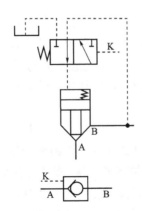

图 9-3 插装式液控单向阀

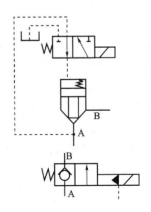

图 9-4 二位二通插装式换向阀

用一个小规格二位四通电磁换向阀控制4个插装阀的启闭,即可构成插装式二位四通换向阀,如图9-5a)所示。当电磁铁断电、换向阀右位工作时(图示位置),插装阀1和3因控制油腔通油箱而开启,插装阀2和4因控制油腔通压力油而关闭,因此主油路上压力油P→B(经阀3),回油A→T(经阀1);当电磁铁通电、换向阀左位工作时,插装阀2和4因控制油腔通油箱而开启,插装阀1和3因控制油腔通压力油而关闭,因此主油路上压力油P→A(经阀2),回油B→T(经阀4)。该组阀可用来实现高压大流量液压系统主油路的换向。

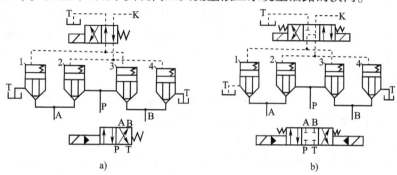

图9-5 插装式四通换向阀
a)二位四通插装式换向阀;b)三位四通插装式换向阀
1、2、3、4-插装阀

用一个小规格三位四通电磁换向阀和四个插装阀可组成一个插装式三位四通换向阀,如图9-5b)所示。该组阀中,三位四通电磁阀左位和右位时控制插装阀的工作原理与二位四通阀相同。其中位时的通油状态由三位四通电磁阀的中位机能决定。图中,电磁阀中位时,4个插装锥阀的控制油腔均通压力油,因此均为关闭状态,故主换向阀的中位机能为O形。

改变电磁换向阀的中位机能,可改变插装式换向阀的中位机能。改变先导电磁阀的个数,也可使插装阀的工作位置数得到改变。

3. 插装式压力阀

对插装阀的控制油腔K的油液进行压力控制,即可构成各种压力控制阀,以控制高压大流量液压系统的工作压力。其结构原理如图9-6所示。用直动式溢流阀作为先导阀来控制插装式主阀,在不同的油路连接下便构成不同的插装式压力阀。

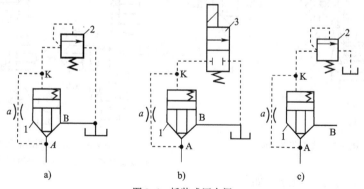

图9-6 插装式压力阀
a)插装式溢流阀;b)插装式卸荷阀;c)插装式顺序阀
1-溢流阀;2-卸荷阀;3-顺序阀

在图9-6a)中,插装阀1的B腔与油箱连通,其控制油腔K与先导阀2相连,先导阀2的出油口与油箱相连,这样就构成了插装式溢流阀。即当插装阀A腔压力升高到先导阀2的调定压力时,先导阀打开,油液流过主阀芯阻尼孔 a 时造成两端压力差,使主阀芯抬起,A 腔压力油便经主阀开口由 B 溢回油箱,实现稳压溢流。顺便提一句,Y2 形溢流阀实际上就是一个插装式溢流阀。

在图 9-6b)中,插装阀 1 的 B 腔通油箱,控制油腔 K 接二位二通电磁换向阀 2,即构成了插装式卸荷阀。当电磁阀 2 通电,使控制油腔 K 接通油箱时,锥阀芯抬起,A 腔的油液便在很低压力下流回油箱,实现卸荷。

在图 9-6c)中,插装阀 1 的 B 腔接压力油路,控制油腔 K 接先导阀 2,便构成插装式顺序阀。即当 A 腔压力达到先导阀的调定压力时,先导阀打开,控制腔油液经先导阀流回油箱,油液流过主阀芯阻尼孔 a,造成主阀两端压力差,使主阀芯抬起,A 腔压力油便经主阀开口由 B 流入阀后的压力油路。

此外,若以比例溢流阀作先导阀代替图 9-6a)中直动式溢流阀,则可构成插装式比例溢流阀。若主阀采用油口常开的圆锥阀芯可构成插装式减压阀。

4. 插装式流量阀

在插装阀的控制盖板上,增加锥阀芯行程调节装置,调节锥阀芯开口的大小,就构成了插装式可调节流阀,如图 9-7 所示。这种插装阀的锥阀芯上开有三角槽,用以调节流量。若在插装节流阀前串联一差压式减压阀,就可组成插装式调速阀。若用比例电磁铁取代插装节流阀的手调装置,即可组成插装比例节流阀。不过在高压大流量系统中,为减少能量损失,提高效率,一般不采用节流调速方式。

5. 插装阀的应用

在液压压力机、压铸机、塑料成形机械、拖泵、盾构等高压大流量系统中,插装阀的应用很广泛。图 9-8 所示为采用插装阀控制立式柱塞缸实现"慢速上升—保压停留—回程下降—停止"工作循环的液压系统图。

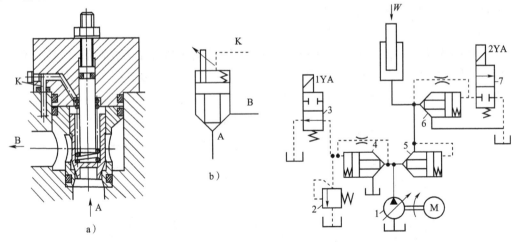

图 9-7 插装式节流阀

图 9-8 用插装阀的液压系统图
1-变量泵;2-溢流阀;3、7-电磁阀;4、5、6-插装阀

该液压系统的工作原理分析如下:

(1)承压上升 当 1YA 通电,插装阀 4 由先导溢流阀 2 控制,成为系统的安全阀。这时压力油经单向插装阀 5 进入柱塞缸,推重物上升。

(2)保压停留 重物上升到位后,使 1YA 断电,阀 4 开启,使泵卸荷,此时阀 5 和阀 6 均为关闭状态,系统保压,柱塞在上位停留。

(3) 回程下降 当仅 2YA 通电时,阀 4 仍使泵卸荷,阀 5 仍关闭,而阀 6 则开启,缸内油液经插装阀 6(阀 6 起背压阀作用)回油箱,柱塞因自重下落回程。

(4) 原位停止 柱塞降至原位,2YA 断电,锥阀 6 关闭,柱塞原位停止。

(二)叠加阀

叠加式液压阀简称叠加阀,它是近年来在板式阀集成化基础上发展起来的新型液压元件。这种阀既具有板式液压阀的工作功能,其阀体本身又同时具有通道体的作用,从而能用其上、下安装面呈叠加式无管连接,组成集成化液压系统。

叠加阀自成体系,每一种通径系列的叠加阀,其主油路通道和螺钉孔的大小、位置、数量都与相应通径的板式换向阀相同。因此,同一通径系列的叠加阀可按需要组合叠加起来组成不同的系统。通常用于控制同一个执行件的各个叠加阀与板式换向阀及底板纵向叠加成一叠,组成一个子系统。其换向阀(不属于叠加阀)安装在最上面,与执行件连接的底板块放在最下面。控制液流压力、流量,或单向流动的叠加阀安装在换向阀与底板块之间,其顺序应按子系统动作要求安排。由不同执行件构成的各子系统之间可以通过底板块横向叠加成为一个完整的液压系统,其外观图如图 9-9 所示。

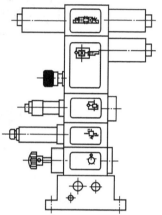

图 9-9 叠加阀叠积总成外观图

叠加阀的主要优点如下:

(1)标准化、通用化、集成化程度高,设计、加工、装配周期短。

(2)用叠加阀组成的液压系统结构紧凑,体积小,质量轻,外形整齐美观。

(3)叠加阀可集中配置在液压站上,也可分散安装在设备上,配置形式灵活。系统变化时,元件重新组合叠装方便、迅速。

(4)因不用油管连接,压力损失小,漏油少,振动小,噪声小,动作平稳,使用安全可靠,维修容易。

其缺点是回路形式较少,通径较小,品种规格尚不能满足较复杂和大功率液压系统的需要。

目前,我国已生产 $\phi 6mm$、$\phi 10mm$、$\phi 16mm$、$\phi 20mm$、$\phi 32mm$ 5 个通径系列的叠加阀,其连接尺寸符合 ISO4401 国际标准,最高工作压力为 20MPa。

根据叠加阀的工作功能,它可以分为单功能阀和复合功能叠加阀两类。

1. 单功能叠加阀

单功能叠加阀与普通板式液压阀类同,也具有压力控制阀(如溢流阀、减压阀、顺序阀等)、流量控制阀(如节流阀、单向节流阀、调速阀、单向调速阀等)和方向控制阀(仅包括单向阀、液控单向阀)。在一块阀体内部,可以组装一个单阀,也可能组装为双阀。一个阀体中有 P、T、A、B 4 条以上通路,所以阀体内组装各阀根据其通道连接状况,可产生多种不同的控制组合方式。

(1)叠加式溢流阀。图 9-10a)所示为 Y_1-F-10D-P/T 先导型叠加式溢流阀。它由主阀和先导阀两部分组成。Y 表示溢流阀;F 表示压力为 20MPa;10 表示通径为 $\phi 10mm$;D 表示叠加阀;P/T 表示进油口为 P,回油口为 T。其符号如图 9-10b)所示。图 9-10c)所示为 P_1/T 型的符号,它主要用于双泵供油系统高压泵的调压和溢流。

叠加式溢流阀的工作原理与一般的先导式溢流阀相同。压力油由进油口 P 进入阀芯 6 右端的 e 腔,并经阀芯上阻尼孔 d 至阀芯 6 左端 b 腔,还经小孔 a 作用于锥阀芯 3 上。当系统压力低于溢流阀的调定压力时,锥阀芯 3 关闭,主阀芯 6 在弹簧力作用下处于关闭位置,阀不溢流;当系统压力达到溢流阀的调定压力时,锥阀芯3开启,b腔油液经锥阀口及孔道c由油口T流回油箱,主阀芯6右腔的油经阻尼孔d向左流动,因而在主阀芯两端产生了压力差,使阀芯6向左移动将主阀阀口打开,使油由出油口T溢回油箱。调节弹簧2的预压缩量便可改变溢流阀的调整压力。

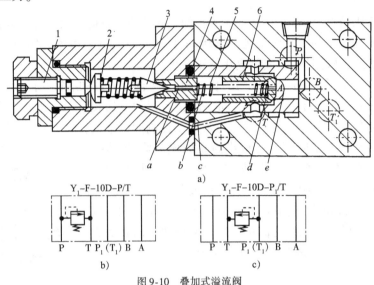

图9-10 叠加式溢流阀
1-推杆;2-弹簧;3-锥阀芯;4-阀座;5-弹簧;6-主阀芯

(2)叠加式流量阀。图9-11所示为QA-F6/10D-BU型单向调速阀。QA表示单向调速阀;F表示压力为20MPa;6/10表示该阀通径为$\phi 6mm$,而其接口尺寸属于$\phi 10mm$系列;D表示叠加阀;B表示该阀适用于液压缸B腔油路上;U表示调速节流阀其出口节流。其工作原理与一般单向调速阀基本相同。

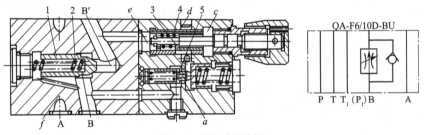

图9-11 叠加式调速阀
1-单向阀;2-弹簧;3-节流阀;4-弹簧;5-减压阀

当压力油由油口B进入时,油可进入单向阀芯1的左腔,使单向阀口关闭;同时又可经过调速阀中的减压阀和节流阀,由油口B'流出。当压力油由油口B'进入时,压力油可将单向阀芯顶开,经单向阀由油口B流出,而不流经调速阀。

以上两种叠加阀在结构上均属于组合式,即将叠加阀体做成通油孔道体,仅将部分控制阀组件置于其阀体内,而将另一部分控制阀或其组件做成板式连接的部件,将其安装在叠加阀体的两端,并和相关的油路连通。通常小通径的叠加阀采用组合式结构。通径较大的叠加阀则多采用整体式结构,即将控制阀和油道组合在同一阀体内。

2. 复合功能叠加阀

复合功能叠加阀,又称作多机能叠加阀。它是在一个控制阀芯项目中实现两种以上控制机能的叠加阀,多采用复合结构形式。

图 9-12 为我国研制开发的电动单向调速阀。它由先导板式阀 1、主体阀 2 和调速阀 3 组合而成。调速阀部分作为一个独立的组件以板式阀的连接方式，复合到叠加阀主体的侧面，使调速阀性能易于保证，并可提高组合件的标准化、通用化程度。其先导阀采用直流湿式电磁铁控制其阀芯的运动。

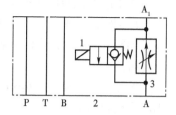

图 9-12 电动单向调速阀
1-先导式板阀；2-主体阀；3-调速阀

该阀用于控制机床液压系统，使运动部件实现"快进—工进—快退"工作循环。当电磁铁通电使先导阀芯移位时，压力油可由 A_1 经主阀体中的锥阀到 A，使运动部件"快进"；当电磁铁断电，先导阀芯复位时，压力油只能经调速阀由 A_1 流至 A，使运动部件慢速"工进"；当压力油由 A 进入该阀时，则可经过自动打开的锥阀（单向阀），由 A_1 流出，使运动部件"快退"。

3. 叠加阀的应用

叠加阀在机床、工程机械、轻工机械等行业中应用非常广泛。图 9-13 为能使上料机构立式液压缸实现"快上—慢上—快下"工作循环的液压系统原理图。其中，图 9-13a)为采用常规阀组成的液压系统，9-13b)为采用叠加阀组成的液压系统，其工作原理可参照图中电磁铁动作表分析。

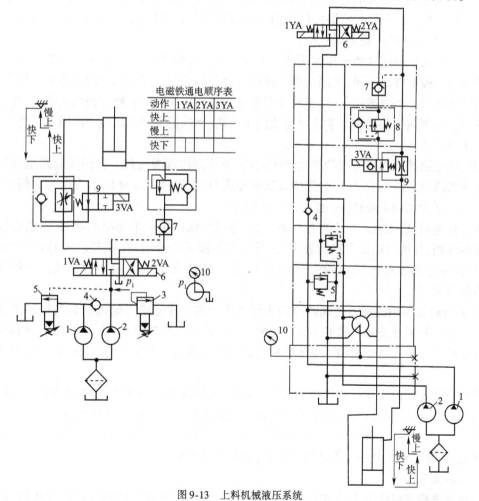

图 9-13 上料机械液压系统
1、2-双联泵；3-溢流阀；4-单向阀；5-卸荷阀；6-电磁阀；7-液控单向阀；8-单向顺序阀；9-电磁调速阀；10-压力表

(1) 快上。当 2YA 通电阀 6 右位工作时,两泵油经阀 6、阀 7、阀 8 进入缸下腔,缸上腔油经阀 9 中电磁阀及阀 6 回油,活塞快速上行。

(2) 慢上。当 3YA 也通电时,缸上腔油须经阀 10 中调速阀回油,且系统承载压力升高,液控顺序阀 5 开启,使泵 1 卸荷,系统仅由泵 2 供油,压力由阀 3 调定,活塞以调速阀调节速度慢速上行。

若需在上行到位时停留,则可使 2YA 断电,阀 6 回中位,阀 7 可将缸下腔油路封住,活塞则不会因自重而下滑。

(3) 快下。当仅 1YA 通电时,阀 6 左位工作,两泵油经阀 9 中单向阀进入缸上腔,并使阀 7 开启,缸下腔油经阀 8 中顺序阀及阀 7、阀 6 回油,活塞下行。这时顺序阀实为背压阀。活塞行至原位,1YA 断电,使其原位停止。

(三) 比例阀

普通液压阀只能对液流的压力、流量进行定值控制,对液流的方向进行开关控制。而当工作机构的动作要求对其液压系统的压力、流量参数进行连续控制,或控制精度要求较高时,则不能满足要求。这时就需要用电液比例控制阀(简称比例阀)进行控制。

比例阀是在以下两种情况下产生的:一种是由电液伺服阀简化结构、降低精度发展而来;另一类是以比例电磁铁取代普通液压阀的手调装置或普通电磁铁而发展起来的,它是当今比例阀的主流,与普通液压阀可以互换。

比例阀由比例电磁铁和液压阀两部分组成。其液压阀部分与一般液压阀差别不大;而比例电磁铁与一般电磁铁不同,采用比例电磁铁可得到与给定电流成比例的位移输出和力输出。输入信号在通入比例电磁铁前,要经放大器处理和放大。放大器多制成插接式结构,与比例阀配套使用。比例阀按其控制的参量分为比例压力阀、比例流量阀和比例方向阀 3 大类。

1. 比例压力阀

用比例电磁铁取代溢流阀的手动调压装置,便得到比例溢流阀。比例溢流阀也分为直动式和先导式两类。图 9-14 所示为先导式比例溢流阀,该阀的右边为主阀,左边为比例先导阀。其中左边上部为比例电磁铁,左边下部为先导阀。

其工作原理是:当输入一个电信号时,比例电磁铁便产生一个相应的电磁力,它通过推杆和弹簧的作用,使锥阀芯抵靠在阀座上,因此打开锥阀芯的液压力(或开启压力)与电流成正比,连续改变电流的大小,溢流阀的开启压力便随之连续改变,形成连续控制或按比例控制油液压力的溢流阀。

图 9-15a) 为利用比例溢流阀调压的多级调压回路。改变输入电流 I,即可控制系统的工作压力。它比利用普通溢流阀的多级调压回路所用液压元件数量少,见图 9-15b),回路简单,且能对系统压力进行连续控制。电液比例溢流阀目前多用于液压压力机、注射机、轧板机等液压系统。

将比例溢流阀的先导阀取代普通先导式顺序阀、减压阀的先导阀,便得到先导式比例顺序阀和比例减压阀。这些阀均能随电流的变化连续地或按比例地控制油液的压力。

图 9-16 为利用比例减压阀的减压回路。它可通过改变输入电流的大小来改变减压阀出口的压力,即改变夹紧缸的工作压力,从而得到最佳夹紧效果。

2. 比例流量阀

用比例电磁铁取代节流阀或调速阀的手动调速装置,便成为比例节流阀或比例调速阀。它能用电信号控制油液流量,使其与压力和温度的变化无关。比例流量阀也分为直动式和先导式两种。受比例电磁铁推力的限制,直动式比例流量阀适用于通径不大于 10mm 的小规格阀。当通径大于 10mm 时,常采用先导式比例流量阀。它用小规格比例电磁铁带动小规格先导阀,再利用先导阀的输出放大作用来控制流量大的主节流阀或调速阀,因此能用于压力较高的大流量油路的控制。比例调速阀主要用于多工位加工机床、注射机、抛砂机等液压系统的多速控制。

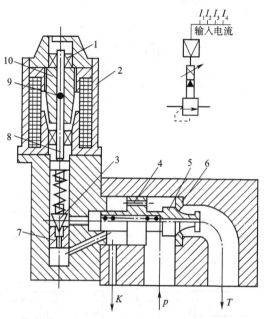

图 9-14 先导式比例溢流阀
1-轴承;2-比例电磁铁;3-先导阀芯;4-阻尼孔;5-主阀芯;6、7-阀座;8-推杆;9-销;10-衔铁

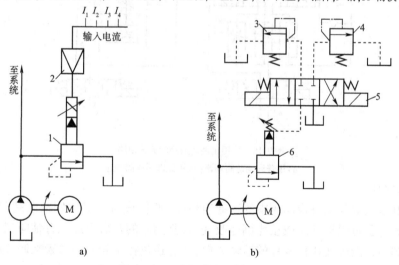

图 9-15 利用比例溢流阀的调压回路
a) 用比例溢流阀调压;b) 用普通溢流阀调压
1-比例溢流阀;2-电子放大器;3、4-溢流阀;5-换向阀;6-先导式溢流阀

图 9-17 为比例调速阀的结构和图形符号,它由调速阀与比例电磁铁组合而成。当有电信号输入时,比例电磁铁产生的电磁力通过推杆 4 推动节流阀芯 2 左移,使节流阀芯处于弹簧力与电磁力相平衡的位置上,并由此决定了节流口的开口大小。由于定差减压阀已保证了节流

阀前后的压力差为定值,所以一定的输入电流量对应一定的输出油液流量。

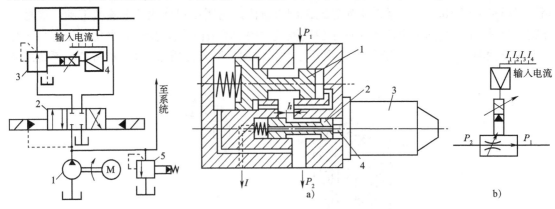

图9-16 利用比例减压阀的减压回路
1-泵;2-电液换向阀;3-比例减压阀;
4-电子放大器;5-溢流阀

图9-17 比例调速阀
1-减压阀阀芯;2-节流阀阀芯;3-比例电磁铁;4-推杆

图9-18b)为采用比例调速阀的调速回路。改变比例调速阀输入电流即可使液压缸获得所需要的运动速度。用该回路代替采用普通调速阀的转塔车床回转刀架纵向进给液压缸的调速回路,见图9-18a),不但减少了元件的数量,还可大大改善其性能,使装在转塔刀架上的每一把刀都可以得到理想的进给速度。

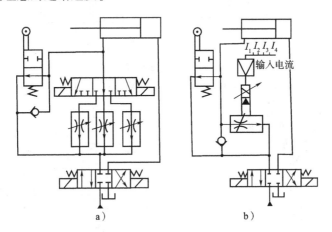

图9-18 采用比例调速阀的调速回路
a)用普通调速阀调速;b)用比例调速阀调速

3. 比例方向阀

用比例电磁铁取代电磁换向阀中的普通电磁铁,便构成直动式比例换向阀,如图9-19所示。其阀芯的行程可以连续地或按比例地改变,且其阀芯的台肩上加工有轴向三角槽,因而利用比例换向阀不仅能改变执行元件的运动方向,还能通过控制阀芯的位置来调节阀口的开度,所以实质上比例方向阀是兼有方向控制和流量控制两种功能的复合控制阀。

当流量较大时(阀的通径大于10mm),需采用先导式比例方向阀。例如,压力控制型先导比例方向阀、电反馈型先导比例方向阀等。此外,多个比例方向阀也能组成比例多路阀。

用比例溢流阀、比例节流阀等元件与变量叶片泵组合可构成比例复合叶片泵,使泵的输出压力和流量用电信号比例控制得到最佳值。用先导式比例方向阀与内装位移传感器的液压缸组合可构成比例复合缸,这种复合缸很容易实现活塞位移或速度的电气比例控制。

总之,采用比例阀既能提高液压系统性能参数及控制的适应性,又能明显地提高其控制的自动化程度。

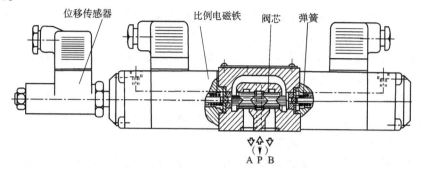

图 9-19 电反馈直动式比例换向阀

(四)液压伺服系统与液压伺服阀

液压伺服系统是一种采用液压控制元件和液压执行元件组合而成的自动控制系统。在这种系统中,执行元件的运动随着控制机构的信号改变而改变,因而伺服系统又称为随动系统或跟踪系统。由于它具有结构紧凑、尺寸小、质量轻、出力大、刚性好、响应快、精度高等优点,因而在国防、航空、船舶、冶金、化工、工程机械等行业中获得了广泛的应用。

1. 伺服系统的工作原理及特点

图 9-20 所示为一简单液压系统,用一个五通滑阀式换向阀控制液压缸去推动负载运动,液压缸采用活塞杆固定方式。当向右给阀芯一个位移输入量 x_i 时,滑阀移动产生一开口量 x_y,此时,压力油进入液压缸右腔(无杆腔),液压缸左腔(有杆腔)回油。在压力油的作用下,缸筒向右移动,一直到右终点为止。这是一个简单的换向回路。

如果将上述系统的换向阀阀体和缸筒固定连接成为一个整体,则构成一个简单的液压伺服系统,如图 9-21 所示。当阀芯 3 将 a、b 阀口都堵住时,液压缸的两个油腔都不能进油,因而处于静止状态。当给阀芯一个向右的位移输入量 x_i 时(图示位置),阀口 a、b 便产生一相应的开口量 x_y,此时压力油进入液压缸右腔,液压缸左腔回油,在压力油的作用下缸筒向右移动。由于缸筒与阀体是一个整体,缸筒右移的同时阀体也在右移,阀体右移势必导致阀芯开口量 x_y 减小,当阀芯开口量为 0 时,阀芯重又将阀口 a、b 关闭,液压缸停止运动,整个系统重又处于相对静止状态。此时,缸体的位移量与阀芯的位移量相等。若需液压缸继续向右运动,只需继续操纵阀芯 3 向右移动即可。如果操纵阀芯向左移动,也能得到相同的结论,即:若阀芯不动,

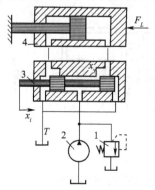

图 9-20 简单液压系统
1—溢流阀;2—液压泵;3—换向阀;4—液压缸

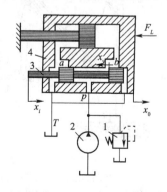

图 9-21 液压伺服系统原理图
1—溢流阀;2—液压泵;3—伺服阀;4—液压缸

则缸筒包括系统处于静止状态；若操纵阀芯移动，则缸筒随之移动，且移动的方向与阀芯相同；若阀芯移动的速度快，则缸筒的移动速度也快；若阀芯停止移动，缸筒在移动相应的位移后也随之停止移动，整个系统重又处于相对平衡状态。这就是液压伺服系统的工作原理。

通过上述分析，可以看出液压伺服系统具有以下特点：

(1) 液压伺服系统是一个位置跟踪系统或随动系统，即输出量(如缸筒的位移)能自动跟随输入量(如阀芯的位移)的变化而变化。

(2) 液压伺服系统是一个负反馈系统。系统的输出量之所以能跟随输入量变化，是因为两者之间有反馈联系(如缸筒与阀体固连在一起)，并且反馈的目的是减小和力图消除输出量与给定输入量之间的误差，这就是负反馈。

值得一提的是，在液压伺服系统中反馈的介质有机械、电气、液压、气动或它们的组合形式，图 9-21 所示系统的反馈介质是机械连接，因此称该系统为机械反馈式液压伺服系统。

(3) 液压伺服系统是一个有误差系统。输出量与输入量之间不存在误差时，系统就处于静止状态；若两者存在误差(如缸筒的位移小于阀芯的位移)，则系统就能工作，并且系统的工作总是力图减小两者的误差，但在其工作的任何时刻都不能完全消除这个误差。没有误差，伺服系统就不能工作。

(4) 液压伺服系统是一个功率放大系统。系统输出的力和功率远远大于系统输入的力和功率，功率放大所需的能量由液压能源提供。

2. 伺服阀

液压伺服系统中最重要、最基本的组成部分是液压伺服阀。液压伺服阀在液压伺服系统中起着信号转换、功率放大及反馈等控制作用。

根据反馈的方式不同，液压伺服阀分为机液伺服阀、电液伺服阀、液压数字阀等类型。其中机液伺服阀是以机械运动来控制液体压力和流量的伺服元件，按其结构不同，分为滑阀、转阀、射流管阀和喷嘴挡板阀等形式。在工程机械中应用最为广泛的是滑阀式伺服阀和转阀式伺服阀。

(1) 滑阀式伺服阀。图 9-22 是一种滑阀式伺服阀的结构原理图。这类机构在重型卡车及整体式车架的轮式工程机械上广泛采用。因其能大大减轻驾驶员的体力，所以又称为助力器。

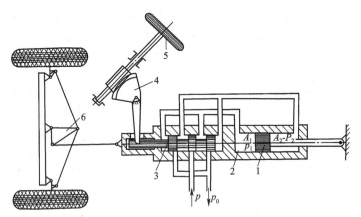

图 9-22 转向液压助力器
1-活塞；2-缸体；3-阀芯；4-齿扇和摆杆；5-转向盘；6-转向连杆机构

它主要由伺服滑阀和伺服缸两部分组成。伺服缸活塞 1 的右端通过铰销固定在车架上，伺服缸缸体 2 和伺服阀的阀体连为一体，形成机械式反馈。转向盘 5 通过齿扇和摆杆 4 控制阀芯 3 的移动。当缸体 2 前后移动时，通过转向连杆机构 6 等控制车轮偏转，从而操纵车轮偏转。具体工作过程分析如下：

①当阀芯 3 处于图示位置时，伺服阀各阀口均关闭，缸体 2 固定不动，车辆保持直线行驶状态。由于伺服阀采用负开口的形式（即阀芯台肩的宽度大于阀体内腔沉割槽的宽度），故可以防止引起不必要的扰动。

②若逆时针转动转向盘，通过转向器及摆杆 4 带动阀芯 3 向右移动，伺服缸中无杆腔的压力 p_1 减小，有杆腔的压力 p_2 增大，在液压力的作用下缸体也向右移动，带动转向连杆 6 逆时针转向转动，使车轮向左偏转，实现左转弯；与此同时，伺服缸缸体与伺服阀阀体同时向右移动，实现机械式反馈，使伺服阀的阀芯与阀体重新恢复到平衡位置。因此，只有不断转动转向盘，才能使车轮不断地偏转。使车轮偏转的力是由液压力提供的，而转动转向盘的力仅需克服伺服阀阀芯移动时的阻力，因此操纵很轻便。反之，若顺时针转动转向盘，可实现右转弯。

为增强驾驶员在操纵转向盘时的"路感"，在伺服阀阀体的两端设有两个油腔，分别与液压缸前后腔相通（见图 9-22），这时移动阀芯时所需的力就和液压缸的两腔压力差（$\Delta p = p_1 - p_2$）基本成正比，因而具有真实感。

(2) 转阀式伺服阀。大型推土机工作装置液压系统的流量大，压力高，操纵多路换向阀所需的操纵力也大。为减轻驾驶员的劳动强度，设置有转阀式伺服阀，用来控制推土铲提升阀、倾斜阀以及松土器提升阀，以操纵推土铲和松土器的各种动作。由于每一个液压伺服系统的工作原理相同，因此这里仅以铲刀升降伺服系统为例，介绍其工作原理。推土机铲刀升降液压伺服系统如图 9-23 所示，它由转阀式伺服阀 1、伺服油缸 2、杠杆 3 和铲刀提升阀 4 等元件组成。

其转阀式伺服阀的工作原理如图 9-24 所示。转阀芯 2 装在阀套 1 内，与阀套形成 A、B、C 等油腔，阀套通过 C、D、E 油口分别与伺服油缸 3 的无杆腔、有杆腔及油箱相连；阀套与伺服油缸的活塞杆铰接，与阀套铰接的连杆 6 与铲刀提升阀阀芯相连，操纵手柄 4 与阀芯 2 固定连接，与机架固接的两根刚度、自由长度完全相同的拉伸弹簧 5 相连。

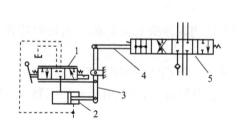

图 9-23 推土机铲刀升降伺服系统原理图
1-伺服阀；2-伺服油缸；3-杠杆；4-连杆；5-铲刀提升阀

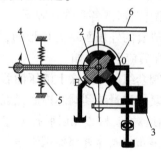

图 9-24 转阀式伺服阀工作原理
1-阀套；2-阀芯；3-伺服油缸；4-操纵手柄；5-弹簧；6-连杆

当不操纵时，手柄 4 在弹簧作用下保持原位，转阀芯 2 与阀套也保持相对平衡的位置，A、C 油腔因阀芯台肩与阀套内腔的配合而封闭（图示位置）。油泵提供的压力油经伺服油缸的有杆腔自 D 口进入 A 腔后，A 腔左右两部分压力相等，所以阀芯不会转动；伺服油缸因无杆腔被 C 腔封闭而处于锁止状态，故其活塞不会移动，所以连杆 6 也就保持不动，被连杆控制的铲刀提升阀也就不动。

当向上扳动操纵手柄 4 使阀芯 2 顺时针转动一个角度时，A 腔上部仍被阀芯台肩封闭，下部与C腔连通,于是压力油经伺服油缸有杆腔、D口、A腔、C腔进入伺服油缸的无杆腔,伺服油缸此时是差动连接,其活塞左移,活塞杆通过铰接点带动阀套顺时针转动,阀套通过连杆6推动铲刀提升阀阀芯向右移动。阀套转动到C腔重新封闭为止,此时阀套和阀芯又重新回到相对平衡的保持位置。继续操纵手柄4顺时针转动,则连杆6将继续推动铲刀提升阀阀芯向右移动。

当扳动操纵手柄4使其逆时针转动时,伺服阀内A腔处于封闭状态,伺服油缸的有杆腔仍充满压力油;而无杆腔的油液可通过C腔、B腔、E油口流回油箱。于是活塞右移,通过铰接点带动阀套1逆时针转动,拉动连杆6带动铲刀提升阀阀芯向左移动。当阀套与阀芯重新处于相对平衡的位置时,活塞停止不动。

值得一提的是,如果油路系统发生故障,那么操纵手柄时,靠阀芯A处的凸起部分照样可以把阀套1带动,只不过操纵力大一些而已。

三、任务实施

任务实施1 插装阀拆装训练

1. 插装阀拆卸

对照图9-1,先用内六角扳手旋出控制盖板与阀体的连接螺栓,取下控制盖板和弹簧,然后用铜棒轻轻顶出阀套和阀芯。拆卸时注意不要损坏阀套上的O形圈。

2. 分析主要零部件的结构和作用

控制盖板上有控制油道与阀体的控制油道连通。

阀芯的外圆柱面与阀套的内圆柱面配合,阀芯的外圆锥面与阀套的内圆锥面的锥度略有不同,便于形成密封环带;阀套外部的两个台肩上各有一个环槽,装上O形圈后保证阀套与阀体之间的密封。阀套上有外接油口A、B以及控制油口K。

复位弹簧较软,装配时受到一定的预紧力,保证阀芯落在阀座上。

3. 插装阀装配

(1)装配前,清洗各零件并晾干。

(2)在滑套的外表面装上O形圈,并在滑套的内表面涂上液压油,然后将阀芯装到阀套里面,阀芯装配后应运动自如。

(3)将阀套组件外部涂上液压油后装到阀体中,装配时小心别损坏O形圈。

(4)将复位弹簧装到阀芯内腔,然后盖上控制盖板,注意控制盖板上的控制油道要与阀体上的控制油道对准,检查无误后拧上连接螺栓。

(5)用擦布将阀体外部擦拭干净。

(6)收拾工具,并清洁工作台面。

任务实施2 叠加式溢流阀拆装

叠加式溢流阀的拆装步骤与普通溢流阀基本相同。在拆装过程中,注意观察其结构与普通溢流阀结构上的区别。叠加阀的阀体为板式结构,与普通阀的阀体只有一个安装面不同,叠加阀的阀体上下两个面都是安装面,并且阀体上油道的位置都已标准化,以保证它在与其他阀叠加时其油道能直接对准,因而可以省略连接的油管。各种不同的叠加阀叠加在一起形成阀块总成,使整个液压系统结构紧凑,便于在机械上布置。

任务实施3 比例阀拆装

比例阀的液压阀部分与普通电磁阀阀相同,因而拆装方法和步骤也完全相同。区别在于比例电磁铁的结构较普通电磁铁结构复杂。比例电磁铁一般不可拆卸。

任务实施4　伺服阀拆装

选择履带式推土机主离合器操纵机构中的液压助力器(图9-25)进行拆装训练。

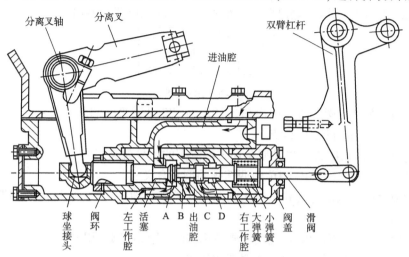

图9-25　液压助力器

1．拆卸步骤

(1)拆卸滑阀与双臂杠杆的连接钢片。

(2)拆卸左边阀盖,取下分离叉与活塞的球铰接头。

(3)拆卸右边阀盖,滑阀及弹簧也一起抽出。

(4)将异形活塞从阀体右边取出。

2．分析主要零件的结构和作用

异形活塞通过外部3个台肩与阀体配合,形成伺服油缸;其左端通过球铰接头与分离叉铰接,它可以在阀体内左右移动。同时,异形活塞通过内部5个台肩与4个台肩的滑阀配合,形成伺服滑阀;滑阀通过连接钢片、双臂杠杆等杠杆机构与离合器操纵杆连接。滑阀上的大、小两根弹簧可以保证滑阀与异形活塞处于平衡位置(注意弹簧的安装方式)。

阀体内有进油腔,阀体与活塞之间组成一个回油腔与左、右两个工作腔,他们都是环形油腔。在活塞内孔中有4个带径向孔的内环槽,滑阀中部有两个台肩和3个直径较小的沉割槽,4个内环槽的两侧和滑阀分别形成4个压力油的流动通道A、B、C和D。当滑阀在活塞内移动时,由于两者所处的相对位置不同,分别启闭上述4个通道,从而改变了油流通路。

3．装配

(1)装配前,清洗各零件并晾干。

(2)在阀体内腔和异形活塞外部涂抹一层机油后,将异形活塞从右边装入阀体中。

(3)将小弹簧、弹簧座、阀盖从滑阀右边套入,并将弹簧座用卡环定位,再将大弹簧从滑阀左边套入,然后将滑阀台肩表面涂抹一层机油后连同弹簧一起插入到异形活塞中,安装到位后带紧连接螺栓。

(4)从阀体左端安装球座接头,安装左边端盖。

(5)安装滑阀与双臂杠杆的连接钢片。

(6)将阀体外部擦拭干净。

(7)清点工具,清洁工作台面。

四、思考与练习

9-1　试说明插装阀的工作原理和特点。

9-2　试画出用插装式锥阀实现图9-26所示机能的三位四通换向阀。

图9-26　题9-2图

9-3　试用插装阀的图形符号画出图3-29所示Y2型溢流阀的图形符号。

9-4　试说明叠加阀的主要特点。

9-5　说明Y_1-F-10D-P/T先导型叠加式溢流阀的型号含义。

9-6　说明QA-F6/10D-BU型单向调速阀的型号含义。

9-7　试说明比例阀压力阀和电液比例调速阀的工作原理,与普通压力阀和调速阀相比,它们有何优点?

9-8　为何说比例换向阀既可当换向阀使用,又可当调速阀使用?

9-9　试说明液压伺服系统的工作原理和特点。

9-10　试分析图9-25所示液压助力器的工作原理。

项目四

液压泵和液压马达检修

和液压缸、液压控制阀相比,液压泵和液压马达具有结构复杂、功能简单的特点。结构复杂体现在液压泵或液压马达上具有较复杂的流量控制机构和散热等辅助装置,这些机构或装置实际上是由一些控制阀(包括伺服阀)和控制油缸等组成的,其功能简单体现在:液压泵是液压系统的动力元件,其作用是向液压系统输出压力油;液压马达是液压系统的执行元件,其作用是在压力油的推动下做回转运动,输出力矩和转速,带动工作机构工作。

本质上讲液压泵和液压马达都是能量转换装置,在学习"任务一"时我们就已经了解到:液压泵必须由原动机(电动机或柴油机)驱动,将输入的旋转形式的机械能转换为液体的压力能;液压马达再将液体的压力能还原为旋转运动形式的机械能。因此,液压泵和液压马达的作用相反,在理论上讲是可逆的,即只要改变工作条件,液压泵就能作液压马达使用。但实际上只有部分液压泵可以直接作为液压马达使用,大多数液压泵和液压马达是不能通用的。因此,液压泵和液压马达由于使用目的不同,只是在结构上相似。

液压系统中使用的都是依靠密闭容积变化来工作的"容积式"液压泵,按其结构形式的不同,可分为齿轮泵、叶片泵、柱塞泵、螺杆泵等;按其工作压力的高低分为低压泵、中压泵、中高压泵和高压泵等;按其输出流量是否可以调节,分为定量泵和变量泵;按其输出油液的方向,分为单向泵和双向泵;按其配油的方式(吸油、压油的方式),分为配油阀式、配油盘式和配油轴式。

液压马达也可按照液压泵的分类标准进行分类,但因其输出的是旋转形式的机械能,所以还可按照输出的转速和转矩分为高速小转矩马达、中速中转矩马达和低速大转矩马达。为便于与液压泵进行对比学习,本书采用按照结构形式的分类方法,将液压马达分为齿轮马达、叶片马达、柱塞马达和螺杆马达等形式。

本项目主要学习内容包括液压泵和液压马达的类型、典型结构、工作原理和常见故障模式,拟通过以下 4 个任务训练学生拆装、调试、检修液压泵和液压马达的技能。

任务 10 齿轮泵检修;

任务 11 叶片泵检修;

任务 12 柱塞泵检修;

任务 13 液压马达检修。

任务10　齿轮泵检修

> **教学目标**
>
> **1. 知识目标**
> (1) 了解齿轮泵的类型和特点；
> (2) 掌握齿轮泵的工作原理和结构特点；
> (3) 理解齿轮泵性能参数。
>
> **2. 能力目标**
> (1) 能够正确拆装、调试齿轮泵；
> (2) 能够排除齿轮泵的常见故障。

一、任务引入

齿轮泵是一种应用极为广泛的液压泵。它的主要优点是：结构简单，零件少，体积小，质量轻，制造、维修方便，且价格低廉；自吸性能好；转速范围宽，虽然常用转速在1500r/min 左右，但在转速低至300~400r/min 以下，或者高至5000r/min 以上时，仍能可靠地工作；对液压油的污染不敏感，工作过程中不易咬毛或卡死，可输送高黏度的油液。因此，在工程机械中的应用非常广泛。

齿轮泵的缺点是流量和压力脉动较大；排量不可调节，高温时效率较低，噪声较大。这使得齿轮泵在中高端工程机械产品中的应用受到限制。

本任务通过拆装齿轮泵，熟悉齿轮泵的结构形式，加深对其结构特点和工作原理的理解，掌握检修齿轮泵的基本方法。

所需实训器材：各种类型齿轮泵。

所需工具：液压拆装实训台，内六角扳手、固定扳手、螺丝刀等钳工常用工具。

二、相关知识

齿轮泵是利用一对齿轮的啮合来完成吸油和压油工作的。按照齿轮的啮合方式分为外啮合和内啮合两大类；按照同一根泵轴驱动的齿轮泵数量分为单级泵、双联泵和多联泵3类；此外还可按照工作压力分为低压泵、中压泵、中高压泵和高压泵。其中外啮合齿轮泵最为常见。

（一）外啮合齿轮泵

1. 外啮合齿轮泵的工作原理

外啮合齿轮泵的工作原理如图10-1所示。两个相互啮合的齿轮装在泵体内，前后均有泵盖密封（图中未画出），将泵体内腔分隔成左、右两个由主、从动齿轮及泵壳组成的大油腔及齿槽与泵壳内壁形成的小油腔，两个大油腔靠齿轮的啮合线隔开。当齿轮按图示方向旋转时，右侧轮齿逐渐脱开啮合，右侧大油腔的容积逐步增大，同时大油腔中的油液被小油腔不断带离，这就使大油腔形成局部真空。在外界大气压的作用下，通过与外接油口连接的油管从油箱吸油，这就是吸油过程。右侧大油腔也因此称为吸油腔，与之对应的外接油口称为吸油口。与此同时，左侧的齿轮不断进入啮合，使左侧的大油腔容积不断减少，同时小油腔又不断将油液带来,这就使左侧大油腔的压力不断上升,由于油液几乎不具有压缩性,因此油液就会通过泵体的外接油口不断被"压出"左侧大油腔进入液压系统,这就是压油过程。左侧大油腔因此称为压油腔,与之对应的外接油口称为压油口。泵轴不停地转动,油箱中的油就源源不断地被泵送入液压系统。

2. 外啮合齿轮泵结构上的3大共性问题

齿轮泵在结构上存在一些致命的缺陷,如困油现象、径向力不平衡、内部泄漏、压力及流量脉动等,这些缺陷使它只能用于低压系统或作为高压系统的辅助泵使用。下面主要分析齿轮泵结构上的3大共性问题,并介绍目前的一些应对解决措施。

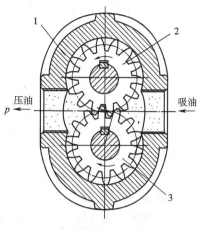

图10-1 外啮合齿轮泵的工作原理图
1-泵体;2-主动齿轮;3-从动齿轮

(1)困油现象。齿轮泵的吸、压油腔必须隔开,否则就会相互窜油,不能正常工作。这就要求两个啮合齿轮的重叠系数 $\varepsilon > 1$,并且重叠系数越大,齿轮泵的运转就会越平稳。而重叠系数大于1会出现前一对轮齿尚未脱离,后一对轮齿已进入啮合的情况,这样就会在两对轮齿之间形成一个封闭的容积(称为闭死容积),留在两齿间的油液就困在闭死容积之中,如图10-2a)所示。随着齿轮的转动,闭死容积会逐步变小,当齿轮转动到两个啮合点 A、B 处于节点 P 对称的位置时,见图10-2b),闭死容积最小。齿轮继续转动,闭死容积又会逐步增大,到前一对齿轮将要脱离啮合时,闭死容积达到最大,见图10-2c)。在闭死容积减小时,被困油液受到挤压,压力急剧上升,高压油将从零件结合面的缝隙中强行挤出,使齿轮和轴承受到很大的径向压力和冲击载荷,并伴随振动和哨叫等噪声;当闭死容积增大时,又产生局部真空,使溶于油液中的空气分离出来,油液在蒸发汽化,致使产生气泡甚至气蚀,使流量不均匀并产生很大噪声。这种现象叫困油现象。

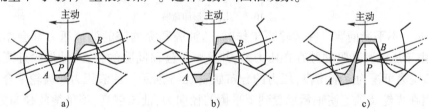

图10-2 齿轮泵的困油现象

困油现象会使齿轮泵不能正常平稳地工作,因此十分有害。解决的措施是在与齿轮端面接触的泵盖或侧板、轴套上开设卸荷槽,如图10-3所示。

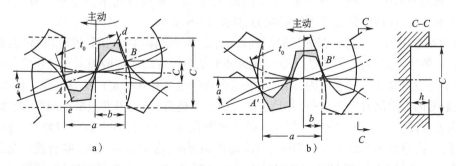

图10-3 齿轮泵的矩形卸荷槽

在图 10-3a)中,矩形卸荷槽(虚线框)对称布置,当闭死容积在由大到小变化时,通过卸荷槽与压油腔相通,避免压力急剧升高;当闭死容积由小到大变化时,通过卸荷槽与吸油腔相通,避免气穴现象。两个卸荷槽之间应保持适当的距离。

进一步分析闭死容积的形状可以发现,闭死容积由上、下两个部分组成,这两个部分通过两个齿轮间狭窄的通道相连,在齿轮转动时其容积大小也是交替变化的。由于齿轮泵的旋转速度一般在 1500r/min 左右,闭死容积变化的频率更高(变化的频率等于齿数乘以转速),具有一定黏度的油液在这么短的时间内很难顺利流动,因此,即使闭死容积由小到大变化,其该部分的容积也是逐步减小的,还是会给齿轮和轴承造成较大的冲击。所以,如果使卸荷槽的位置向吸油腔一侧偏移一段距离,泵的噪声会明显下降,困油现象会得到更大的改善。如图10-3b)所示。目前,大多数齿轮泵采用非对称卸荷槽,齿轮马达因为需要正、反转,所以还是采用对称卸荷槽。值得一提的是,采用非对称卸荷槽后,齿轮泵不能反转,否则反转时性能会很差。

矩形卸荷槽形状简单,加工容易,基本上能满足使困油卸荷的使用要求。但是闭死容积与泵的吸、压油腔通道仍不够通畅,困油现象造成的压力脉动还部分地存在,而采用图10-4所示的几种异形困油卸荷槽,则能使困油及时顺利地导出,对改善齿轮泵的困油现象效果更好。

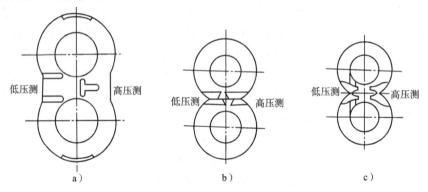

图 10-4 几种异形卸荷槽

(2)径向力不平衡问题。在齿轮泵工作时,压油腔和吸油腔的油液压力都会作用在齿轮和泵轴上,由于压油腔和吸油腔存在压力差,并且由于齿顶间隙的存在,沿齿轮外圆从吸油腔到压油腔的压力可视为逐渐增高,压力的分布如图10-5所示。油液压力及齿轮啮合力产生的合力 F 作用在齿轮及轴上使轴承承受到不平衡的径向力,油压越高,不平衡的径向力越大,甚至使泵轴弯曲,这是造成泵轴振动、早期磨损的重要原因,也是限制齿轮泵压力升高的另一个重要原因。

为了减小齿轮泵径向不平衡力,通常采取的措施是缩小压油口的办法,使压力油径向作用于齿轮上的面积减小,一般仅作用 1~2 个齿的距离,如 CB 型齿轮泵。另一个有效方法是采用扫膛技术,扩大压油区包角来平衡径向力,如图10-6所示。

(3)内部泄漏问题。为了保证齿轮顺利转动,齿顶与泵体内腔之间、齿轮端面(齿侧)与泵盖之间必须预留一定间隙,但这些间隙会导致油液从高压区的压油腔泄漏至低压区的吸油腔。此外,由于制造误差和装配等原因,两齿轮的啮合线处也会存在一定的泄漏现象。因此总体来说,齿轮泵的内部泄漏有 3 条途径,并且出油腔的压力越高,泵的内部泄漏就越严重,这是限制齿轮泵压力升高的一个重要原因。但这 3 处的泄漏量是不同的,其中齿侧与泵盖之间的端面泄漏量最大,占总泄漏量的 75%~80%;其次是齿顶泄漏,占 15%~20%;啮合线泄漏最少,一般不足 5%。因为齿轮端面与泵盖之间是平面运动副,接触面大,泄漏距离短,故泄漏量最多;

而随着齿轮加工设备和加工方法的改善,制造精度不断提高,故啮合线处的泄漏最少。

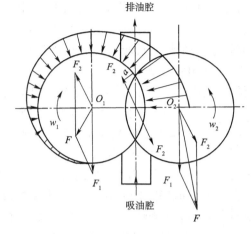
图 10-5　齿轮泵径向受力简图

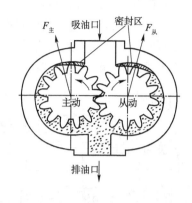
图 10-6　扫膛与密封状态

要想提高齿轮泵的工作压力,必须减小其内部泄漏问题。解决的途径主要有两个途径,一是减小泄漏间隙;二是减小泄漏间隙两端的压力差。目前针对端面泄漏主要采用浮动轴套、浮动侧板、弹性侧板等自动补偿装置和二次密封结构减少泄漏;针对齿顶径向泄漏主要采用。径向密封块减少径向泄漏。另外,前面介绍的扫膛技术也能起到减少齿顶径向泄漏的作用。

3. 外啮合齿轮泵的典型结构

近年来,许多国家的科研机构和生产厂家开展了对齿轮泵的研制和开发工作,齿轮泵的性能得到了很大提高,其应用范围也得到了相当大的拓展。国产齿轮泵现有 CB、CB-B、CB-G、CB-A、CB-N、CB-Z 等20多种(不含军工产品型号)。其中CB-B型为低压泵,其余为中压泵或中高压泵。

(1) CB-B型齿轮泵。CB-B型齿轮泵是我国最基本最典型的外啮合齿轮泵,属低压系列,其结构如图10-7所示。它为3片式结构,3片是指前、后泵盖和中间泵体,三者通过6根螺钉和2个定位销连接成一个整体,组成了泵的外壳。泵壳内装有一对相互啮合且齿数、模数和宽度完全相等的齿轮,将泵壳内腔分隔成左、右两个油腔,在泵体7上开有两个外接油口分别与

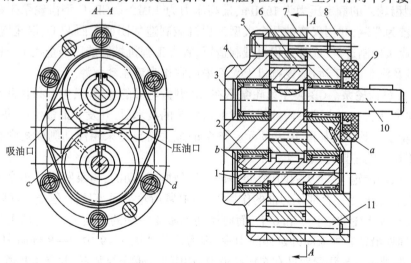

图 10-7　CB-B型齿轮泵的结构

1-从动轴;2-滚针轴承;3-堵盖;4-后泵盖;5-螺钉;6-齿轮;7-泵体;8-前泵盖;9-密封圈;10-主动轴;11-定位销

两个油腔连通。两个齿轮分别通过平键或其他连接方式与主、从动轴固定连接,其中主动轴伸出前泵盖外,由电动机、柴油机或其他原动机械驱动旋转。为保证转动灵活,齿轮端面与前、后泵盖之间的间隙为0.025~0.04mm,齿顶与泵体内壁之间的间隙一般为0.13~0.26mm。在前泵盖8上装有压套,压套内嵌装密封圈9,可防止主动轴10旋转时油液向外甩出。CB-B型齿轮泵的端面间隙磨损后不能补偿,故只能用于2.5MPa的低压系统。

(2) CB-G型齿轮泵。CB-G型齿轮泵的结构如图10-8所示,该泵的主要结构特点有:

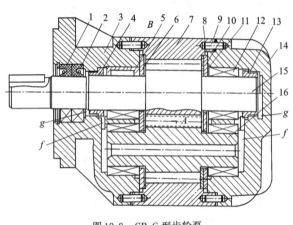

图10-8 CB-G型齿轮泵
1、2—密封圈;3—前泵盖;4、13—密封环;5、8—O型圈;6—前侧板;7—泵体;9—定位销;11—后侧板;12—滚柱轴承;14—后泵盖;15—主动齿轮;16—从动齿轮

①采用3片式结构。该泵的前泵盖3、泵体7和后泵盖14组合成密封包容空间,拆装方便。

②采用固定式侧板。该泵前侧板6和后侧板11分别被前泵盖3和后泵盖14压紧贴合在泵体7的内孔前、后端面上,轴向没有间隙,无法窜动。侧板材料多为8号钢,钢背上烧结青铜材料或高锡铝合金材料。采用固定侧板虽然容积效率要低一些,但使用时磨耗小而工作可靠。

③采用二次密封结构。该泵在主动齿轮15的前、后轴颈处各放置了一个烧铸铝锡青铜的密封环4和13,形成二次密封。前侧板6与密封环4在高低压油腔之间形成封闭腔f,由于密封环与轴颈之间间隙产生节流阻尼作用,使齿轮泵内部轴向间隙泄漏到封闭腔f的油产生一定压力,使得压油腔与封闭腔f之间的间隙大大减少,使该泵的端面泄漏显著减少。这种密封结构本质上属于间隙式密封。

④采用滚柱轴承。该泵没有采取对径向力卸荷的措施,因而齿轮轴上承受的径向力较大,为保证齿轮泵的使用寿命,故采用了承载能力较大的滚柱轴承。

CB-G型齿轮泵的额定压力为16MPa,最高压力为20MPa。CB-G型齿轮泵工程机械液压系统中应用较为普遍,我国仅有的几个大型工程机械制造集团如广西柳工、福建厦工、江苏徐工及常州林业机械制造厂、成都工程机械制造厂、宜春工程机械制造厂等企业生产的中小型装载机、推土机及汽车吊、铲运机、挖掘机上大都采用它作为液压动力源。

(3) CB-A型齿轮泵。CB-A型齿轮泵是在CB型齿轮泵的基础上,生产条件几乎不变的情况下,采用中国专利——中部轴向补偿密封的齿轮泵的技术后,开发并批量生产的一种高压浮动侧板式齿轮泵。其结构如图10-9所示。该泵的最大特点是采用浮动侧板式中部轴向补偿密封结构,该技术的主要特点在于:

①在主、从动齿轮10和9的两侧均装有一只可轴向浮动的、与泵腔形状吻合的8字形浮动侧板4。此浮动侧板在背部压力油的作用下,可靠紧齿轮端面,起到补偿端面间隙的作用。

②在主、从动齿轮的轴套1和6上,面向浮动侧板4一端的端面上,开有从上到下两只轴套的中心对称处沿轴套外缘向外延伸的沟槽,沟槽形状如图10-9中B—B剖面中所示的呈3字形,3字形沟槽内装有装配后具有充压腔道Q作用的U形密封装置,此充压腔道与高压区压油腔Q连通。

③3字形密封结构自铅垂线由高压侧向低压侧对称延伸各一个α角度,可以减少对轴和轴承的径向不平衡力。

CB-A 型齿轮泵将 CB 型齿轮泵的额定压力从 10MPa 提高到 20MPa,最高压力达到 25MPa,广泛适用于环境恶劣的各类工程机械、建筑机械、起重运输机械和矿山机械等。

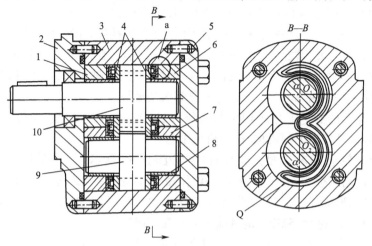

图 10-9　CB-A 型齿轮泵

1-轴套;2-前泵盖;3-泵体;4-浮动侧板;5-后泵盖;6、7-轴套;8-DU 轴套;9-从动齿轮;10-主动齿轮

(4) CB-N 型齿轮泵。CB-N 型齿轮泵是我国自行设计、自主开发的中小流量高压外啮合齿轮泵,曾获国家唯一银质奖,被列为我国重点发展的首批 A 类产品。其结构如图 10-10 所示。该泵的主要结构特点是:

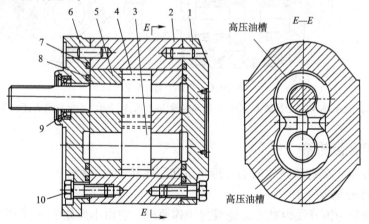

图 10-10　CB-N 型齿轮泵

1-后泵盖;2-泵体;3-从动齿轮;4-主动齿轮轴;5-浮动轴套;6-前泵盖;7、8-密封圈;9-油封;10-螺栓

①采用 3 片式结构。

②采用整体双浮动轴套。图中的轴套 5 是浮动安装的,靠近泵盖一侧引入压油腔的压力油,在压力油作用下两个轴套自动压紧齿轮端面,使轴向间隙得到补偿。美国威格士公司在 20 世纪 90 年代的齿轮泵产品中,也改用了我国 CB-N 型齿轮泵的整体双浮动轴套技术。

③采用扫膛技术扩大压油区,减小径向不平衡力。在 CB-N 型齿轮泵组装试运转时,直接由齿轮齿顶在压力油作用下对泵壳吸油口两侧进行挤压刮削,周向刮削扫膛的长度为 2~3 个齿,刮削深度铝合金泵体通常为 0.03~0.06mm,铸铁泵体通常在 0.02mm 以下,这种称为跑合

时的精加工将形成一段几乎没有间隙的密封区,不但减小了径向泄漏,并且可以将齿顶其余部分的间隙适当放大而将高压油引入,这样在很大的扇形径向间隙区域内,压力都是压油区的压力,齿轮轴上相当一部分径向力得到了平衡。

④采用 SF-1 型自润轴承。针对轴承容易磨损的问题,CB-N 型齿轮泵采用我国自行研制的 SF 型复合材料。SF 复合材料以钢板为基体,以青铜丝网为中间层,以塑料为表面层,巧妙地将 3 种材料组合为一体,充分发挥了钢材的刚性好和塑料自润滑性优异的长处,具有十分理想的耐疲劳、承载能力大、摩擦系数低和使用寿命长等优点,在性能上优于英国格纳西尔公司的 DU、DX 材料。CB-N 型齿轮泵采用 SF 型复合材料制成的轴承后,压力等级从 16MPa 升高到 25MPa,转速高达 3000r/min 以上,运行情况都很是理想。

CB-N 型齿轮泵的额定压力 20MPa,最高压力 25MPa,广泛用于拖拉机等农业机械,并与叉车、装载机、压路机等各类工程机械、矿山机械配套。

⑤CB-Z_2 型齿轮泵。CB-Z_2 型齿轮泵的结构如图 10-11 所示。该泵的最大特点是采用双向补偿结构,其中浮动侧板 7 起着轴向间隙补偿作用,径向密封块 12 起径向间隙跟踪补偿作用。这种双向补偿结构形成高压密封,使齿轮泵的压力大为提高。CB-Z_2 型齿轮泵的额定压力为 25.5MPa,最高压力达到 31.5MPa,是目前压力最高的齿轮泵。

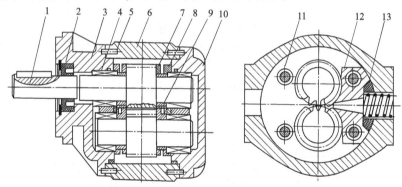

图 10-11　CB-Z_2 型齿轮泵

1-泵轴;2-油封;3-前泵盖;4-轴承;5-定位销;6-泵体;7-浮动侧板;8-垫板;9-支承套;10-后泵盖;11-螺栓;12-径向密封块;13-密封圈

(二) 内啮合齿轮泵

内啮合齿轮泵主要有渐开线内啮合齿轮泵和摆线转子泵两种。

1. 渐开线内啮合齿轮泵

图 10-12 所示为渐开线内啮合齿轮泵的工作原理。它由小齿轮 1、内齿环 3 和月牙形隔板 2 等组成。当小齿轮按图示方向绕其中心 O_1 旋转时,内齿环被驱动,绕其中心 O_2 旋转,在图的左下半部轮齿脱开啮合,由内轮齿、外轮齿、月牙板端部及两端配油盘组成的密闭油腔的容积由小变大,其内油压降低,通过配油盘上的吸油槽从油箱中吸油。进入齿槽的油被带到压油腔。在图的右下半部,轮齿进入啮合,齿间密闭油腔的容积由大减小,其内油压升高,并通过配油盘上的压油槽压入液压系统,即压油。月牙形隔板 2 在内齿环和小齿轮之间将吸油腔和压油腔隔开。

与外啮合齿轮泵相比,月牙形隔板式内啮合齿轮泵齿轮的啮合长度较长,因此工作平稳,泵的吸油区大,流速低,吸入性能好。它的显著特点是流量脉动很小(仅为外啮合齿轮泵的 1/10～1/20),此外,这种泵的困油现象轻,噪声较小。

渐开线内啮合齿轮泵也可以采用端面间隙自动补偿结构,减少其内泄量和提高工作压力。

现在高压渐开线内啮合齿轮泵的最高工作压力已达到32MPa。

2. 摆线转子泵

摆线转子泵如图10-13所示,主要由内转子、外转子、两配油盘(图中未画出)、传动轴和泵体组成。其中内转子比外转子少一个轮齿(内转子有4齿、6齿、8齿或10齿等几种,图中的内转子是6个外齿,外转子是7个内齿),内、外转子啮合时齿槽与齿顶之间形成密闭容腔,密闭工作容腔数为外转子的齿数。工作时,泵轴驱动内转子旋转,内转子带动外转子旋转。当内转子按图示逆时针方向旋转时,图中左半部轮齿逐渐脱离啮合,密闭容腔容积增大,其内压力降低,通过配油盘上的吸油窗口从油箱吸油,并随着内转子的转动将油带到压油腔;右半部轮齿则逐渐进入啮合,密闭容腔容积减小,其内压力升高,通过配油盘上的压油窗口将压力油挤入液压系统。

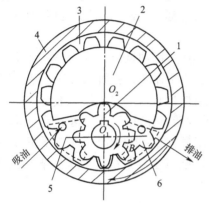
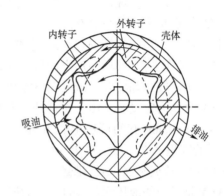

图10-12 渐开线内啮合齿轮泵
1-小齿轮;2-月牙形隔板;3-内齿环;4-泵体;5-吸油腔;6-压油腔

图10-13 摆线转子泵

相比外啮合齿轮泵和渐开线内啮合齿轮泵,摆线转子泵的结构更加简单,尺寸更小,而且啮合的重叠系数大,传动平稳,自吸性能更好,其转速为1000~4500r/min。其缺点是高压低速时容积效率较低,所以这种泵一般用于低压系统,作为补油泵和润滑泵使用(如柴油机的机油泵或机床、飞机的润滑油泵),或者用于大、中型车辆和工程机械的转向液压系统。摆线转子泵的额定压力一般为2.5MPa、4MPa,采用端面间隙补偿结构后,其工作压力可达16MPa。

(三) 螺杆泵

螺杆泵实质上是一种外啮合的摆线齿轮泵。按螺杆的根,螺杆泵可以分为单螺杆泵、双螺杆泵、三螺杆泵和多螺杆泵。常用的是双螺杆泵和三螺杆泵。图10-14所示为三螺杆泵的结构简图。

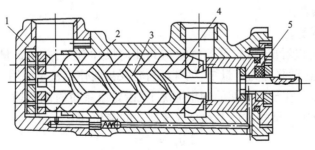

图10-14 三螺杆泵的结构简图
1-后盖;2-壳体;3-主动螺杆;4-从动螺杆;5-前盖

在壳体中有3根轴线平行的螺杆,中间的螺杆为凸螺杆,在它的两边各有一根凹螺杆与之啮合。啮合线将螺旋槽分成若干个密封油腔。当中间的主动螺杆按图示方向带动从动螺杆转动时,被密封的油腔带动其内的油液沿轴向向右移动。泵左端密封油腔的容积由小逐渐增大,其内压力降低,从油箱中吸油;泵右端密封油腔的容积由大逐渐减小,压力升高,将压力油压入液压系统,实现压油。主动螺杆每转一周,各密封油腔就带其内的液体移动一个导程。主动螺杆连续转动,泵就连续向液压系统供油。

主动螺杆因为要传递转矩,所以都采用刚度较大的凸螺杆,并且大多为右旋,螺纹线数为2。从动螺杆不需要传递转矩,因而采用凹螺杆,螺纹线数为2,左旋。凸螺杆和凹螺杆是一对互相啮合的共轭螺杆,凸螺杆的齿廓为摆线齿形,凹螺杆的齿廓为长摆线齿形,每根螺杆的横截面都是一个摆线齿。螺杆泵的螺杆直径越大,螺旋槽越深,排量就越大;螺杆越长,吸、压油口间的密封层次越多,密封就越好。

螺杆泵依靠旋转的螺杆输送油液,它在工作中不产生困油现象,流量均匀,无压力脉动,噪声和振动小,工作平稳可靠,使用寿命长。因此,螺杆泵常用于精密机床、舰船等液压系统。螺杆泵还可以用来输送黏度较大或具有悬浮颗粒的液体,因此在石油、化工、食品工业中也常应用。螺杆泵只作为定量泵。由于螺杆是一个对称的旋转体,所以可在高速下运行,其转速一般为 1500~3000r/min,有的可达 10000r/min。它的流量为 6~10000L/min,工作压力为 2.5~20MPa,泵的容积效率一般为 0.75~0.95。螺杆泵的缺点主要是螺杆形状复杂,加工较困难,不易保证精度,故成本高,不易维修。

螺杆泵是可逆的液压元件,可以作为液压马达运行。

(四)齿轮泵的主要性能参数

1. 齿轮泵的压力

(1)工作压力 p_0。齿轮泵工作时输出油液的实际压力称为工作压力 p_0,其数值取决于负载的大小。

(2)额定压力 p_n。齿轮泵在正常条件下连续运转允许达到的最高压力称为额定压力 p_n。它是按实验标准规定在产品出厂前必须达到的铭牌压力。

2. 齿轮泵的排量和流量

(1)排量 V。在没有泄漏的理想情况下,齿轮泵的泵轴每旋转一周,其输出油液的体积称为排量 V(单位 mL/r)。齿轮泵的排量可通过计算确定

$$V = 6.66zm^2B \tag{10-1}$$

式中:z——齿轮的齿数。

m——齿轮的模数。

B——齿轮的宽度。

从公式(10-1)可以看出,齿轮泵的排量与其几何尺寸有关,并且排量为常数。液压泵的排量如果不能调节,这种泵称为定量泵。所以,齿轮泵只能作定量泵使用。

(2)理论流量 q_{Vt}。在没有泄漏的理想情况下,齿轮泵单位时间内输出的油液体积称为理论流量 q_{Vt},其数值取决于泵的排量 V 和泵的转速 n 的乘积,即

$$q_{Vt} = Vn \tag{10-2}$$

流量的单位为 m^3/s 或 L/min(升/分)。

(3)实际流量 q_V。齿轮泵在单位时间内实际输出的油液体积称为实际流量 q_V。由于齿轮

泵在运转时总是存在一定的泄漏 Δq_V,因此其实际流量小于理论流量,即 $q_V = q_{Vt} - \Delta q_V$。

(4)额定流量 q_{Vn}。齿轮泵在额定转速和额定压力下输出的实际流量称为额定流量 q_{Vn},其数值是按实验标准规定在出厂前必须达到的铭牌流量。

3.齿轮泵的功率 P

(1)输入功率 P_i。齿轮泵的输入功率 P_i 即发动机(或电动机)对齿轮泵的输入功率,其值等于发动机输出转矩 T 与泵输入轴转速 $\omega(\omega = 2\pi n)$ 的乘积,即

$$P_i = 2\pi n T \tag{10-3}$$

(2)输出功率 P_o。齿轮泵输出的功率 P_o 为液压功率,其值等于输出压力与实际流量的乘积,即

$$P_o = p q_V \tag{10-4}$$

4.齿轮泵的效率 η

(1)齿轮泵的总效率 η。齿轮泵的总效率 η 等于输出功率 P_o 与输入功率 P_i 之比,即

$$\eta = P_o / P_i \tag{10-5}$$

(2)齿轮泵的容积效率 η_V。η_V 为实际流量 q_V 与理论流量 q_{Vt} 之比。即

$$\eta_V = q_V / q_{Vt} \tag{10-6}$$

(3)齿轮泵的机械效率 η_m。η_m 为泵的理论转矩 $T(T = T_i - \Delta T)$ 与实际转矩 T_i 之比。即

$$\eta_m = (T_i - \Delta T)/T_i = 1 - \Delta T/T_i \tag{10-7}$$

由上述公式可知,齿轮泵的总效率

$$\eta = \frac{P_o}{P_i} = \frac{p q_V}{2\pi n T_i} = \frac{p q_{Vt} \eta_V}{2\pi n T_i} = \eta_V \cdot \frac{p q_{Vt}}{2\pi n T_i} = \eta_V \cdot \frac{2\pi n T_o}{2\pi n T_i} = \eta_V \eta_m \tag{10-8}$$

(五)齿轮泵常见故障及排除(表10-1)

齿轮泵常见故障及排除方法　　　　表10-1

故障现象	原因分析	排除方法
噪声大或压力波动严重	(1)过滤器堵塞或吸油管贴近油箱底面 (2)吸油管伸入液面较浅或吸油位置太高 (3)油箱中油液不足 (4)泵体与泵盖密封不好,使空气混入 (5)齿轮的齿形精度不好 (6)泵与电动机的联轴器碰撞	(1)清洗、更换过滤器,抬高吸油管位置 (2)吸油管应伸入液面下2/3处,吸油高度不超过500mm (3)按规定加足油液 (4)对泵体、泵盖用金刚砂在平面上研磨;按要求紧固各连接螺栓;更换损坏的密封圈 (5)调换齿轮或修整齿形 (6)装配时保证同轴度要求
输出流量不足或压力提不高	(1)轴向间隙或径向间隙过大 (2)连接处有泄漏,导致空气混入 (3)油液黏度太高或油温太高 (4)电动机旋向不对,造成泵不吸油 (5)过滤器或进油管道堵塞 (6)压力阀阀芯移动不灵活	(1)修复或更换机件 (2)紧固连接螺栓,防止泄漏 (3)选用合适的液压油,采取降温措施 (4)改变电机旋向或更换齿轮泵 (5)清洗、更换过滤器,疏通管道 (6)检修压力阀
齿轮泵不出油	(1)齿轮泵旋向不对 (2)齿轮泵进油口端的过滤器堵塞 (3)齿轮泵吸油口位置偏高 (4)油箱油面过低	(1)重新装配齿轮泵 (2)清洗、更换过滤器 (3)调整吸油位置 (4)补油

续上表

故障现象	原因分析	排除方法
发热严重(泵温应低于65℃)	(1)管路中油液压力损失过大、流速过高 (2)油液黏度过高 (3)油箱小,散热效果不好 (4)泵的径向间隙或轴向间隙过小 (5)卸荷方法不当或泵带压溢流时间过长	(1)加粗油管,调整管路布局 (2)更换合适的油液 (3)加大油箱容积,增设冷却装置 (4)调整间隙或调整齿轮 (5)改进液压系统设计
外泄漏严重	(1)泵盖上的回油孔堵塞 (2)前泵盖与安装基面不密封 (3)泵本身密封失效或装配不正确	(1)清洗、疏通回油孔 (2)查明原因,重新安装 (3)查明原因,重新装配

三、任务实施

任务实施1 齿轮泵拆装

选用CB-N型齿轮泵(图10-15)作为拆装实训对象。

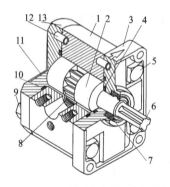

图10-15 CBN型外啮合齿轮泵内部结构图
1-泵体;2-浮动轴套;3-前泵盖;4-密封圈;5-螺栓;6-主动齿轮轴;7-油封;8-从动齿轮;9-螺母;10-密封圈;11-标牌;12-定位销;13-后泵盖

1.拆卸步骤

(1)参照图10-15,用扳手对称松开并卸下泵盖上的连接螺栓5(在旋松螺栓之前在泵盖与泵体之间做上记号),并卸下全部垫圈与螺栓。

(2)拆下前泵盖3和后泵盖13。

(3)从泵体9中取出轴套2、主动齿轮6、被动齿轮8。

(4)从前、后泵盖的密封圈槽内,取出矩形密封圈4。

(5)检查前泵盖上的骨架油封7,如果骨架油封阻油边缘良好能继续使用,则不必取出;如已磨损或损坏,则必须取出。

(6)把拆下的零件用煤油或柴油进行清洗。

2.观察、分析主要零件的结构及作用

(1)观察进、出油口的位置,并比较尺寸大小。

(2)观察浮动轴套端面上的卸荷槽形状和位置,并分析其作用。

(3)观察轴套背面卸油槽的位置和形状,并分析其作用。

(4)依据齿轮泵的哪些结构特点判断其旋转方向?

3.齿轮泵装配步骤

(1)用煤油或柴油清洗全部零件。

(2)在压床上用心轴把骨架油封压入前泵盖油封座内(也可用小锤和心轴把骨架油封轻轻打入)。压入骨架油封时须涂上润滑油,骨架油封的唇口应朝向泵内,切勿装反。

(3)将矩形密封圈、聚四氟乙烯挡片装入前泵盖、后泵盖的密封槽内。

(4)将两个定位销装入泵体的定位销孔中。

(5)将主、从动齿轮与轴套的工作面涂上润滑油。

(6)将后泵盖13装在泵体1上,必须注意将低压腔位于进油口一侧。

(7)将主、从动齿轮装入两个轴套孔内,装成齿轮轴套组件,轴套的卸荷槽必须贴住齿轮端面;轴套的喇叭口必须位于同一侧。

(8)将轴套齿轮组件装入泵体1内,轴套喇叭口一侧必须位于泵体进油口一侧。

(9)前泵盖3装配时,应先用专用套筒插入骨架油封内,然后套入主动齿轮轴,以防骨架油封唇口翻边。

(10)装上4个方头螺栓、垫片,拧紧螺母。

(11)将总装后的齿轮泵夹在有铜钳口的虎钳上,用扭力扳手均匀扳紧4个紧固螺母,其扭力为50~60N·m。

(12)从虎钳上卸下齿轮泵,在齿轮泵吸油口处滴入机油或液压油少许,借助8mm或10mm开口扳手能均匀旋转主动齿轮,应无卡滞和过紧现象;如发现过紧(扭力大于3N·m),应拆开重新检查配合间隙是否适当(最佳间隙为0.12~0.18mm),严禁用松开螺母的办法来达到旋转自如的目的。

4. 齿轮泵拆装注意事项

(1)拆装时必须保证清洁,须防止灰尘等落入齿轮泵中。

(2)在清洗过程中严禁用棉纱擦洗零件,应当使用毛刷或绸布,以防止棉纱头阻塞吸油滤网和液压系统中各元件的小油孔,造成故障。

(3)不允许用汽油清洗橡胶密封件。

(4)拆装时禁止敲打、撞击,更不能从高处掉落在地面上,防止零件损坏。

任务实施2　齿轮泵的安装和试运转

经检修后重新装配的齿轮泵,需进行试运转后方可正式使用,否则会缩短齿轮泵的使用寿命。齿轮泵试运转可和整个液压系统一起进行,也可在实验台上进行。试运转的程序如下:

(1)将齿轮泵安装在机器上。安装齿轮泵时,安装面的止口应与齿轮泵的止口按H8/f8间隙配合,推入齿轮泵时不应太松或太紧。如发现用手推入特别费力时,应拆下检查止口是否符合配合间隙要求,禁止用木棒、锤子等将齿轮泵强行打入。

(2)齿轮泵前泵盖的法兰面和安装面应密切贴合,不留缝隙;4个安装螺栓应均匀拧紧。

(3)检查无误后,起动发动机,空载运转5min,检查齿轮泵运转情况。重点检查漏油、泵吸不上油或吸油不足等现象。

(4)逐渐提高发动机转速,加大负荷,扳动操纵手柄,使机件上升或下降,检查被驱动件是否平稳,有无抖动。

(5)在发动机最大转速情况下,运转5min,检查齿轮泵运转情况。

(6)在上述检查过程中,如发现问题应及时排除。

四、思考与练习

10-1　外啮合齿轮泵有哪些优缺点?

10-2　齿轮泵由哪几部分组成?各密封腔是怎样形成的?

10-3　什么是齿轮泵的困油现象?困油现象有什么危害?如何消除困油现象?

10-4　齿轮泵中存在几种可能产生泄漏的途径?为了减小泄漏,应采取什么措施?

10-5　齿轮泵中,齿轮、轴和轴承所受的径向不平衡力是怎样形成的?如何解决?

10-6　要提高齿轮泵的压力需要解决哪些关键问题?通常采取什么措施?

10-7　为什么齿轮泵不能变量?试设想齿轮泵变量的措施。

10-8　中高压齿轮泵结构的主要特点是什么？

10-9　什么叫液压泵的容积效率、机械效率、总效率？相互关系如何？

10-10　已知某齿轮泵的参数为：齿轮模数 $m=4\text{mm}$，齿数 $z=12$，齿宽 $B=32\text{mm}$，泵的容积效率 $\eta_V=0.8$，机械效率 $\eta_m=0.9$，转速 $n=1450\text{r/min}$，工作压力 $p=2.5\text{MPa}$。试计算齿轮泵的理论流量、实际流量、输出功率及电动机的驱动功率。

10-11　已知某液压泵的排量 $V=100\text{mL/r}$，转速 $n=1450\text{r/min}$，容积效率 $\eta_V=0.95$，总效率 $\eta=0.9$，泵输出油压力 $p=10\text{MPa}$。求泵的输出功率 P_o 和所需电动机的驱动功率 P_i。

任务 11　叶片泵检修

教学目标

1. 知识目标

(1) 了解叶片泵的类型和特点；

(2) 掌握叶片泵的工作原理和结构特点。

(3) 理解叶片泵的主要性能参数。

2. 能力目标

(1) 能够正确拆装、调试叶片泵；

(2) 能够排除叶片泵的常见故障。

一、任务引入

叶片泵是近代液压技术中最早使用的一种液压泵，具有结构紧凑、功率质量比大、输出流量均匀、运转平稳、噪声小等优点，在机床、各种加工流水线、自动线、注射机、液压机和工程起重车辆中得到广泛应用。其缺点是对油液污染敏感，对转速变化敏感，自吸性能差。

本任务通过拆装叶片泵，熟悉叶片泵的结构形式，加深对其结构特点和工作原理的理解，掌握检修叶片泵的基本方法。

所需实训器材：各种类型叶片泵。

所需工具：液压拆装实训台、内六角扳手、固定扳手、螺丝刀等钳工常用工具。

二、相关知识

叶片泵利用叶片与转子、定子形成密闭油腔，依靠离心力的作用使叶片在叶片槽中伸缩移动形成油腔容积变化来进行工作，既可作定量泵，又可作变量泵使用。叶片泵根据结构原理不同分为双作用式定量叶片泵和单作用式变量叶片泵两大类型。

(一) 双作用式叶片泵

1. 双作用叶片泵的工作原理

图 11-1 所示为双作用式定量叶片泵的工作原理图。该泵主要由定子 1、转子 2、叶片 3、配油盘 4、传动轴 5 和泵体等零件组成。定子的内表面是由两段半径为 R 的长圆弧面、两段半径为 r 的短圆弧面以及 4 段过渡曲面组成的。在与定子厚度相等且与定子同轴安装的转子上，均匀分布着径向斜槽，每个槽中装着一片叶片。转子通过花键与泵轴联结。在泵体内，定子与转子前后各安置一个配油盘。配油盘上均布着 4 个腰形槽，其中右上与左下位置的腰形槽为

吸油槽口,吸油槽口通过油管与油箱连通;右下与左上位置的腰形槽为压油槽口,压油槽口通过油管与液压系统连通。

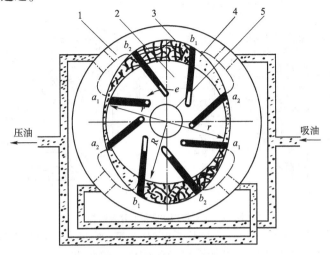

图 11-1 双作用式定量叶片泵工作原理图
1-定子;2-转子;3-叶片;4-配油盘;5-传动轴

当转子转动时,叶片在离心力和根部压力油(系统压力建立后)的作用下被甩出,紧顶在定子的内表面上。泵内每两叶片间的液体被定子的内表面、转子的外表面、两个配油盘端面及叶片所封闭,形成一个个容积为 V_{mi} 的密封油腔。随着转子的转动,在图的右上和左下位置,V_{mi} 由小逐渐变大,腔内压力降低,产生吸力,油箱中的油在大气压力的作用下通过配油窗口被吸入腔内。在图的右下和左上位置,V_{mi} 由大逐渐变小,腔内压力升高,压力油通过压油窗口被压入液压系统中,实现压油。转子不停地转动,油箱中的油便连续不断地被送入液压系统中。

泵轴每转一周,泵内每个密封容腔分别吸油、压油各 2 次,所以这种泵称为双作用式叶片泵。该泵的吸、压油腔的位置是径向对称的,转子及泵轴所受径向液压力能够相互平衡,故这种泵又称为卸荷式叶片泵。

2. YB_1 型叶片泵的结构

YB_1 型叶片泵占我国叶片泵使用覆盖面的一大半以上(赵应樾),是一种典型的叶片泵,其结构如图 11-2 所示。它由前泵体 7、后泵体 6、左右配油盘 1 和 5、定子 4、转子 12、叶片 11 和传动轴 3 等组成。为方便装配和使用,两个配油盘与定子、转子和叶片等用两个定位销(长螺钉)13 装成一个组件。螺钉的头部作为定位销插入后泵体内的定位孔内,以保证配油盘上吸、压油窗口的位置能与定子内表面的过渡曲线相对应。转子 12 上开有 12 条窄槽(小排量泵为 10 条),叶片 11 安放在槽内,并可在槽内自由滑动。转子通过内花键与传动轴 3 相联结,泵轴由两个滚珠轴承 2 和 8 支承。骨架式密封圈 9 安装在盖板 10 上,用以防止油液泄漏和空气渗入。

在配油盘上对应叶片槽底部小孔的位置,开有一环很槽 c,见图 11-3,槽内有两个小孔与配油盘 5 的压油腔相通。这样可使叶片根部的小孔内通压力油,保证了叶片顶部与定子内表面的可靠密封。配油盘上的上、下两个缺口为吸油槽口,两个腰形孔为压油孔。在腰形孔端部开有三角槽,其作用是使叶片间的密封容积逐步与高压腔相连通,这样不致产生液压冲击。配油盘 5 采用凸缘式,小直径部分伸入前泵体内,并合理布置了 O 形密封圈。这样,当配油盘右侧受到液压力的作用后会贴紧定子,并使配油盘端面与前泵体分开,仍能保证可靠的密封。配油盘本身的变形也有<0.01mm的补偿作用。

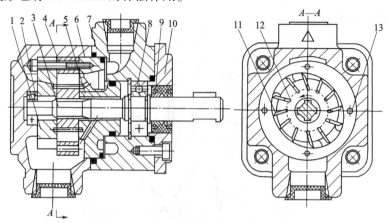

图 11-2 双作用式定量叶片泵结构

1、5-配油盘；2、8-轴承；3-传动轴；4-定子；6-后泵体；7-前泵体；9-密封圈；10-盖板；11-叶片；12-转子；13-定位销

该泵定子内表面的过渡曲面为等加速等减速曲面。这种曲面所允许的定子半径比 R/r 比其他类型的曲面大，可使泵的结构紧凑、输油量大；而且叶片由槽中伸出和缩回的速度变化均匀，不会造成硬性冲击。

该泵转子上的叶片槽一般向转子转动的方向倾斜13°，称为前倾。这样可使压油腔处叶片顶部所受定子作用力的分力 F_n 增大，F_t 减小，见图11-4。F_n 增大有利于叶片的缩进；而 F_t 减小，则有利于减小叶片所受的弯矩及叶片与转子槽的磨损。

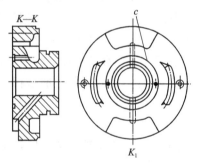

图 11-3 叶片泵的配油盘

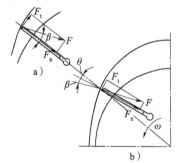

图 11-4 叶片的倾角

该泵的前泵体上有压油口，后泵体上有吸油口。在安装时可根据实际需要，使两油口的相对位置成90°、180°、270°，以便于使用。

YB_1 型叶片泵是在 YB 型泵基础上的改进型。这种泵定子内表面吸油腔的过渡曲面处容易磨损，如果将其转子反装且反转，并将定子相对于泵体转90°即可使泵反转使用，这样可使泵的寿命大为延长。

3. 双作用叶片泵的排量和流量

叶片泵的主要性能参数包括压力、排量、流量、功率和效率等。除排量的计算方法不同外，其他所有参数的含义与齿轮泵的性能参数相同。

由泵的工作原理可知，当泵轴旋转一周，双作用叶片泵每两片叶片间排除的油量，等于大圆弧段的密封容积减去小圆弧段的密封容积，若叶片数为 z，则泵轴转一周排出的容积为 z 个圆弧段，即等于一环形体积。由于是双作用叶片泵，其排量应为 2 倍的环形体积，见图11-5。故若不去除叶片的体积，其排量的计算公式是

$$V = 2\pi(R^2 - r^2)B \qquad (11-1)$$

式中：B——叶片宽度(cm)；

R——定子内表面大圆弧半径(cm)；

r——定子内表面小圆弧半径(cm)；

双作用叶片泵的实际流量应按下式计算

$$q_V = Vn\eta_V \times 10^{-3} = 2\pi(R^2 - r^2)Bn\eta_V \times 10^{-3} \qquad (11-2)$$

4. 双联叶片泵

双联叶片泵相当于两个双作用式叶片泵的组合。泵的两套转子、定子和配油盘等安装在一个泵体内，泵体有一个公共的吸油口，两个单独的排油口。两个转子由同一个泵轴带动，其结构如图11-6所示。双联泵的排量(后泵排量/前泵排量)由 2.5~10mL/r/2.5~10mL/r 到 125~200mL/r/32~50mL/r。两个泵的流量可以按需要选择。

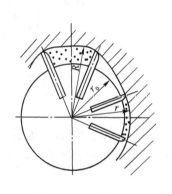

图11-5 双作用叶片泵的排量计算

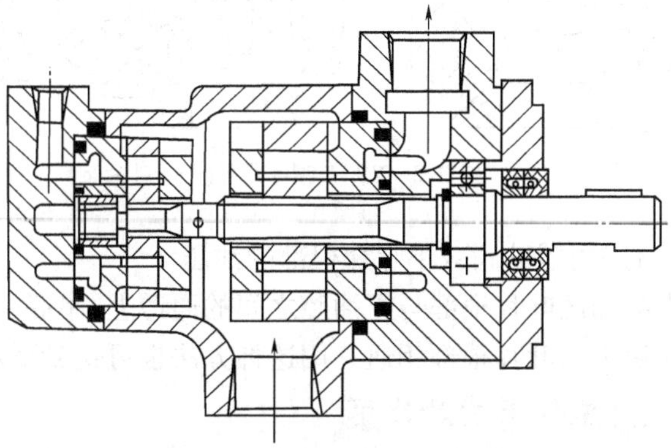

图11-6 双联叶片泵

双联叶片泵的流量可以分开使用，也可以合并使用。当运动部件在高速轻载运行时，可由两个泵同时供给低压油；在重载慢速时，可由高压小流量泵单独供油，而大流量泵卸荷。

采用双联泵可以节省功率损耗，减少油液发热，提高系统的总效率，所以得到了广泛的应用。

5. 中高压叶片泵

YB_1 双作用叶片泵应用广泛，但其额定压力仅为 6.3MPa。这种泵存在的主要问题是在泵的吸油区，叶片顶部油压很低，而叶片根部的压力过大(等于泵输出油的压力)，因而叶片顶部和定子的过渡曲面均有较大的磨损，使其密封不良，所以压力的升高受到限制。近年来，已生产的中高压叶片泵的额定压力一般为 14~21MPa。其结构的主要特点是能减少叶片顶部和定子过渡曲面的磨损，所采用的主要方法是以下几种。

(1)采用子母叶片式结构。子母叶片也称为复合式叶片，如图11-7所示。其叶片分母叶片1和子叶片2两部分，通过配油盘使母、子叶片间的小腔 a 内总是与压力油腔相通。而母叶片根部 c 腔则经转子3上的虚线油孔 b 始终与顶部所在油腔相通。当叶片在吸油区工作时，使叶片根部不受高压油的作用，只受 a 腔高压油的作用而压向定子。由于 a 腔面积不大，所以定子表面所受的力也不太大，定子

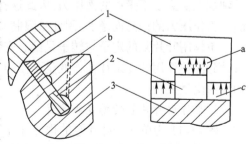

图11-7 子母叶片式结构

1-母叶片；2-子叶片；3-转子

表面的磨损可比中压泵小得多,但能使叶片与定子接触良好,保证密封,从而达到比较高的压力。这种叶片泵的压力可达到16MPa,其结构如图11-8所示 YB$_1$-E 型叶片泵。

(2)采用双叶片结构。如图11-9所示,在转子的叶片槽内装有两个叶片1、2,两叶片间可以相对滑动。叶片顶端倒角部分形成油室a,经叶片中间小孔c与叶片底部b油室相通,使叶片顶部和根部油压作用基本平衡,从而减小叶片和定子过渡曲面的磨损,保证各油腔有良好的密封,使输出油压得以提高。采用这种结构的叶片泵,其压力可达到17MPa。

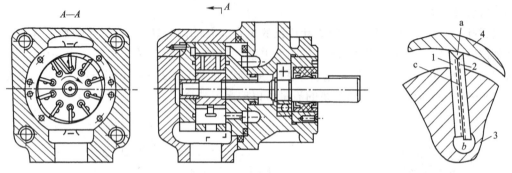

图11-8 YB$_1$-E型叶片泵(子母叶片泵) 　　图11-9 双叶片式结构
1、2-叶片;3-转子;4-定子

(3)采用辅助阀减小叶片根部的油压

在吸油区叶片根部与压油腔之间的通道上,串联一减压阀或设一阻尼槽,使压油腔的压力经减压后再与叶片根部相通。用这种方法也可达到减小磨损、保证密封和提高压力的目的。

(二)单作用式叶片泵

1. 单作用式叶片泵的工作原理

图11-10所示为单作用式叶片泵的工作原理。它由转子1、定子2、叶片3、配油盘等组成。定子具有圆柱形内表面,定子和转子间有偏心距e,叶片装在转子槽中,并可在槽中滑动。当转子按图示方向转动时,在离心力的作用下,叶片从槽中甩出顶在定子的内圆表面上。这样就由每两个叶片、定子内表面、转子外表面及两个配油盘端面形成一个个密封油腔。在图的右半侧,叶片逐渐伸出,密封油腔的容积由小变大,油压降低,从吸油口吸油,故右侧为吸油腔。在图的左半侧,叶片被定子的内表面逐渐压进叶片槽内,密封油腔容积由大变小,将油从压油口压出,故左侧为压油腔。在吸油腔和压油腔之间有一段封油区,将吸油腔和压油腔隔开。这种泵的转子每转一周完成一次吸油和压油,因此称为单作用式叶片泵。当转子不停地转动时,泵就不停地吸油和压油。

单作用式叶片泵一侧为吸油腔,另一侧为压油腔,配油盘上只需两个配油窗口,而转子及其轴承上受到了不平衡的液压力,因此这种泵又称为非平衡式叶片泵。该泵的径向不平衡力随着工作压力的提高而增加,因此是限制其工作压力提高的主要因素。

单作用叶片泵的定子与转子是偏心安装,如果改变定子对转子的偏心距,则可以改变其排量,因此,单作用叶片泵往往作变量泵使用。在单作用叶片泵中,改变定子对转子偏心距的机构称为变量机构。

2. 单作用叶片泵的排量和流量

图11-11为单作用叶片泵的排量计算。由图可见,当两叶片处于最下位置时,其密封容积最小;当两叶片处于最上位置时,其密封容积最大。如果不考虑叶片厚度,则转子每转一周,两叶片间密封容积的变化近似为 V',即

$$V' = B\pi[(R+e)^2 - (R-e)^2]/z = 4B\pi Re/z$$

整个叶片泵有 z 个密封容积，故泵的排量为

$$V = 4B\pi Re \tag{11-3}$$

式中：B——叶片宽度（cm）；

R——定子的内径（cm）；

e——定子对转子的偏心距（cm）。

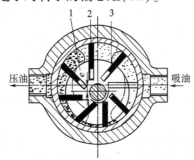
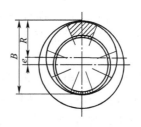

图 11-10　单作用式叶片泵工作原理图　　　　图 11-11　单作用叶片泵的排
1-转子；2-定子；3-叶片　　　　　　　　　　　　　　　　量计算

泵的实际流量应按下式计算

$$q_V = Vn\eta_V \times 10^3 = 4B\pi Ren\eta_V \times 10^{-3} \tag{11-4}$$

3. 限压式变量叶片泵

变量叶片泵的变量方式有手调和自调两种。自调变量泵根据工作特性的不同分为限压式、恒压式和恒流式 3 类。目前最常用的是限压式。限压式变量泵的流量是利用泵工作压力的反馈作用来实现自动调节的。它有外反馈和内反馈两种形式。

（1）外反馈式变量叶片泵。

①工作原理。外反馈式变量叶片泵的工作原理如图 11-12 所示，其压力流量特性曲线如图 11-13 所示。

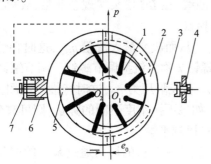
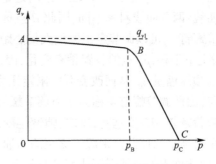

图 11-12　外反馈式变量叶片泵工作原理图　　　图 11-13　限压式叶片泵的特性曲线
1-转子；2-定子；3-限压弹簧；4、7-调节螺钉；
5-配油盘；6-反馈缸

该泵除了转子、定子、叶片及配油盘外，在定子的右边有限压弹簧 3 及调节螺钉 4，定子的左边有反馈缸 6 和调节螺钉 7。反馈缸通过控制油路（图中虚线所示）与泵的压油口相连通。反馈缸 6 和弹簧 3 即组成叶片泵的变量机构。转子 1 的中心 O_1 是固定的，定子在变量机构的作用下可以通过左右移动来改变定子对转子的偏心距 e，从而实现变量。下面结合外反馈式叶片泵的压力流量特性曲线分析其变量原理。

定子 2 在左边受到反馈缸的液压力 F_1($F_1=pA$,其中 p 为泵出口压力,A 为反馈缸柱塞的有效面积)作用,右边受到弹簧力 F_2($F_2=kx_0$,k 为弹簧 3 的刚度,x_0 为弹簧的压缩量)的作用,定子在这两种力的作用下保持平衡。若:

a. 泵的出口压力 $p=0$,则 $F_1<F_2$,这时定子在右边弹簧的作用下推动反馈缸柱塞抵靠在调节螺钉 7 上,这时定子对转子的偏心距 e 最大,泵的排量 V 最大。此时对应特性曲线上的 A 点。

b. 泵的出口压力 p 升高,反馈缸产生的液压力 F_1 也随之升高,但还不足以克服弹簧力 F_2 的时候(仍然满足 $F_1<F_2$),反馈缸柱塞依然抵靠在调节螺钉 7 上,偏心距依然最大。但随着出口压力的升高,泵的内泄稍有增加,泵的输出油量也稍有减少,此时对应特性曲线上的 AB 段。

c. 泵的出口压力升高至 $F_1=F_2$ 时,定子处于临界状态,此时对应特性曲线上的 B 点。在该点泵的出口压力 $p_B=kx_0/A$ 称为限定压力。

d. 泵的出口压力继续升高,至 $F_1>F_2$ 时,反馈缸柱塞开始推动定子右移,继续压缩弹簧 3,直至在一个新的位置使 $F_1=F_2$ 为止。当定子重新稳定时,弹簧力 $F_2=k(x_0+x)$(x 为弹簧的继续压缩量)。这时泵的输出流量迅速减小。此时对应特性曲线的 BC 段,其倾斜程度明显高于 AB 段,这是因为定子的偏心距 e 减小的缘故。

e. 泵的出口压力升高至定子对转子的偏心距 $e=0$ 时,弹簧 3 压缩至极限位置,此时对应特性曲线上的 C 点。C 点对应的压力 p_C 称为极限压力(又称截止压力),在该点泵的流量理论上为 0。实际上,为了维持泵的内泄流量,泵的出口压力不可能达到 p_C,偏心距 e 也不可能等于 0。

从上述分析过程可以看出,变量叶片泵是由于出口压力的变化,通过反馈缸和弹簧的平衡作用来调节定子的位置,从而改变定子对转子的偏心距 e 来自动调节流量的。压力决定于负载,因此该叶片泵是根据负载的变化自动调节流量的。

该泵的压力流量特性曲线可以看做由 AB、BC 两条线段和 A、B、C 3 个特殊点组成。在 AB 段泵相当于一个定量泵,故 AB 段是泵的定量段曲线;在 BC 段泵实现了变量,故 BC 段是泵的变量段曲线;两段曲线斜率不同,因此 B 点称为拐点。

调节螺钉 7,可以调节定子的最大偏心距 e_{max},从而改变最大流量 q_{max},这时特性曲线图上的 AB 段上下平移,p_B 点的位置稍有变化,因此螺钉 7 称为流量调节螺钉。调节螺钉 4,可以调节弹簧的预压缩量 x_0,从而改变泵的限定压力 p_B 和极限压力 p_C,这时特性曲线图上的 BC 段左右平移,因此调节螺钉 4 称为压力调节螺钉。如果更换刚度不同的弹簧,则可改变 BC 段的斜率。弹簧越软,BC 段越陡;反之,弹簧越硬,BC 段越平缓。

该泵反馈缸的控制油来源于该泵的出油口,且开始变量的压力通过泵上的调节螺钉来进行限定,因此称为外反馈限压式变量叶片泵。

②泵的结构及其调整。图 11-14 所示为外反馈限压式变量叶片泵的结构。泵轴 2 支承在两个滚针轴承 1 上,转子 7 用键和轴向挡圈与轴固定联结。叶片滑装在转子的槽内,定子 6 套装在转子的外面。图中定子的下方为反馈缸,缸内有柱塞 11,10 为流量调节螺钉;上方 4 为调压弹簧,5 为弹簧座,3 为调压螺钉。定子可在反馈缸的液压力和调压弹簧力的作用下沿图中垂直方向移动,以改变其与转子的偏心量 e,即调节泵的流量 q_v。滑块 8 用以支持定子 6,它又支承在水平滚道的滚针 9 上,以承受压力油对定子的作用力。转子上叶片槽向转子旋转方向的相反方向倾斜 24°(倾斜方向与双叶片泵叶片槽的方向相反,为后倾)。这是因为这种泵在

吸油腔侧的叶片根部不通压力油,其叶片的伸出要靠离心力的作用,叶片后倾有助于叶片的甩出。由于定子与转子的偏心量很小,仅有 2~3mm,定子的内表面又是易加工的圆弧,所以磨损也不大。

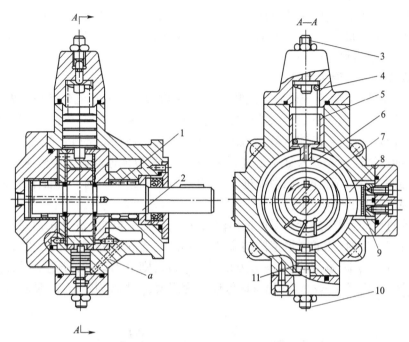

图 11-14 外反馈限压式变量叶片泵结构图

1-滚针轴承;2-泵轴;3-调压螺钉;4-调压弹簧;5-弹簧座;6-定子;7-转子;8-滑块;9-滚针;10-流量调节螺钉;11-反馈缸柱塞

在泵使用前,一般应对其进行如下调整:先利用调节螺钉 10 调节泵的最大偏心量 e_{max},以满足系统快速所需要的最大流量 $q_{V max}$;然后利用调压螺钉 3 调节调压弹簧 4 的预紧力 F,并达到由负载所决定的限定压力 p_B 的数值。

2. 内反馈限压式变量叶片泵的工作原理

图 11-15 所示为内反馈限压式变量泵的工作原理。这种泵的工作原理与外反馈式相似。该泵没有反馈缸,配油盘上的腰形槽位置与 Y 轴不对称。在图中上方压油腔处,定子所受到的液压力 F 在水平方向的分力 F_x 与右侧弹簧的预紧力方向相反。当这个力 F_x 超过限压弹簧 5 的限定压力 p_B 时,定子 3 即向右移动,使定子与转子的偏心量 e 减小,从而使泵的流量 q_V 得以改变。泵的最大流量 q_{max} 由调节螺钉 1 调节,泵的限定压力 p_B 由调节螺钉 4 调节。内反馈式变量叶片泵的压力流量特性曲线与外反馈式变量叶片泵相同,如图 11-13 所示。

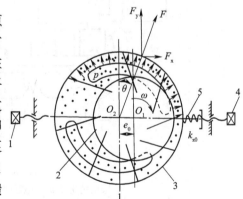

图 11-15 内反馈式变量叶片泵的工作原理图
1、4-调节螺钉;2-转子;3-定子;5-限压弹簧

(三) 叶片泵的应用

在所有结构形式的液压泵中,叶片泵的输出功率与自重之比几乎是最高的,也就是说,在输出同样的液压功率时,叶片泵的自重最轻。随着设计、制造技术的发展,叶片泵的工作压力

由原来的 6.3MPa 以下提高到 7MPa、10MPa(YB$_1$-D 型)、16MPa(YB$_1$-E 型),其应用范围也从传统的机床液压系统扩大到塑料机械、冶金机械、锻压机械和工程起重运输车辆等中高压液压设备中。其中双作用叶片泵是一种定量泵,主要用于对速度稳定性要求较高的中压系统中;单作用叶片泵是一种变量泵,除了能够应用于上述场合之外,经常用于运动部件需要实现"空载快进—慢速工进—空载快退"工作循环的金属切削机床、自动线上的组合机床等设备的液压系统中,组成容积节流调速回路。

1. 定压式容积节流调速回路

如图 11-16a)所示,该系统由限压式叶片泵 1、调速阀 3 等液压元件组成。电磁阀 2 右位工作时,压力油经行程阀 5 下位进入液压缸左腔,缸右腔回油,活塞空载右移。这时因负载小,压力低于泵的限定压力,泵的流量最大,故活塞快速右移。当移动部件上的挡块压下行程阀 5 时,压力油只能经调速阀 3 进入缸左腔,缸右腔回油,活塞以调速阀调节的慢速右移,实现工作进给。当电磁阀 2 左位工作时,压力油进入缸右腔,缸左腔经单向阀 4 回油,因退回时为空载,泵的供油量最大,故快速向左退回。

慢速工作进给时,限压式叶片泵的输出流量 q_p 与进入液压缸的流量 q_1 总是相适应的。即当调速阀的开口一定时,能通过调速阀的流量 q_1 为定值,若 $q_p > q_1$,则泵出口的油压便上升,使泵的偏心自动减小,q_p 减小,直至 $q_p = q_1$ 为止;若 $q_p < q_1$,则泵出口的油压会降低,使泵的偏心自动增大,q_p 增大,直至 $q_p = q_1$。调速阀能保证 q_1 为定值,q_p 也就为定值,故泵的出口压力 p_p 也为定值。

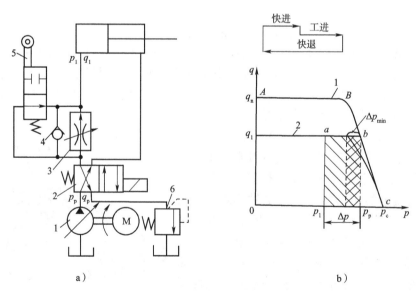

图 11-16 定压式容积节流调速回路
1-限压式叶片泵;2-电磁阀;3-调速阀;4-单向阀;5-行程阀;6-背压阀

这种回路采用定压式叶片泵供油,用调速阀(或节流阀)改变进入液压缸的流量,以实现执行件的速度调节,因此称为定压式容积节流调速回路。这种回路无溢流损失,其效率比节流调速回路高。采用流量阀调节进入液压缸的流量,克服了变量泵在负载大、压力高时漏油量大,运动速度不平稳的缺点,因此这种调速回路常用于空载时需快速,重载时需稳定的低速的各种中等功率机械设备的液压系统。

图 11-16b)所示为这种回路的调速特性。图中曲线 I 为限压式变量叶片泵的流量—压力

特性曲线。曲线Ⅱ为调速阀出口(液压缸进油腔)的流量一压力特性曲线,其左段为水平线,说明当调速阀的开口一定时,液压缸的负载变化引起液压缸的工作压力 p_1 变化,但通过调速阀进入液压缸的流量 q_1 为定值。该水平线的延长线与曲线Ⅰ的交点 b 即为液压泵出口的工作点,也是调速阀前的工作点,该点的工作压力为 p_p。曲线Ⅰ上的 a 点对应的压力为液压缸的压力 p_1。

若液压缸长时间在轻载下工作,缸的工作压力 p_1 小,调速阀两端的压力差 ΔP 大($\Delta P = p_p - p_1$),调速阀的功率损失($abp_p p_1$ 围成的阴影面积)大,效率低。因此,在实际使用时,除应调节变量泵的最大偏心满足液压缸快速运动所需要的流量(即调好特性曲线Ⅰ AB 段的上下位置)外,还应调节泵的限压螺钉,改变泵的限定压力(即调节特性曲线Ⅰ BC 段的左右位置),使 ΔP 稍大于调速阀两端的最小压差 $\Delta P_{\min}$。显然,当液压缸的负载最大时,使 $\Delta P = \Delta P_{\min}$ 是泵特性曲线调整得最佳状态。

2. 变压式容积节流调速回路

如图 11-17 所示,该系统由稳流量变量叶片泵 1 和节流阀 3 等元件组成。液压泵定子左右各有一控制缸,左缸柱塞的直径与右缸活塞杆的直径相等。泵的出口连一节流阀 3,且泵体内的孔道将左缸、节流阀的进油口及右缸的有杆腔连通。当图中电磁阀 2 通电左位工作时,压力油经电磁阀进入液压缸左腔,这时节流阀两端压差为零(不计电磁阀损失),A、B、C 各点等压,液压泵定子两端所受液压推力相等,故它在右缸弹簧的作用下移至最左端,使其与转子的偏心达到最大值,输出最大流量,使缸实现快速运动。

当电磁阀右位工作时(图示位置),压力油经节流阀进入液压缸,即构成了容积节流调速回路。这时,节流阀控制进入液压缸的流量 q_1,并使液压泵的流量 q_p 自动与之匹配。例如,当 $q_p > q_1$ 时,p_p 升高,使控制缸向右的液压推力增大,定于右移,偏心减小,q_p

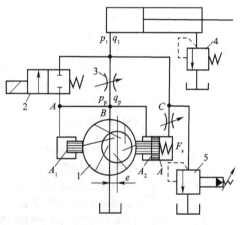

图 11-17 变压式容积节流调速回路
1-变量叶片泵;2-电磁换向阀;3-节流阀;4-背压阀;
5-溢流阀

减小,直至 $q_p = q_1$;当 $q_p < q_1$ 时,p_p 减小,使控制缸向右的推力减小,定于左移,偏心增大,q_p 增大,直至 $q_p = q_1$。

若弹簧力为 F_s,柱塞面积为 A_1,活塞缸左腔有效面积为 A_2,右腔面积为 $A(A_1 + A_2 = A)$,则回路工作时定子水平方向的受力平衡方程为

$$p_p A_1 + p_p A_2 = p_1 A + F_s$$

故
$$p_p - p_1 = F_s/A$$

由于弹簧刚性小,且工作中其伸缩量很小,F_s 可视为定值,故节流阀前后的压差 $\Delta P = p_p - p_1$ 也为定值。由此可知,这种回路能保证节流阀开口一定时,进入液压缸的流量($q = = kA\Delta P^m$)为定值,有良好的速度-负载特性。液压泵的流量为定值,故也称为稳流量泵。由于负载变化时,泵出口的压力 ΔP 也随之改变,故称为变压式容积节流调速回路。

这种回路克服了定压式容积节流调速回路负载变化大时效率低的缺点,其效率较高,能适用于负载变化大、速度比较低的中小功率系统。

(四)叶片泵常见故障及排除(表11-1)

叶片泵常见故障及排除方法　　　　表11-1

故障现象	原因分析	排除方法
噪声过大	(1)过滤器堵塞或吸油管贴近油箱底面 (2)吸油管密封不严,有空气进入 (3)油箱中液面低,吸油口高度太大 (4)泵与联轴器不同轴或松动 (5)油液黏度大,进油过滤通油能力小 (6)定子内表面拉毛 (7)定子吸油区表面磨损 (8)个别叶片运动不灵活或装反	(1)清洗、更换过滤器,抬高吸油管位置 (2)加强密封,紧固连接件 (3)按规定加足油液,降低油口高度 (4)重新安装,使其同轴,并紧固连接件 (5)更换合适的油液和过滤器 (6)抛光定子内表面 (7)将定子翻转装入 (8)逐个检查、重新安装
输出流量不足或完全不排油	(1)电动机或叶片泵转向不对 (2)油箱液面低 (3)吸油管路或过滤器堵塞 (4)电机转速过低 (5)油液黏度太大 (6)配油盘端面磨损 (7)叶片与定子内表面接触不良 (8)叶片在叶片槽内移动不灵活或卡死 (9)连接螺栓松动 (10)溢流阀失灵	(1)纠正转向 (2)补油至规定量 (3)疏通管路,清洗过滤器 (4)使转速达到叶片泵最低转速以上 (5)选用合适黏度的液压油 (6)修磨端面或更换配油盘 (7)抛光接触面或更换叶片 (8)逐个检查,重新研配不灵活的叶片 (9)适当拧紧 (10)检修溢流阀
发热严重	(1)压力过高、转速过快 (2)油液黏度过高 (3)油箱散热效果不好 (4)配油盘与转子严重摩擦 (5)叶片与定子内表面摩擦严重	(1)调整压力阀,降低转速 (2)更换合适的油液 (3)加大油箱容积,增设冷却装置 (4)研配或更换配油盘或转子 (5)修磨或更换叶片,减小磨损

三、任务实施

任务实施　叶片泵拆装

以YB1型双作用叶片泵为例(图11-2),介绍其拆装步骤。单作用叶片泵也可仿照下述步骤进行拆装训练。

1. 拆卸步骤

(1)用内六角扳手对称松开泵体上的连接螺栓,取掉螺栓后,用铜棒轻轻敲打,使花键轴和前泵体及泵盖板从轴承上脱下,把叶片泵分成两部分。

(2)卸下配油盘组件。

(3)将两个配油盘、定子、转子、叶片分开,将叶片集中放置妥当。

拆卸时注意,遇到元件卡住的情况时不要强行拆卸,禁止乱敲硬砸,应请指导老师解决。在分解配油盘组件时,应注意观察定位销的位置和转子叶片槽的倾角方向,并做好记号,切忌盲目拆卸。其他拆装注意事项同齿轮泵。

2. 观察、分析主要零件的结构及作用

(1)观察定子内表面的4段圆弧和4段过渡曲线的连接处发亮,此处发亮表明经受过叶片冲击。

(2) 观察转子上叶片槽的倾角方向和角度。

(3) 观察配油盘的结构。

(4) 观察吸油口、压油口、三角槽、环形槽及槽底孔并分析其作用。

(5) 观察泵体内所用密封圈的位置和形式。

3. 装配要领

(1) 装配前用柴油或没有清洗各零件并晾干。

(2) 装配配油盘组件。将配油盘与定子按做好的记号对准定位销,在转子的叶片槽中涂上液压油,将叶片插入叶片槽中,然后放到定子内,再将另一个配油盘按记号对准定位销。

(3) 将泵轴涂上液压油,然后将配油盘组件穿到泵轴上,再放到后泵体中。

(4) 穿上连接螺栓,并按规定顺序和力矩大小分 2~3 次紧固。

(5) 装配完毕后,转动泵轴,应转动灵活,无卡滞现象。

四、思考与练习

11-1 叶片泵为什么能得到广泛的应用?目前所用中压叶片泵、中高压叶片泵、高压叶片泵的额定压力范围各是多少?

11-2 双作用叶片泵的定子内表面,其过渡曲线的母线是什么曲线?采取这种曲线的优点是什么?

11-3 为什么双作用叶片泵的叶片及叶片槽要前倾,而限压式叶片泵的叶片及叶片槽要后倾?

11-4 一般叶片泵的转速不能低于 500r/min,这是为什么?

11-5 双联叶片泵有什么优点?它常用在什么场合?说明 YB-10/25 的含义。

11-6 中高压叶片泵结构的主要特点是什么?提高叶片泵压力的主要措施有哪几种?

11-7 对照图 11-13 所示限压式叶片泵的特性曲线,说明限压式叶片泵的工作原理。

11-8 限压式变量叶片泵的拐点压力与最大压力间有何关系?拐点压力变化时,最大压力是否改变?拐点压力如何调整?

11-9 某液压系统选用 YBX-40 型叶片泵(图 11-18),要求泵的限定压力 $p_B = 3.5$MPa,泵的最大流量 $q_{max} = 32$L/min。试由图 11-12 所示的外反馈限压式变量叶片泵工作原理和图 11-13 所示的特性曲线,说明对该泵参数进行调整的方法和步骤。

11-10 液压缸工作进给时压力 $p = 4.5$MPa,流量 $q = 2$L/min,由于快进需要,现采用 YB25 或 YB-4/25 两种泵对系统供油,泵的容积效率 $\eta_V = 0.9$,总效率 $\eta = 0.8$,电机转速 $n = 1450$rpm,溢流阀的调定压力为 5MPa,双联泵中低压泵卸荷压力为 0.12MPa,不计其他损失,试分别计算采用不同泵时系统的效率(图 11-19)。

11-11 某组合机床液压系统采用 YB-40/6 型双联叶片泵。快速进给时,两泵同时供油,工作压力为 1MPa;工进时大流量泵卸荷,卸荷压力为 0.3MPa,系统由小流量泵供油,工作压力为 4.5MPa。若泵的总效率为 0.8,泵的容积效率为 0.95,转速 $n = 1000$r/min,求该双联泵所需的电动机功率。

11-12 某变量叶片泵,其转子的外径 $d = 83$mm,定子的内径 $D = 89$mm,定子的宽度 $b = 30$mm。求:(1) 当泵的排量 $V = 16$mL/r 时,定子与转子的偏心距 e;(2) 泵的最大排量 V。

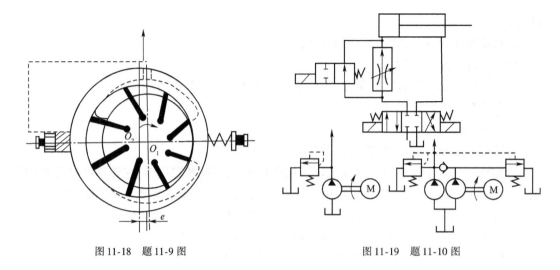

图 11-18 题 11-9 图　　　　图 11-19 题 11-10 图

任务 12　柱塞泵检修

教学目标

1. 知识目标

(1) 了解柱塞泵的类型和特点；

(2) 掌握柱塞泵的工作原理和结构特点。

(3) 理解柱塞泵的主要性能参数。

2. 能力目标

(1) 能够正确拆装、调试柱塞泵；

(2) 能够排除柱塞泵的常见故障。

一、任务引入

柱塞泵用圆柱形柱塞和具有圆柱形孔的回转缸体作为主要构件。由于柱塞和柱塞孔都是圆柱表面，加工方便，配合精度高，密封性能好，容积效率高，因此柱塞泵多用于中高压和高压系统，常用工作压力为 20～40MPa，超高压泵可达 70～100MPa 甚至更高。工作时柱塞处于受压状态，能充分发挥材料的性能，因此，柱塞泵的使用寿命长，一般在 10000h 以上。此外，由于只要改变柱塞的工作行程就能改变泵的排量，流量调节方便，所以柱塞泵一般作变量泵使用。其缺点是零件多，结构复杂，制造工艺要求较高，成本相对较贵，对工作介质清洁度的要求较高，使用和维护要求也较高。

本任务通过拆装柱塞泵，熟悉柱塞泵的结构形式，加深对其结构特点和工作原理的理解，掌握检修柱塞泵的基本方法。

所需实训器材：各种类型柱塞泵。

所需工具：液压拆装实训台、内六角扳手、固定扳手、螺丝刀等钳工常用工具。

二、相关知识

柱塞泵按柱塞的布置方向分为径向柱塞泵和轴向柱塞泵两类；按配流方式可分为阀式配

流、轴式配流和端面配流 3 类。其中,最为常用的是斜盘式轴向柱塞泵。

(一)径向柱塞泵

根据柱塞的布置方式不同,径向柱塞泵分为曲轴式和回转式两大类。

1. 曲轴式径向柱塞泵

(1)曲轴式径向柱塞泵的工作原理。柱塞沿泵轴径向并排布置称为曲轴式径向柱塞泵,如图 12-1 所示。柱塞 5 装在泵体的柱塞孔中并通过连杆与曲轴(泵轴)铰接,柱塞在曲轴的带动下作往复运动。当柱塞在曲轴的带动下向下移动时,柱塞与柱塞孔形成的密封油腔的容积增大,油腔内产生负压,吸油单向阀 1 开启,油箱中的油液在大气压的作用下进入密封油腔,此为吸油过程,此时压油单向阀 3 关闭;当柱塞向上移动时,密封油腔容积减小,油腔内油压升高,压油单向阀 3 开启,将油压入系统,此为压油过程,此时吸油单向阀 1 关闭。曲轴连续转动,柱塞泵便交替吸油和压油。

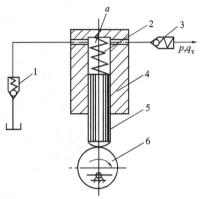

图 12-1 曲轴式径向柱塞泵的工作原理
1-吸油单向阀;2-弹簧;3-压油单向阀;4-泵体;5-柱塞;6-曲轴

(2)典型结构。图 12-2 所示为 JB 型径向柱塞泵的结构。该泵由泵体 4、曲轴 8、连杆 6、缸体 3、柱塞 2、阀体 1 及配流阀 10 和 12 组成。柱塞分为两组,每组 3 个。每组有独立的输出油口,各输出油源既能单独使用,也可合并使用。曲轴 8 由轴承 7 支承在泵体 7 上。柱塞 2 通过连杆销 5 与连杆 6 连接。上、下两个连杆用对开连接环 9 连接在曲轴的偏心轴颈上。三个偏心轴颈互成 120°角。在缸体 3 两端安装阀体 1,阀体上对应于每个柱塞各有吸、压油单向阀 10 和 12 在压油通道上装有排气螺钉。

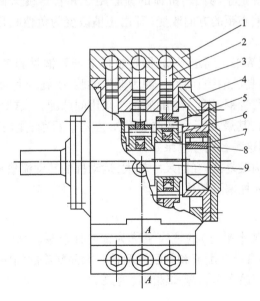
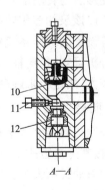

图 12-2 JB 型径向柱塞泵
1-阀体;2-柱塞;3-缸体;4-泵体;5-连杆销;6-连杆;7-轴承;8-曲轴;9-连杆环;10-吸油阀;11-排气螺钉;12-压油阀

JB 型柱塞泵采用配流阀配流,密封性好,容积效率和工作压力都比较高,其额定压力为 25~28MPa,最高压力为 32~40MPa。

2. 回转式径向柱塞泵

柱塞沿泵轴的径向在缸体内呈辐射状布置称为回转式径向柱塞泵,其工作原理如图 12-3 所示。

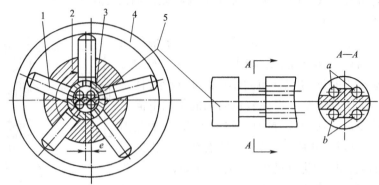

图 12-3 回转式径向柱塞泵的工作原理
1-柱塞;2-回转缸体;3-青铜衬套;4-定子;5-配流轴

定子 4 和回转缸体 2 偏心布置。当回转缸体由原动机带动按图示顺时针方向旋转时,各柱塞在离心力和辅助泵低压油的作用下紧压在定子 4 的内壁面上,柱塞底部和柱塞孔之间形成密封油腔。在上半周柱塞由内向外伸出,密封油腔的容积由小逐渐增大,压力降低,产生局部真空,因而通过配流轴上的吸油窗口 a 从油箱中吸油。在下半周柱塞由外向内缩回,密封油腔的容积由大逐渐减小,压力升高,并通过配流轴上的压油窗口 b 将压力油压入液压系统。回转缸体每转一周,每个密封油腔分别吸压油一次。回转缸体连续转动,便可连续向液压系统供油。

若使定子水平方向移动,则可改变定子与回转缸体的偏心距 e,即能改变泵的排量;若使定子移动越过回转缸体的中心线,则偏心距的方向改变(即由正值改变为负值),因此吸、压油的方向也改变,即成为双向变量泵。

该泵采用配流轴的配流方式。配流轴 5 固定不动,回转缸体 2 与青铜衬套 3 压装在一起后套装在配流轴上。配流轴的一侧为高压油腔,而另一侧为低压油腔,受到较大的径向力。为防止轴受力变形后与转动的衬套咬死,青铜衬套 3 与配流轴 5 采用间隙配合,这对泵的密封性影响较大。所以该泵的容积效率不高,其最高压力多在 20MPa 左右。目前,龙门刨床、拉床、液压压力机等设备的液压系统仍采用这种径向柱塞泵。

由上述分析可知,径向柱塞泵结构较复杂,径向尺寸较大,运动件的转动惯量较大,制造和维修难度也较大,故近年来逐渐被轴向柱塞泵替代。

(二)轴向柱塞泵

柱塞的轴线与回转缸体平行(或基本平行)的柱塞泵称为轴向柱塞泵。轴向柱塞泵的结构形式很多,按其配流方式来分,主要有端面配流和阀配流两种。端面配流的轴向柱塞泵又可分为斜盘式和斜轴式两大类,其中应用最多是斜盘式轴向柱塞泵。

1. 斜盘式轴向柱塞泵

(1)工作原理。图 12-4 所示为斜盘式轴向柱塞泵的工作原理图。斜盘式轴向柱塞泵由柱塞 5、回转缸体 7、配流盘 10、斜盘 1 等零件组成。斜盘 1 和配流盘 10 固定不动,斜盘的法线与回转缸体轴线的交角为 γ。回转缸体由传动轴 9 带动旋转。在回转缸体的等径圆周处均匀分布了若干个轴向柱塞孔,每个孔内装一个柱塞 5。带有球头的套筒 4 在中心弹簧 6 的作用下,通过压板 3 使各柱塞头部的滑履(又称"滑靴")2 与斜盘靠牢。同时,套筒 8 左端的凸缘将回转缸体 7 与配流盘 10 紧压在一起,消除两者接触面间的间隙 s。

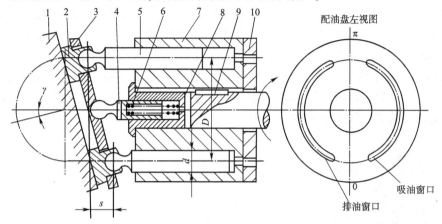

图 12-4　斜盘式轴向柱塞泵的工作原理
1-斜盘;2-滑履;3-压板;4、8-套筒;5-柱塞;6-中心弹簧;7-回转缸体;9-传动轴;10-配流盘

当回转缸体在传动轴 9 的带动下按图示方向旋转时,由于斜盘和压板的作用,迫使柱塞在回转缸体的各柱塞孔作往复运动,在配流盘左视图的右半周,柱塞随回转缸体由下向上转动的同时,向左移动,柱塞与柱塞孔底部密封油腔的容积由小变大,其内压力降低,产生真空,通过配流盘上的吸油窗口从油箱中吸油;在左半周,柱塞随回转缸体由上向下转动的同时,向右移动,柱塞与柱塞孔底部密封油腔的容积由大变小,其内压力升高,通过配流盘上的压油窗口将油压入液压系统中,实现压油。

若改变斜盘倾角 γ 的大小,就能改变柱塞的行程长度,也就改变了泵的排量;若改变斜盘倾角 γ 的方向,就能改变泵的吸、压油的方向。因此,轴向柱塞泵一般制作成为双向变量泵。

(2)柱塞泵的性能参数。柱塞泵的主要性能参数包括压力、排量、流量、功率和效率等。除排量的计算方法不同外,其他所有参数的含义与齿轮泵的性能参数相同。

以斜盘式柱塞泵为例(参见图 12-4),若柱塞数为 z,柱塞直径为 d(cm),柱塞孔分布圆的直径为 D(cm),斜盘倾角为 γ(°)时,柱塞泵的排量为

$$V = \frac{\pi d^2}{4} s z = \frac{\pi d^2}{4} D \tan\gamma z \tag{12-1}$$

柱塞泵的实际流量为

$$q_V = V n \eta_V \times 10^{-3} = \frac{\pi d^2}{4} D z \tan\gamma\, n \eta_V \times 10^{-3} \tag{12-2}$$

不同柱塞数目的柱塞泵,其输油量的脉动率是不同的。一般来说,柱塞数较多且为奇数时,油液脉动率较小。因此,柱塞泵的柱塞数一般为奇数。从结构和工艺性考虑,常取柱塞数 $z=7$ 或 $z=9$。

(3)CY14-1B 型斜盘式轴向柱塞泵。CY14-1 系列柱塞泵是目前我国应用最为广泛的高压液压泵。其结构如图 12-5 所示。该泵主要由泵的主体部分和变量部分组成。

①主体部分结构。CY14-1 系列柱塞泵的排量从 2.5ml/r 到 250ml/r 均有成熟产品,目前 400ml/r 也已经面世,有资料称 700ml/r 也有生产。尽管各种泵的尺寸大小不一,其主体部分的结构是完全一样的。回转缸体用铝铁青铜制成,外面镶钢套 4,通过滚柱轴承 11 支承在中间泵体 1 和前泵体 7 内,由传动轴 8 通过花键带动旋转。在回转缸体的柱塞孔中各装一个柱

塞9。柱塞的球形头部装在滑履12的孔内并可作相对滑动。定心弹簧3通过内套2、定心钢球20和压盘14将滑履紧紧地压在斜盘15上，使泵具有自吸能力。当回转缸体由传动轴带动旋转时，柱塞相对于回转缸体作往复运动，于是柱塞与柱塞孔底之间密封油腔的容积发生变化，这时油液可通过柱塞缸底部的孔和配流盘的配流窗口完成吸、压油工作。柱塞密封腔内的压力油将回转缸体5压向配流盘6，定心弹簧3通过套筒10的左凸缘也将回转缸体5压向配流盘6，所以回转缸体能与配流盘保持良好的接触，使密封非常可靠。即使配流盘端面或回转缸体端面有一些磨损也可以得到自动补偿，所以这类泵的工作压力一般为32～40MPa，而且它在高压下仍能保持容积效率在95%以上。

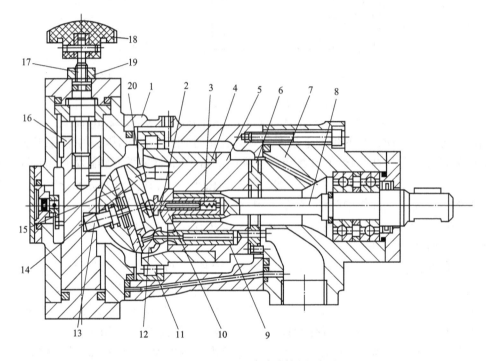

图 12-5　SCY14-1B 型斜盘式轴向柱塞泵

1-中间泵体；2-内套；3-定心弹簧；4-钢套；5-回转缸体；6-配流盘；7-前泵体；8-传动轴；9-柱塞；10-套筒；11-滚动轴承；12-滑履；13-销轴；14-压盘；15-斜盘；16-变量柱塞；17-丝杠；18-调节手轮；19-锁紧螺母；20-定心钢球

图12-6所示为滑履和斜盘结构。柱塞球形头部如果直接和斜盘接触，则该接触为点接触，接触应力大，易造成磨损。通过滑靴和斜盘接触，则和斜盘的接触为面接触，使磨损降低。此外，滑履与斜盘的接触面上采用迷宫式密封结构，柱塞孔中的压力油经过柱塞和滑履中间的小孔，通入滑履和斜盘的接触平面间，形成静压油垫，进一步使滑履和斜盘的磨损减小。

图12-7所示为配流盘的结构。图中 a 为压油窗口，c 为吸油窗口，外圈 d 为卸压槽，与回油腔相通。卸压槽使回转缸体右端面与配流盘的左端面很好贴合，保证密封。两个通孔 b 起减小冲击和降低噪声的作用。配流盘下面的缺口是定位槽。

②变量部分结构。CY14-1B型柱塞泵有定量泵形式（MCY14-1B），也可通过改变斜盘的倾角 γ 来改变泵的排量，从而实现变量。目前该泵有4种常用的变量机构，即：手动变量式（S）、压力补偿变量式（Y）、液压伺服式（C）和电动式（D）。而日渐增多的电液比例控制变量，则属于液压伺服变量中的一种新颖结构。

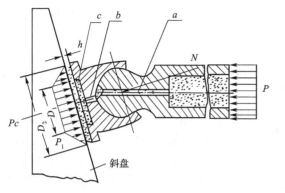

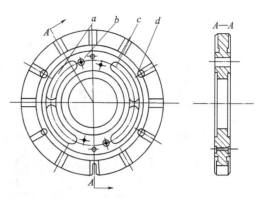

图 12-6 滑履和斜盘　　　　　　图 12-7 配油盘结构

图 12-5 所示 SCY14-1B 型柱塞泵采用了手动变量机构。其变量原理是：转动调节手轮 18，使丝杠 17 转动，带动变量柱塞 16 沿导向键做轴向移动，通过销轴 13 使支承在变量壳体上的斜盘 15 绕定心钢球 20 的中心转动，使斜盘的倾角改变，从而改变泵的排量。当斜盘的倾角 $\gamma = 0$ 时，泵的排量等于零。若斜盘继续转动，斜盘倾角 γ 变为负值，则改变了泵的吸油和压油方向。液压泵的排量调节好了以后，应将锁紧螺母 19 锁紧。

压力补偿变量机构的变量原理见图 12-8 所示。压力油经单向阀 7、下腔室 d、油道 e 进入环槽 f 和 h。在环槽 f 内，由于 $D_1 > D_2$，因此液压油对伺服滑阀 3 产生向上的作用力。当液压泵的出口油压高，液压作用力大于外弹簧 5 的预紧力时，伺服滑阀压缩弹簧上升，将环槽 h 封闭，环槽 g 打开，上腔室 a 内的油液经卸压油道 i、环槽 g 和伺服滑阀的中心孔泄入泵体内流回油箱。于是变量活塞 1 被下腔室 d 的液压油推动上移，斜盘倾角减小，液压泵的排量减小，直到作用在伺服滑阀上的油压作用力与弹簧力平衡，变量活塞上升到将环槽 g 重新封闭为止。反之，当液压泵出口油压降低，液压作用力小于弹簧 5 的预紧力时，弹簧就推动伺服滑阀下移，将环槽 h 打开，压力油进入上腔室 a。变量活塞上下腔室都是压力油，而上腔室的作用面积大，液压合力向下，于是变量活塞也就随之下降，斜盘倾角增大，液压泵的排量增加。这种变量机构使液压泵的输出流量 q_V 随着出口压力 p 的大小自动变化，出口压力增加，则输出的流量减小；出口压力降低，则输出流量增加，而液压泵的输出功率近似不变，即 $P = pq_V \approx$ 定值，故这种变量方式又称为恒功率变量。

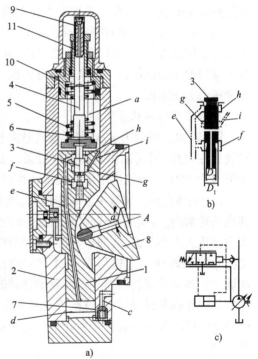

图 12-8 压力补偿变量机构
a) 结构图；b) 随动滑阀；c) 职能符号
1-变量活塞；2-壳体；3-伺服滑阀；4-导杆；5、6-弹簧；
7-单向阀；8-斜盘；9-调节螺钉；10-弹簧套；11-调节套

恒功率变量泵的特性适合于工程机械的要求，可进行自动调速。当负载大压力高时，流量相应减少使速度降低，保证工作平稳可靠；而当负载小压力小时，输出流量加大，使速度提高，从而提高了机械的效率。

（4）XB1 斜盘式轴向柱塞泵。图 12-9 所示为 XB1 斜盘式轴向柱塞泵的结构。此泵的显著特点是泵轴穿过斜盘带动回转缸体旋转,因此通常称它为"通轴泵"。

通轴泵的工作原理与CY14-1B型斜盘式轴向柱塞泵的工作原理相同,只是结构有所不同。该泵壳体采用分体式结构,由前、后泵盖和中间泵体组成,便于制造和装配。柱塞7内填充尼龙以减小柱塞惯量,有助于提高效率和降低噪声。泵轴1穿过斜盘3,支承在前、后泵盖2、12的滚动轴承上。回转缸体通过花键定位支承在泵轴上。这种结构取消了回转缸体的大尺寸支承轴承,可以降低成本、提高转速、降低噪声、延长使用寿命。

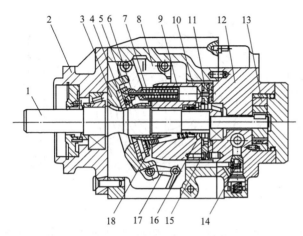

图 12-9 XB1 斜盘式轴向柱塞泵(通轴泵)
1-泵轴;2-前泵盖;3-斜盘;4-减磨板;5-回程盘;6-柱塞球头;7-柱塞;8-推力控制液压缸;9-铜套;10-回转缸体;11-铜衬板;12-后泵盖;13-摆线转子泵;14-溢流阀;15-定位销;16-弹簧套;17-反馈杆;18-弹簧

这种泵的变量方式有手动伺服变量和带压力限制阀伺服变量两种,也可做成定量泵。其变量机构的布置与泵轴的方向一致,结构十分紧凑。采用伺服变量,其变量原理与前面介绍的变量原理相似,区别仅在于采用推力控制液压缸来控制斜盘的倾角。

该泵的后泵盖中装有摆线转子泵13和低压溢流阀14。转子泵由泵轴1同时驱动,它作为辅助泵提供推力控制液压缸8的油源,并可供闭式液压系统补充漏损和冷却。溢流阀限定转子泵的输出油液压力。该泵具有可逆性,作马达使用称为XM1型斜盘式轴向柱塞马达,其额定压力为25MPa。

2. 斜轴式轴向柱塞泵

图12-10a)所示为A7V型斜轴式轴向柱塞泵,该泵的主要特点是泵轴1与回转缸体4的轴线存在夹角,因而称作斜轴式柱塞泵。A7V型斜轴式轴向柱塞泵的额定压力为35MPa,最大压力达40MPa,该泵由主体和变量机构两部分组成。

(1)主体部分。泵轴1右端带圆盘,连杆3的左端大球头通过压板、垫圈和螺钉等铰接在圆盘的球窝内,右端的小球头铆接在柱塞内孔的球窝内;在柱塞底部和连杆中心开有小孔,使压力油进入大小球窝,起润滑和静压平衡作用。缸体中心轴20的一端支承在圆盘上,另一端支撑在配流盘18上。蝶形弹簧21和柱塞缸中的压力油使回转缸体19紧贴在配流盘18的左端面上。当泵轴旋转时就一方面驱动回转缸体旋转,另一方面通过圆盘和连杆带动柱塞在回转缸体内作往复运动,并通过配流盘完成吸油和压油工作。与斜盘式柱塞泵不同,这种柱塞泵的回转缸体与泵轴不直接发生转矩传递关系,而是通过连杆接触柱塞推动回转缸体克服摩擦阻力旋转。

配流盘的结构和斜盘式泵类似,也有两个弧形进、出油窗口,但配流盘与缸体的配流端面是球面,其背面也是球面。球面配合不改变泵的配流原理,并可在变量壳体上很好地密封贴合滑动进行变量,使油液通过变量壳体输入、输出,完成吸油、压油工作。

(2)变量部分。A7V型斜轴式轴向柱塞泵有恒压变量和恒功率变量两种变量方式,恒功率变量的原理与YCY14-1B型柱塞泵相似,图12-10所示为恒压变量。该变量机构位于泵的右端。拔销11装在大变量活塞16和配流盘的中心孔中。当拔销在大、小变量活塞16和9的作用下运动时,使配流盘18沿着变量壳体7上的圆导轨面作上下运动,使缸体轴线与泵轴1

的夹角改变,从而使泵实现变量。

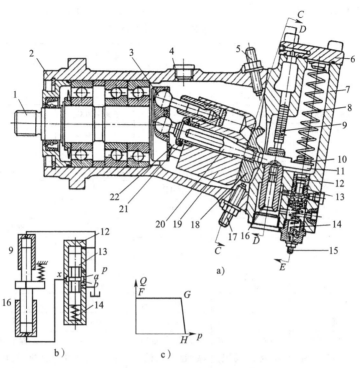

图 12-10 A7V 型斜轴式轴向柱塞泵
a)结构图;b)伺服滑阀;c)特性曲线

1-泵轴;2-泵体;3-连杆;4-油口螺塞;5、17-限位螺钉;6-变量壳体上盖;7-变量壳体;8、14-弹簧;9、16-变量活塞;10-弹簧定位销;11-拔销;12-控制阀体;13-阀芯;15-调节螺钉;18-配流盘;19-回转缸体;20-缸体中心轴;21-蝶形弹簧;22-弹簧座

恒压变量的原理如图 12-10b)所示:活塞 9 的面积为活塞 16 的一半,其油腔与泵的压油腔连通。活塞 16 的油腔与控制阀体 12 上的沉割槽(x 腔)连通。活塞 16 所受压力的大小由阀芯 13 的位移来控制。阀芯 13 的上腔与泵的压油腔连通,其台肩宽度稍小于控制阀体 12 沉割槽的宽度。当阀芯 13 位于图示中位时,a、b 处形成两个同样大小的开口,其节流作用相同,则活塞 16 油腔内的压力为泵供油压力的 1/2,与活塞 9 上的作用力相等。这时拔销固定在某一位置不动,泵的流量不变。当泵的供油压力降低时,阀芯 13 被其下端的弹簧 14 推动上移,x 腔与回油连通,缸体的倾角最大,泵流量也最大。当泵的供油压力升高,使阀芯 13 向下移动到中位时,活塞 9 和 16 仍保持不动,流量也不变化,如图 12-10c)中的 FG 线;如果泵的出口压力进一步升高,阀芯 13 偏离中位向下移动,x 腔的压力增加,活塞 16 和 9 上移,缸体的倾角减小,泵的流量随之减小,如图所示的 GH 线。弹簧 14 的刚度很小,故泵的供油压力只要稍有变化,x 腔的压力就可能有较大的变化;同时弹簧 8 的刚度也很小,所以泵的油压再增加不多时就能使流量降至为零,也就是说 GH 线很陡。工作时当泵的流量大于所需流量时,系统压力就要增加,随之泵的流量自动减小,直至与需要量相适应为止;当泵的流量小于所需量时,系统压力随之降低,泵的流量即自动增加。GH 线很陡,实际引起系统的压力变化很小,故泵能自动改变流量而维持系统压力基本恒定,因此称为恒压变量。

调整弹簧 14 的预紧力就能改变恒压值,即图 12-10c)中的 G 点。采用恒压变量泵可使泵的流量自动地和需要量相适应,没有流量浪费,能最大限度节约能源。

(三)常用液压泵的性能比较

了解常用液压泵的性能,可为我们选择、使用合适的液压泵提供参考。如表12-1所示。

常用液压泵的一般性能比较　　　　表12-1

任务 \ 类型	齿轮泵	螺杆泵	双作用叶片泵	限压式变量叶片泵	轴向柱塞泵	径向柱塞泵
工作压力(MPa)	<20	<10	6.3~21	≤7	20~35	10~20
转速(r/min)	300~7000	1000~18000	500~4000	500~2000	600~6000	700~1800
容积效率	0.7~0.95	0.75~0.95	0.8~0.95	0.8~0.9	0.9~0.98	0.85~0.95
总效率	0.6~0.85	0.7~0.85	0.75~0.85	0.7~0.85	0.85~0.95	0.75~0.92
排量(mL/r)	2.5~210		2.5~237	10~125	0.25~188	2.5~915
流量调节	不能	不能	不能	能	能	能
流量脉动率	很大	很小	小	一般	一般	一般
自吸性能	好	好	较差	较差	较差	差
对油液污染的敏感性	不敏感	不敏感	敏感	敏感	敏感	敏感
噪声	大	很小	小	较大	大	大
使用寿命	较短	很长	较长	较短	长	长
单位功率造价	最低	较高	中等	较高	高	高
应用范围	机床、工程机械、农机、矿机、起重机械	精密机床、食品、化工、纺织、石油机械	机床、工程机械、起重机械、注射机、液压机	机床、注射机	工程机械、锻压机械、矿机、冶金、船舶、飞机	机床、液压机、船舶机械

(四)柱塞泵的应用

定量柱塞泵可以用于第三项目所示的所有液压回路,但考虑到柱塞泵压力高、成本高等特点,一般用于高压大流量液压系统。变量柱塞泵虽然也可以用于上述所有回路,但更多的是用于容积调速回路。所谓容积调速,就是通过改变液压泵(或液压马达)的排量来调节执行元件的运动速度。容积调速回路有4种形式,本节列举一种,在下一节再列举3种。容积调速回路无溢流损失和节流损失,故效率高、发热少,适用于高压大流量的大型机床、液压压力机、工程机械、矿山机械等大功率设备的液压系统。

1. 变量泵-液压缸容积调速回路

图12-11a)所示回路为由变量泵及液压缸组成的容积调速回路。

若液压泵的排量为 V_P,转速为 n_P,液压缸的有效工作面积为 A,则液压缸的运动速度 v 和液压泵的输出功率为 P_P 分别为

$$v = \frac{V_P n_P}{A} \tag{12-3}$$

$$P_P = p_P V_P n_P \tag{12-4}$$

由式(12-3)可见,活塞的运动速度 v 与泵的排量 V_P 成正比,即改变变量泵的排量,即可调节液压缸的运动速度。此时的溢流阀3起限定系统最高压力、过载保护的作用,不再起溢流液压泵多余油液的作用,称为安全阀。单向阀2的作用是当泵停止工作时,防止液压缸的油向泵倒流和进入空气,背压阀6可使运动平稳。

由于液压泵的最高工作压力 p_P 由安全阀限定,而 p_P 为定值,因而在调速过程中液压缸的

最大推力 F_{max} 为定值。故这种调速回路又称为恒推力调速。

泵的转速也为定值,因而当不计回路损失时,液压缸的输出功率与泵的输出功率 P_p 相等。由式(12-4)可知,液压缸的输出功率也与泵的排量 V_p 成正比。该回路的调速特性如图 12-11b 所示。

由于变量泵径向力不平衡,当负载增加压力升高时,其泄漏量增加,使活塞速度明显降低,因此活塞低速运动时其承载能力受到限制,如图 12-11c)所示。这种容积调速回路常用于插床、拉床、压力机、推土机、升降机等大功率的液压系统中。

2. 双向变量泵换向回路

图 12-12 所示为双向变量泵换向回路。该回路有两个显著特点:

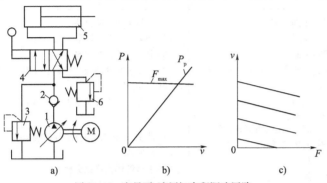

图 12-11 变量泵-液压缸容积调速回路
1-变量泵;2-单向阀;3-溢流阀;4-换向阀;5-液压缸;6-背压阀

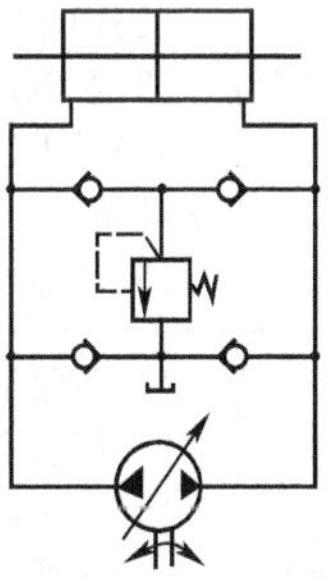

图 12-12 双向变量泵换向回路

(1)通过双向变量泵直接改变液压缸的运动方向,省略了电磁换向阀。双向变量泵改变油液流动方向是通过斜盘倾角方向的改变(或叶片泵定子对转子的偏心距)来实现的。相对于普通的换向阀换向,这种换向回路换向平稳,且可实现执行元件的无级变速。

(2)该回路采用闭式回路。所谓闭式回路,是指液压泵的吸油口与执行元件(液压缸或马达)的回油口连接,执行元件的回油直接被液压泵吸取,油液在封闭的管路系统内循环。由于省略了油箱,所以闭式回路的主要特点其结构紧凑;另外,回路中油液具有一定压力(低压油路也有背压),空气和污物不易侵入。但由于失去了油箱散热,所以闭式回路的散热条件较差。

实际上,即使在闭式回路中油液损耗也是不可避免的,因此,在实际应用时,为了补偿油液损耗以及补偿执行元件进、回油面积不等引起的流量差,闭式回路中还需设置补油装置,例如顶置充液箱、补油泵及与其配套的溢流阀、油箱等。

这种换向回路多用于大功率的液压系统中,如龙门刨床、拉床等液压系统。

(五)柱塞泵常见故障及排除(表 12-2)

柱塞泵常见故障及排除方法　　　　　　　　表 12-2

故障现象	原因分析	排除方法
噪声过大	(1)过滤器堵塞或吸油管贴近油箱底面 (2)吸油管密封不严,有空气进入 (3)油箱中液面低,吸油口高度太大 (4)泵与联轴器不同轴或松动 (5)油液黏度大,进油过滤器通油能力小 (6)油温过高,油沫汽化 (7)配流盘装错 (8)柱塞与滑靴铆合处松动,或泵内零件严重损坏	(1)清洗、更换过滤器,抬高吸油管位置 (2)加强密封,紧固连接件 (3)按规定加足油液,降低油口高度 (4)重新安装,使其同轴,并紧固连接件 (5)更换合适的油液和过滤器 (6)改善系统冷却装置 (7)纠正配流盘的装配 (8)立即停止油泵工作,进行解体检查,更换有关零件

续上表

故障现象	原 因 分 析	排 除 方 法
输出流量不足或完全不排油	(1)电动机转向不对 (2)油箱液面低 (3)吸油管路或过滤器堵塞 (4)中心弹簧太短或折断,柱塞不能回程 (5)配流盘与缸体表面啃毛,密封不好 (6)柱塞磨损,内泄严重 (7)缸体径向力引起缸体与配流盘产生楔形空隙,导致吸、压油腔沟通	(1)纠正转向 (2)补油至规定量 (3)疏通管路,清洗过滤器 (4)更换中心弹簧 (5)研磨抛光或更换 (6)更换柱塞 (7)采用弹性联轴节传动
升不起压或压力提不高	(1)同上述输出流量不足的原因 (2)溢流阀故障或未调整好 (3)配流盘磨损后密封不好 (4)压力补偿变量的弹簧未调整好或限位弹簧未调整好 (5)压力表开关未打开或损坏	(1)参见上栏排除办法 (2)调整、检修溢流阀 (3)研修或更换配流盘 (4)按流量特性曲线调整调节套筒、限位螺钉,调好后要锁紧 (5)打开压力表开关或更换压力表
油泵不变量	(1)变量活塞、随动滑阀套的孔道堵塞或错位 (2)随动滑阀拉毛、损伤、弯曲或扭曲 (3)变量活塞咬毛、卡阻 (4)弹簧芯轴弯曲而卡阻 (5)回油背压高,使变量活塞上腔处油液难以卸压 (6)指示盘拨叉螺钉脱落	(1)清洗、疏通有关孔道,并使安装位置正确 (2)研修或更换 (3)进行解体检修或更换 (4)校正或更换芯轴 (5)检修回油管,使回油背压在0.03MPa以下 (6)检修达到规定要求
发热严重	(1)油箱容量小,或无冷却装置 (2)油液黏度过高 (3)泵或阀内泄严重,泵内运动件磨损或配合间隙大	(1)加大油箱容积,增设冷却装置 (2)更换合适的油液 (3)检修、更换有关零件

三、任务实施

任务实施　柱塞泵拆装

以 YCY14-1B 型柱塞泵为实训对象进行拆装训练。其实物如图 12-13 所示,其主体部分和变量机构的解体结构分别如图 12-14 和图 12-15 所示。

图 12-13　YCY14-1B 型柱塞泵

1.拆卸步骤

(1)将待拆柱塞泵放到铺有橡胶垫的工作台上,用清洁剂对泵表面除尘、除锈。

(2)卸下放油塞,将泵体内残存油液(如有残液)放干净。

(3)旋松变量机构与中间泵体的连接螺栓,将变量机构与中间泵体分开。

(4)将回转缸体连同柱塞、回程盘、配流盘等零件从中间泵体内取出(图12-14)。

(5)对柱塞与回转缸体的位置做好记号,将柱塞及回程盘、中心柱塞等零件一一取出,并妥善放置。

(6)将前泵体与中间泵体的连接螺栓卸下,轻轻敲打泵体,将两者分开。

(7)将斜盘从变量机构壳体内取出。

（8）分解变量机构，如图12-15所示。

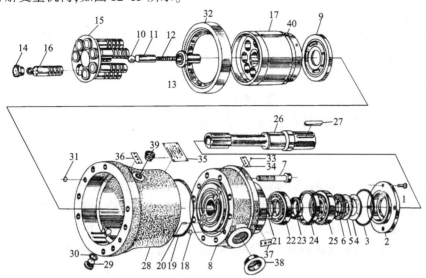

图12-14　YCY14-1B型柱塞泵主体部分解体图

1-端盖螺钉;2-端盖;3-密封圈;4、5、6-组合密封圈;7-连接螺钉;8-前泵体;9-配流盘;10-中心钢球;11-内套;12-中心弹簧;13-外套;14-滑靴;15-回程盘;16-柱塞;17-钢套;18-小密封圈;19-密封圈;20-定位销;21-挡圈;22-轴承;23-内隔圈;24-外隔圈;25-轴承;26-泵轴;27-键;28-中间泵体;29-放油塞;30、31-密封圈;32-滚柱轴承;33-铝铆钉;34-旋向牌;35-铭牌;36、37-标牌;38-防护塞;39-回油旋塞;40-回转缸体

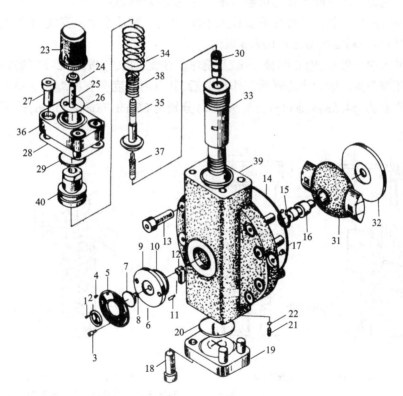

图12-15　压力补偿机构解体图

1-螺钉;2-指针牌;3-螺钉;4-小铆钉;5-刻度盘;6-连接销;7-指示盘;8-密封圈;9-压盖;10-密封圈;11-拨叉滑销;12-拨叉;13-螺钉;14-密封圈;15-挡圈;16-变量头销轴;17-油塞;18-螺钉;19-下凸缘;20-密封圈;21-弹簧;22-钢球;23-盖帽;24-锁紧螺母;25-限位螺杆;26-密封圈;27-螺钉;28-垫片;29-密封圈;30-随动滑阀套;31-变量头;32-止推板;33-变量活塞;34-外弹簧;35-芯轴;36-上凸缘;37-随动滑阀;38-内弹簧;39-变量壳体;40-调节套筒

2.观察、分析主要零件的结构及作用

(1)观察回转缸体的结构。

(2)观察柱塞和滑靴的结构。注意观察柱塞外圆柱面是否有均压槽,滑靴内有油道通柱塞内部,分析此油道的作用。

(3)观察中心弹簧机构,分析其作用。

(4)观察配流盘的结构,分析其腰形窗口、环形槽、三角槽的作用。

(5)观察变量机构的结构特点,分析变量原理。

3.柱塞泵的装配

(1)主体部分的装配:

①装配传动轴组件。将两只小轴承、内外隔圈装入传动轴轴颈部位,并用弹性锁圈锁牢。

②传动轴与前泵体的装配。检查前泵体特别是与配流盘结合盘面的平面度、表面粗糙度,将传动轴组件装入前泵体孔中,要求轴转动时对泵体内端面 A 和 B 的跳动量不大于 0.02mm,见图 12-16a)。然后在前泵体外端面再装上油封小压盖,并用垫片调整轴向间隙在 0.07mm 左右。

③对接前泵体和中间泵体,使传动轴伸出端向下,竖直安放前泵体,并用圆环物垫置稳固。用螺钉对接两泵体时,要注意大、小密封圈是否完好,更不能遗漏。滚柱轴承一般不拆卸,但装配时需检查轴承外圈内孔的径向跳动小于 0.05mm。

④安放配流盘。注意配流盘盘面缺口槽对应的定位销位置。

⑤安放回转缸体。将回转缸体垂直放入中间泵体内、配流盘上。安放到位后,转动回转缸体,使回转缸体另一端面跳动在 0.02mm 以内。

⑥依次放入中心外套、中心弹簧、内套及钢球。在放入前,应按图 12-17 检查一下,保证 M 处有适当的压缩距离。因为中心弹簧工作疲劳后,其自由长度会有所缩短。中心弹簧的设计长度在钢丝直径为 $\phi 4.5mm$、$\phi 5mm$、$\phi 5.5mm$ 时分别为 86mm、78mm、72mm,达不到该长度可用垫片补偿。

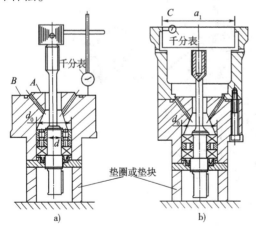

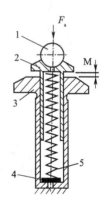

图 12-16 前泵体装配测量

图 12-17 中心弹簧的高度
1-钢球;2-内套;3-外套;4-调整垫;5-中心弹簧

⑦将柱塞、滑靴组件按所标记号顺序放置在回程盘上,然后垂直地把柱塞对号放入回转缸体孔中。

(2)变量机构的装配:

①装配前检查各零件的完好程度;变量活塞在变量壳体内要间隙适当,滑动自如;变量头、变量头销轴、变量活塞相互套装在变量壳体中应摆动范围足够,且无卡阻现象。以上均无问题后方可正式装配。

②装配流量指示盘组件。将指示盘 7 穿过压盖 9 的内孔用连接锁 6 与拨叉 12 组装后,一齐装入变量壳体的孔内,并把拨叉口横向安放。

③将变量壳体(与中间泵体相接的)端面向上水平安放,自上而下缓慢放入变量活塞 43(内孔中装有随动滑阀外套 39)。

④在变量活塞上装入并旋紧拨叉滑销螺钉 11,然后转动变量活塞,使滑销螺钉 11 滑入拨叉 12 的叉槽内。

⑤将随动滑阀 47 与芯轴 45 用 T 型芯装好后滑入变量活塞内的外套 39 内,然后在芯轴上放入内外弹簧。

⑥将组合套筒 50 旋进上凸缘并处于最上面位置,然后将上凸缘与变量壳体联结并注意有关密封圈和垫片,不使遗落或损坏,装入限位螺钉 27 等附件。

⑦装配单向阀 23、24 组件和下凸缘。

⑧将变量头 41、推力板 42 置于竖直安放的油泵主体的回程盘上。

⑨合装主体与变量机构。将变量部分扣于泵的主体部分上,并用干净扁铁条使变量头销轴滑入变量活塞的相应孔中。特别留意中心钢球不能脱落,也可以置两者于水平位置后合装。

⑩拧紧螺钉时,一边转动泵轴,一边均匀紧固。应做到转动灵活平稳,无卡阻现象。

⑪装配完毕,将工具、辅件等收拾好,将工作台清扫干净。

其他柱塞泵的拆装步骤与上述步骤会有所不同,请拆装时注意。

四、思考与练习

12-1 相对其他类型的液压泵,柱塞泵有什么优缺点?适用于什么场合?

12-2 柱塞泵有哪些类型,结构上各有什么特点?

12-3 柱塞泵的配流方式有哪几种?变量方式有哪几种?

12-4 柱塞泵的密封容腔由哪几部分组成?简述其吸、压油过程。

12-5 为什么柱塞泵的容积效率比其他类型泵都高?

12-6 什么是恒功率变量?什么是恒压变量?

12-7 解释 250YCY14-1B 型柱塞泵型号的含义

12-8 简述通轴式柱塞泵和斜轴式柱塞泵的结构特点。

12-9 柱塞泵常见故障有哪些?导致故障的原因是什么?

12-10 某柱塞泵的斜盘倾角 $\gamma = 22°30'$,柱塞直径 $d = 22\text{mm}$,柱塞分布圆直径 $D = 68\text{mm}$,柱塞数 $z = 7$。若泵的容积效率 $\eta_V = 0.98$,机械效率 $\eta_m = 0.9$,转速 $n = 960\text{r/min}$,输出压力 $p = 10\text{MPa}$,试求泵的理论流量、实际流量和输入功率。

12-11 按油液循环的方式,图 12-11 所示液压系统为开式回路或开式液压系统。试对照"相关知识"部分关于闭式回路的描述,总结开式回路的概念、特点。

12-12 对照图 12-12 所示双向变量泵换向回路进行分析:(1)4 个单向阀的作用;(2)溢流阀的作用;(3)油液可能发生哪些方面的损耗;(4)如果将双杆活塞缸换成单杆活塞缸,回路能否正常工作。

任务13　液压马达检修

教学目标

1. 知识目标
(1) 了解液压马达的类型和特点；
(2) 掌握液压马达的工作原理和结构特点；
(3) 理解液压马达的主要性能参数。

2. 能力目标
(1) 能够正确拆装、调试液压马达；
(2) 能够排除液压马达的常见故障。

一、任务引入

在液压系统中，液压马达是将油液的压力能转换为旋转形式机械能的执行元件，即液压马达输入液压功率，输出旋转运动的机械功率，带动工作部件运动。液压马达与液压泵的关系非常密切，它们的原理互逆、功能相反、结构相似。因此从理论上讲，液压马达是可逆的，即液压泵可以作液压马达使用，液压马达也可以作液压泵使用。但实际上为改善其工作性能，除了螺杆泵、摆线转子泵、部分柱塞泵可以直接作为液压马达使用之外，其他的液压泵一般不能作液压马达使用。

液压马达也可以按液压泵的分类方式进行分类。例如，按结构分为齿轮马达、叶片马达、柱塞马达。因为液压马达输出的是旋转形式的机械能，所以也常常按输出的转速大小分为高速马达、中速马达和低速马达3类。一般认为额定转速高于600r/min以上的属于高速马达，额定转速低于100r/min以下的属于低速马达。

高速马达的主要特点是转速高，转动惯量小，便于起动和制动，调速和换向灵敏度高，而输出的转矩不大，仅几十牛·米到几百牛·米，故又称高速小转矩马达。这类马达主要有内、外啮合式齿轮马达、叶片式马达和轴向柱塞马达。它们的结构与同类型的液压泵基本相同。但是由于作为马达工作时的一些特殊要求（如需要正、反转，反转时高低压油腔互换，起动时马达的转速为零等），所以同类型的马达与泵在结构细节上有一些差别，不能互相代用。

低速马达的基本形式是径向柱塞式。其主要特点是排量大、体积大、低速稳定性好，一般可在10r/min以下平稳运转，因此可以直接与工作机构连接，不需要减速装置，使机械传动机构大大简化。因其输出转矩较大，可以达到几千牛·米到几万牛·米，所以又称为低速大转矩马达。

中速中转矩马达主要包括双斜盘轴向柱塞马达和摆线马达。

本任务通过拆装齿轮马达、叶片马达和柱塞马达，熟悉常用液压马达的结构形式，加深对其结构特点和工作原理的理解，掌握检修液压马达的基本方法。

所需实训器材：齿轮马达、叶片马达和柱塞马达。

所需工具：液压拆装实训台，内六角扳手、固定扳手、螺丝刀等钳工常用工具。

二、相关知识

(一)液压马达的结构和工作原理

1. 齿轮式液压马达

(1)外啮合齿轮马达的工作原理和结构特点。图13-1所示为外啮合齿轮马达的工作原理图。图中P为两齿轮的啮合点,设轮齿高为h,P点到两个齿根的距离分别为a和b。由于a和b均小于h,故当压力油进入压油腔(图中右腔)时,两个齿轮上各有一个使它们产生转矩的作用力$pB(h-a)$和$pB(h-b)$(图中,凡齿面两侧受力平衡而相互抵消的部分,均未用箭头表示),其中p为输入油液的压力,B为齿宽。当上述两力产生的力矩之和大于齿轮轴的阻力矩时,两齿轮按图示方向旋转,并把油液带到回油腔(图中左腔)排出。

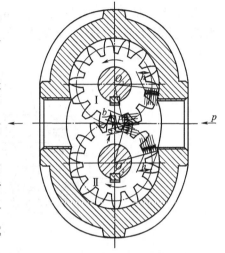

图13-1 外啮合齿轮马达的工作原理

理论上齿轮马达与齿轮泵是可逆的,但由于两者的使用要求不同,所以结构一般不同,不能相互代用。目前的齿轮马达可以分为两类:一类是以齿轮泵为基础的齿轮马达,如CB-E型齿轮泵,既可作泵又可作马达(CM-E型)使用;一类是专门设计的齿轮马达。与齿轮泵相比,外啮合齿轮马达具有如下结构特点:

①齿轮马达的结构具有对称性,使正、反转时性能相近;进、出油口的直径相等;卸荷槽对称开设;轴套端面的密封区对称。

②齿轮马达采用单独的泄油口,以免马达反转时回油腔变成高压油腔,将轴端密封区冲坏。

③齿轮马达的齿数比齿轮泵多,以减小输出转矩的脉动。

④齿轮马达必须采用滚动轴承或静压轴承,主要是为了减少摩擦损失,改善起动性能。

齿轮马达具有齿轮泵的一些特点,如对油液污染不敏感、结构简单、体积小、价格低、使用可靠等,但是起动力矩小,力矩脉动较大,低速稳定性差,机械效率较低。齿轮马达适用于高速、小转矩及对转矩均匀性要求不高的场合,如工程机械、农业机械等。国产各型号齿轮马达的额定压力为10～20MPa,转速150～2500r/min,输出转矩为100～420N·m。

(2)内啮合摆线齿轮马达。内啮合摆线齿轮马达(简称摆线马达)的结构如图13-2所示,它由内齿轮定子9、摆线齿轮转子10、齿轮联轴节5、配油盘7、输出轴4、泵体3、端盖1和8组成。与摆线转子泵的主要区别是摆线马达的内齿轮固定不动成为定子。定子与转子偏心安装,定子有7个内齿,转子有6个外齿,这一对齿轮组成齿差行星机构。由齿差行星机构不难算出,转子自转一周,同时绕定子轴线公转6周,且方向相反。所以摆线齿轮转子在啮合过程中一方面绕自身轴线自转,一方面绕定子轴线高速反向公转。

摆线马达定子的内齿为圆柱齿,转子的外齿为等距圆弧外摆线齿,这样的齿廓形状保证转子外齿与定子内齿在任何时候啮合都有7个相互隔开的腔室,如图13-3所示。用定子与转子中心的连线可以将7个油腔分隔为两部分,按转子公转方向可分出排油腔(各油腔的容积逐渐减小)和进油腔(各油腔的容积逐渐增大)。例如,图13-3a)中,7、6、5齿间的容积逐渐增大,为进油腔(进压力油);4、3、2齿间的容积逐渐减小,为排油腔,1齿间处于进油与排油的过渡状态。而图13-3b)中,3、2、1齿间的容积逐渐增大,为进油腔;7、6、5齿间的容积逐渐减小,为排油腔;4齿间处于进油与排油的过渡状态。同理,图13-3c)中,6、5、4齿间为进油腔,3、2、1齿间为排油腔,7齿间处于进、排油过渡状态。当转子转过一个齿即转动1/6时,见图13-3d),7个齿间油腔都已完成一次进油与排油。转子自转一周时,7个齿间油腔分别进、排油6次。如果每个油腔一次进、排油的油量为ΔV,则泵轴(转子)旋转一周所排出的油量为$V = 42\Delta V$,所以摆线马达通常也称为计量马达;而马达输出的理论转矩$T_t = pV/2\pi = 42p\Delta V/2\pi$(见公式13-5的推导过程),因此,摆线马达的排量大。输出转矩大,结构紧凑,质量轻,是一种小型低速大转矩液压马达。摆线马达的额定压力一般为10~12MPa,在汽车车辆、工程机械上一般用于转向机构。

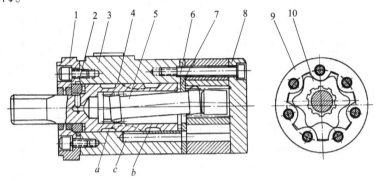

图13-2 内啮合摆线马达结构简图

1、8-端盖;2、6-止推轴承;3-泵体;4-输出轴;5-齿轮联轴节;7-配油盘;9-内齿轮定子;10-摆线齿轮转子

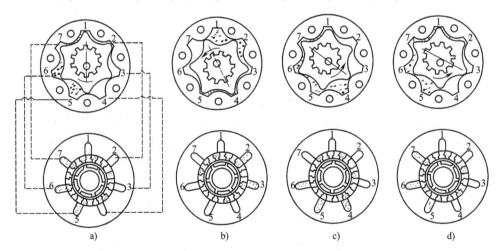

图13-3 内啮合摆线齿轮马达配油原理

a)起始状态;b)轴转1/14周;c)轴转1/7周;d)轴转1/6周

2. 叶片式液压马达

(1)叶片马达的工作原理。图13-4所示为叶片式液压马达的工作原理。当压力油进入压油腔后,在叶片1、3、5、7上,其一面为压力油,另一面无压力油。由于叶片1、5受力面积小于叶片3、7,由叶片受力差构成的力矩推动叶片和转子作逆时针方向旋转。

(2)叶片马达的典型结构。图13-5所示为叶片液压马达的结构。为使液压马达正常工作,叶片式马达与叶片泵在结构上主要有以下区别:①马达的叶片槽是径向设置的,这是因为液压马达有双向旋转的要求。②马达叶片的底部有蝶形弹簧,以保证马达在初始条件下叶片贴紧定子内表面,形成密封容腔。③马达的壳体内有两个单向阀,进、回油腔的油经单向阀选择后才能进入叶片底部。如图 13-3 所示,不论Ⅰ、Ⅱ腔哪个为高压腔,压力油均能进入叶片底部,使叶片与定子内表面压紧。

国产 YM-A 型叶片液压马达的额定压力为 6MPa,输出转速为 100~2000r/min,输出转矩为 10~72N·m。YM-E 型叶片马达的额定压力为 16~20MPa,输出转速为 200~1200r/min,输出转矩为 284~460N·m。

3. 轴向柱塞式液压马达

(1) 轴向柱塞式液压马达的工作原理。图 13-6 所示为轴向柱塞式液压马达的工作原理。斜盘 1 和配油盘 4 固定不动,柱塞 2 可在回转缸体 3 的孔内移动。斜盘中心线与回转缸体中心线间的倾角为 γ。高压油经配油盘窗口进入回转缸体 2 的柱塞孔时,处在高压腔中的柱塞被顶出,压在斜盘上。斜盘对柱塞的反作用力 F,可分解为与柱塞上液压力平衡的轴向分力 F_x 和作用在柱塞上(与斜盘接触处)的垂直分力 F_y。垂直分力 F_y 使回转缸体产生转矩,带动马达轴转动。

图 13-4 叶片式液压马达工作原理
(图上数字表示叶片排列顺序)

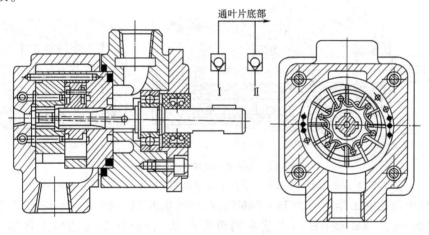

图 13-5 叶片马达的结构

设第 i 个柱塞与回转缸体垂直中心线的夹角为 θ,柱塞在回转缸体上分布圆的半径为 R,则在柱塞上产生的转矩为

$$T_i = F_y h = F_y R \sin\theta = F_x R \tan\gamma \sin\theta \tag{13-1}$$

液压马达产生的总转矩,应为处于泵压油腔的柱塞所产生转矩的总和,即

$$T = \sum F_x R \tan\gamma \sin\theta \tag{13-2}$$

随着 θ 角的变化,每个柱塞产生的转矩也发生变化,故液压马达产生的总转矩也是脉动的。柱塞数越多且为奇数时,输出转矩的脉动越小。

(2) 轴向柱塞式液压马达的典型结构。轴向柱塞马达结构紧凑,径向尺寸小,转矩较小,转速较高,因此适用于转速较高、负载较小的工作场合。

图 13-7 所示为斜盘式轴向液压马达的典型结构。在回转缸体 7 和斜盘 2 间装入鼓轮 4。在鼓轮半径为 R 的圆周上均匀分布着推杆 10,液压力作用在回转缸体 7 孔中的柱塞 9 上,并通过推杆作用在斜盘上。推杆在斜盘的反作用下产生一个对轴 1 的转矩,迫使鼓轮转动。鼓

轮又通过连接键带动马达的轴旋转。回转缸体还可在弹簧5和柱塞孔内压力油的作用下,紧贴在配油盘8上。这种结构可使回转缸体只受轴向力,因而配油盘表面、柱塞和缸体上的柱塞孔磨损均匀;还可使回转缸体内孔与马达轴的接触面积较小,有一定的自位作用,保证缸体与配油盘很好地贴合,减少了端面的泄漏,并使配油盘表面磨损后能得到自动补偿。这种液压马达的斜盘倾角固定,所以是一种定量液压马达。

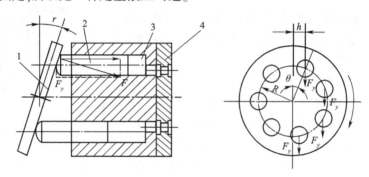

图 13-6 轴向柱塞式液压马达工作原理
1-斜盘;2-柱塞;3-回转缸体;4-配油盘

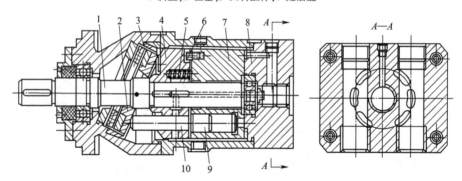

图 13-7 轴向柱塞液压马达典型结构
1-轴;2-斜盘;3-推力轴承;4-鼓轮;5-弹簧;6-拨销;7-回转缸体;8-配油盘;9-柱塞;10-推杆

这种液压马达的工作压力为 14~28MPa,输出转矩为 31~495N·m,输出最高转速可达 2000~3000r/min。XM型(日本东芝系列改型产品)轴向柱塞马达的工作压力为 16~31.5MPa,输出转矩为 90~11269N·m,输出转速为 80~3000r/min。

图 13-8 所示为 A6V 斜轴式变量马达的内部结构图。斜轴式轴向柱塞马达与斜盘式轴向柱塞马达不同的是传动轴轴线与回转缸体的轴线倾斜一定的角度 γ。正是由于这一轴线斜角 γ,使得柱塞在随缸体旋转一周时产生往复运动的工作容积。马达轴与柱塞通过球头铰连接,此球头铰兼有斜盘和滑靴的作用。柱塞在配流盘分配油液的压力作用下,通过球头铰作用在马达轴上,产生的切向分力合成一个力矩使马达轴和回转缸体旋转。

A6V 马达可作液压泵使用,是一种可逆液压元件。作马达使用时,其最低稳定转速为 50r/min,排量 100mL 以内的最高转速可达 3000r/min(25°倾角时)~4000(7°倾角时)r/min。这种液压马达具有 4 种变量方式:

①液控变量式(HD):用外控液压油控制马达缸体摆角以调节输出转矩与转速。

②压力变量式(HA):压力达到调定值,马达随负荷变化而改变摆角,从而改变输出转矩和转速。其中主要为恒压式(HA1),它在变量范围内压力基本恒定,压力变化值约为1MPa,故称恒压马达,压力调定应在 8~32MPa 选定;另一种为随压式(HA2),在变量范围内压力有所

变化,幅值约在10MPa左右。

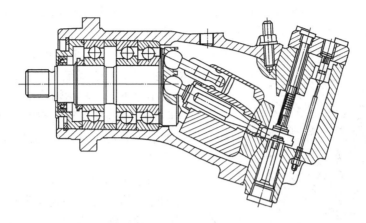

图13-8　A6V恒压变量马达结构图

③转速液控变量式(DA):当输入功率一定时,根据外负载变化的要求,马达能自动调节转速以达到功率处于良好匹配状态,但仅用于闭式系统。与双向变量泵如A2V等组合,可用作无级变速器。

④手动式(MA):转动手轮以改变马达排量。

4. 径向柱塞式液压马达

径向柱塞式液压马达是低速大转矩液压马达的基本形式。它的主要特点是结构简单,工作可靠,规格品种多,价格低,输入油液压力高,排量大,体积大,输出转矩大(可达几千牛·米到几万牛·米),低速稳定性好(一般可在10r/min以下平稳运转,有的可低到0.5r/min以下),因此可以直接与工作机构连接,不需要减速装置,使传动机构大为简化。所以又称为低速大转矩马达。

(1)连杆型径向柱塞马达。图13-9所示为连杆型径向柱塞马达的结构原理。在壳体内有5个沿径向均匀分布的柱塞缸,柱塞2通过球铰与连杆3相连接。连杆的另一端以弧面与曲轴4的偏心轮外圆接触。配流轴5与曲轴4通过联轴器相连。

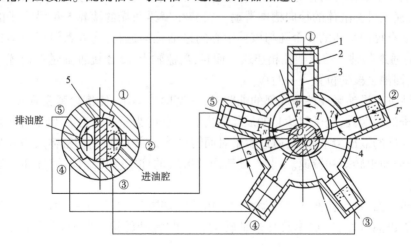

图13-9　连杆型径向柱塞马达的结构原理图
1-壳体;2-柱塞;3-连杆;4-曲轴;5-配流轴

压力油经配流轴进入马达的进油腔后,通过壳体槽①②③进入相应柱塞缸的顶部油腔,使其承受油液压力。例如,柱塞缸②作用在偏心轮上的液压作用力 F_N 沿着连杆的中心线指向偏心轮中心 O_1。它的切向分力 F_τ 对马达轴(曲轴)旋转中心 O 形成转矩 T,使马达轴逆时针转动。由于3个柱塞缸位置不同,所以产生转矩的大小也不同。马达轴输出的总转矩等于与高压腔相连通的柱塞缸所产生的转矩之和。此时柱塞缸④⑤与排油腔相连通,油液经配流轴流回油箱。

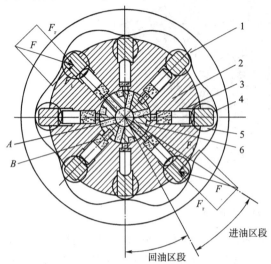

图 13-10 内曲线径向柱塞马达的工作原理图
1-定子;2-回转缸体;3-柱塞;4-横梁;5-滚轮;6-配流轴

马达轴通过十字接头与配流轴相连,当配流轴随马达轴转过一定角度后,配流轴"隔墙"封闭了油槽③,仅缸①、②压油,马达产生转矩,缸④、⑤排油。这样,配流轴随马达轴连续转动时,进、排油腔分别依次与各柱塞缸连通,从而保证马达连续转动。若进、排油腔互换,则液压马达反转,过程与上述过程相同。

这种液压马达的配流轴一侧为高压油腔,另一侧为低压油腔,因而工作时受到很大的径向力,使滑动表面的磨损和泄漏量增加,效率下降。开设对称平衡油槽,可实现配流轴的静压平衡,减少磨损和泄漏,提高效率(总效率约为85%~96%)。

国产连杆式径向柱塞马达额定压力为16~25MPa,最高压力为32MPa;输出转速为12~630r/min,输出转矩为1483~5763N·m。

(2)内曲线径向柱塞马达。图13-10所示为目前应用较为广泛的内曲线径向柱塞马达的工作原理图。图中,定子1的内表面由6段形状相同且均匀分布的曲面组成。曲面凹部的顶点将曲面分为进油区段和回油区段。回转缸体2套在固定不动的配流轴6上,并可绕配流轴转动。缸体上8个径向均匀分布的柱塞孔中各装有一个柱塞3。柱塞头部与具有矩形截面的横梁4接触,横梁可在缸体的径向槽中滑动。安装在横梁两端的滚轮5可沿定子的内表面滚动。配流轴上有径向均布的6个孔与该轴中心的进油孔连通,另有6条沿径向均布且与上述6个孔错开的通道与轴上的回油孔相连通。而且,配流轴上12条配油通道的位置分别与定子内表面的进、回油区段的位置一一对应。

当压力油进入进油区段柱塞底部的油腔时,柱塞向外伸出,使滚轮紧紧顶住定子的内壁。在滚轮与定子的接触处,定子对滚轮的反作用力 F 可分解为径向分力 F_r 和切向分力 F_τ。F_r 与作用在柱塞底部的液压力平衡,F_τ 通过横梁对回转缸体2产生转矩,使缸体及与其相连接的马达轴转动,向外输出转矩和转速。同时,处于回油区段的柱塞受压缩回,回油通过配流轴6上的回油通道排出。

缸体每转一圈,每个柱塞往复移动6次。由于柱塞数为8(不为6),所以任一瞬时总有一部分柱塞处于进油区段,使缸体及马达轴转动。当配流轴的进、回油口互换时,马达将反向转动。

内曲线径向柱塞马达具有尺寸小、径向受力平衡、转矩脉动小、起动效率高及能在很低的转速下稳定工作等优点,因此在挖掘机、起重机、拖拉机、采煤机上获得了广泛的应用。

(二)液压马达的主要性能参数

1. 液压马达的容积效率 η_V 和转速 n

若马达的排量为 V,转速为 n,则马达所需要的理论流量 $q_{Vt} = V_n$。由于马达存在泄漏量 Δq_V,故马达所需要的实际流量 q_V 大于理论流量 q_{Vt},即

$$q_V = q_{Vt} + \Delta q_V = V_n + \Delta q_V$$

液压马达的容积效率 η_V 为理论流量与实际流量之比,即

$$\eta_V = \frac{q_{Vt}}{q_V} = \frac{V_n}{q_V} \tag{13-3}$$

液压马达的转速 n 为

$$n = \frac{q_V}{V} \eta_V \tag{13-4}$$

2. 液压马达的机械效率 η_m 和输出转矩为 T

若不考虑马达的机械摩擦损失,马达输入的液压功率与其输出的机械功率相等。即 $pq_{Vt} = \omega T_t$,($pV_n = 2\pi n T_t$),所以马达的理论转矩为 $T_t = pV/2\pi$。但因有机械摩擦,故实际输出转矩 T 比理论转矩入小 ΔT,即 $T = T_t - \Delta T$,故液压马达的机械效率为

$$\eta_m = T/T_t \tag{13-5}$$

液压马达的输出转矩为

$$T = T_t \eta_m = pV \eta_m / 2\pi \tag{13-6}$$

3. 液压马达的总效率 η

液压马达的总效率等于马达的输入功率与输出功率之比,即

$$\eta = \frac{\omega T}{p q_V} = \frac{2\pi n T}{p V_n / \eta_V} = \frac{T}{pV/2\pi} \eta_V = \eta_m \eta_V \tag{13-7}$$

(三)液压马达的应用

液压马达作为执行元件基本上可以取代第三项目所示回路中的液压缸,变量马达还可以和变量泵一起组合成容积调速回路。与变量马达有关的容积调速回路有3种:变量泵—定量液压马达容积调速回路、定量泵—变量液压马达容积调速回路、变量泵—变量液压马达容积调速回路。

1. 变量泵—定量液压马达容积调速回路

图 13-11a)所示的回路为变量泵—定量液压马达容积调速回路。系统中,变量泵2(主泵)、定量马达4及溢流阀3等液压元件组成主油路;辅助泵1(补油泵)、溢流阀5及油箱等组成补油油路。溢流阀3为安全阀,起过载保护作用。补油油路的作用是使变量泵2的进油口油压为定值低压,以避免产生空穴并防止空气进入。辅助泵的流量约为主泵流量的10%~15%。系统中有少量温度较高的回油可经溢流阀5返流回油箱冷却,因此溢流阀5的作用有两点,一是限制补油压力(即低压油路的压力);二是交换油液。

若液压马达的排量为 V_M,转速为 n_M,工作压力为 p_M,输出转矩为 T_M,输出功率为 P_M,若不考虑回路损失,则有

$$n_M = \frac{V_P n_P}{V_M} \tag{13-8}$$

$$P_M = P_P = p_P V_P n_P \tag{13-9}$$

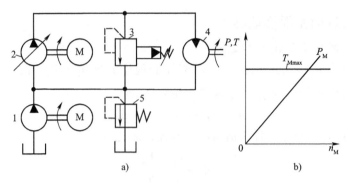

图 13-11 变量泵—定量马达容积调速回路及其特性
1-辅助泵;2-变量泵;3-溢流阀;4-定量马达;5-溢流阀

由式(13-8)可知,液压马达的输出转速 n_M 与变量泵的排量 V_P 成正比,调节 V_P 即可调节马达的转速。由式(13-9)可知,马达的输出功率 P_M 等于泵的输出功率 P_P,它也与变量泵的排量 V_P 成正比。

若不计损失,液压马达的液压功率($p_M V_M n_M$)与其输出的机械功率($2\pi n_M T_M$)相等,即

$$p_M V_M n_M = 2\pi n_M T_M$$

故
$$T_M = \frac{p_M V_M}{2\pi} \tag{13-10}$$

由于采用定量液压马达,V_M 为定值,而回路的工作压力 p_M 由安全阀限定不变,因此液压马达能输出的最大转矩 T_{max} 为定值,故该回路为恒转矩调速。回路的调速特性如图 13-11b)所示。

2. 定量泵—变量液压马达容积调速回路

图 13-12 所示闭式回路为由定量泵 2 和变量马达 4 等组成的容积调速回路。图中,阀 3 为安全阀,辅助泵 6 和溢流阀 5 组成补油油路。单向阀 1 用以防止油液倒流及空气进入。

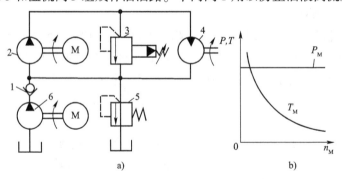

图 13-12 定量泵—变量马达容积调速回路及其特性
1-单向阀;2-定量泵;3-溢流阀;4-变量马达;5-溢流阀;6-辅助泵

若不计损失,且各参数意义同前,则有

$$n_M = \frac{V_P n_P}{V_M} \tag{13-11}$$

$$T_M = \frac{p_M V_M}{2\pi} \tag{13-12}$$

由式(13-11)可知,液压马达输出转速 n_M 与马达的排量 V_M 成反比。即 V_M 越小时,n_M 越高。但 V_M 不能太小,更不能为零。否则将会因 n_M 太高而出事故。由式(13-12)可知,液压马达的

输出转矩与马达的排量成正比,即马达的排量 V_M 越大,其输出的转矩 T_M 也越大。

若不计损失,液压马达的输出功率 P_M($P_M = 2\pi n_M T_M$)等于定量泵的输出功率 P_P($P_P = p_P V_P n_P$ = 定值)。即

$$P_M = 2\pi n_M T_M = P_P = 定值 \quad (13\text{-}13)$$

故液压马达的输出功率 P_M 在调速过程中保持恒定,所以也称为恒功率调速。由此可知,液压马达的输出转矩 T_M 与液压马达的转速 n_M 成反比,即随着液压马达转速的提高,其输出转矩减小。回路的调速特性如图 13-12b) 所示。

这种调速回路调速范围较小,因为若 V_M 调得过小,T_M 的值会很小,以致不能带动负载,造成液压马达"自锁",故这种回路很少单独使用。

3. 变量泵—变量液压马达容积调速回路

图 13-13 所示为由双向变量泵 2 和双向变量液压马达 7 等件组成的闭式容积调速回路。辅助泵 9 和溢流阀 1 组成补油油路。由于泵双向供油,故在补油路中增设了单向阀 3 和 4,在安全阀 8 的限压油路中增设了单向阀 5 和 6。

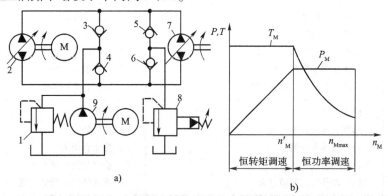

图 13-13 变量泵—变量马达容积调速回路及其特性
1-溢流阀;2-双向变量泵;3、4、5、6-单向阀;7-双向变量马达;8-溢流阀;9-辅助泵

若泵 2 逆时针转动时,液压马达的回油及辅助泵 9 的供油经单向阀 4 进入主泵 2 的下油口,则其上油口输出的压力油进入液压马达的上油口并使液压马达逆时针转动,液压马达下油口的回油又进入泵 2 的下油口,构成闭式循环回路。这时单向阀 3 和 6 关闭;4 和 5 打开,如果液压马达过载可由安全阀 8 起保护作用。

若泵 2 顺时针转动,则主泵 2 上油口为进油口,下油口为出油口,单向阀 3 和 6 打开;4 和 5 关闭,液压马达也顺时针转动,实现了液压马达的换向。这时若液压马达过载,安全阀 8 仍可起保护作用。

这种调速回路,在低速段用改变变量泵的排量 V_P 调速;在高速段用改变变量马达的排量 V_M 调速,因而调速范围大,其调速比可达 100。

图 13-13b) 为该回路的调速特性。它是恒转矩调速和恒功率调速的组合。在低速段,先将液压马达的排量 V_M 调至最大值 V_{Mmax},并固定不变(相当于定量液压马达),然后由小到大(由 0 到 V_{Pmax})调节变量泵的排量 V_P,液压马达的转速即由 0 升至 n'_M,该段调速属于恒转矩调速。在高速段应使泵的排量固定为 V_{Pmax}(最大值),然后由大到小(由 V_{Mmax} 到 V_{Mmin})调节液压马达的排量 V_M,液压马达的转速就由 n'_M 升至 n_{Mmax}。该段调速属于恒功率调速。

这种容积调速回路适用于调速范围大,低速时要求输出大转矩,高速时要求恒功率,且工作效率要求高的设备,使用比较广泛。例如,在各种行走机械,牵引机等大功率机械上都采用

了这种调速回路。

(四)液压马达常见故障(表13-1)

液压马达常见故障及排除方法　　　　表13-1

故障现象	原因分析	排除方法
转速低,输出转矩小	(1)过滤器堵塞,油液黏度大,泵间隙过大,泵效率低,使供油不足 (2)电机转速低,功率不匹配 (3)密封不严,有空气进入 (4)油液污染,堵塞马达内部通道 (5)油液黏度小,内泄漏增大 (6)油箱中油液不足或管道过小、过长 (7)齿轮马达侧板和齿轮两侧面、叶片马达配油盘和叶片等零件磨损造成内、外泄漏 (8)单向阀密封不良,溢流阀失灵	(1)清洗过滤器,更换合适黏度的液压油,保证供油量 (2)更换电动机 (3)紧固密封 (4)拆卸、清洗马达,更换油液 (5)更换黏度合适的油液 (6)补油,加大吸油管径 (7)对零件拆检、修复 (8)修理阀芯或阀座
噪声过大	(1)进油口堵塞 (2)进油口漏气 (3)油液不清洁,有空气混入 (4)液压马达安装不良 (5)液压马达零件磨损严重	(1)清理、排除污染物 (2)拧紧接头 (3)加强过滤,排除空气 (4)按要求重新安装 (5)更换磨损的零件
泄漏	(1)密封件损坏 (2)结合面螺钉未拧紧 (3)管接头未拧紧 (4)配油装置发生故障 (5)运动件间的间隙过大	(1)更换密封件 (2)拧紧螺钉 (3)拧紧管接头 (4)检修配油装置 (5)重新装配或调整间隙

三、任务实施

任务实施　液压马达拆装

由于液压马达与液压泵在结构上相似,因此,各类型液压马达的拆装步骤和检修方法与相应类型液压泵的拆装和检修也是基本相同的。下面以A6V斜轴式恒压变量马达为例进行拆装训练。A6V斜轴式恒压变量马达主体部分解体图如图13-14所示。

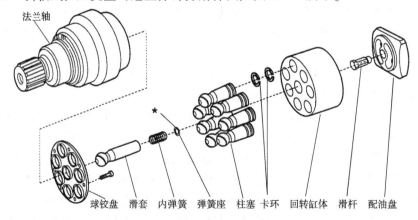

图13-14　斜轴式液压马达主体部分解体图

1. 拆卸步骤

(1) 拆卸最小流量控制螺钉(记下距离 X,以便重新安装时定位,如图 13-15 所示)。

(2) 拆卸马达壳体与端盖的连接螺栓(图 13-16),将壳体与端盖分开。

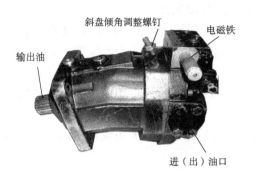

图 13-15　拆卸流量控制螺钉

图 13-16　拆卸端盖连接螺钉

(3) 从端盖上取出连接销及配油盘(图 13-17)。拆卸端盖上的变量控制机构及冲洗机构。

(4) 从马达壳体中取出回转缸体、滑套及弹簧等。

(5) 压出法兰轴。将马达壳体置于拆卸装置上,依次拆卸卡环、密封环、支承环,然后按箭头所示方向用力压出法兰轴(图 13-18)。

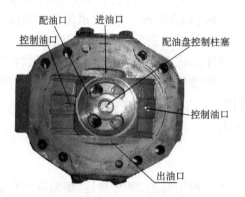

图 13-17　配油盘及变量机构

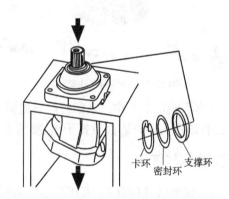

图 13-18　法兰轴拆卸

(6) 拆卸柱塞。从回转总成中拆卸球绞盘螺钉,取下柱塞、连杆、弹簧、球绞盘等,标记柱塞与球绞盘的相对位置,以免安装时换位。如图 13-19 所示。

(7) 拆卸冲洗阀(图 13-20)。

图 13-19　拆卸柱塞

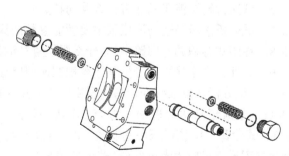

图 13-20　冲洗阀组成图

2. 观察、分析主要零件的结构及作用

(1) 缸体。缸体用铝青铜制成,它的圆柱孔与柱塞相配合,其加工精度相当高,以保证既能相对滑动,又有良好的密封性能。一旦磨损,其间隙过大,会导致柱塞泵泄漏增加,效率迅速下降。缸体中心孔与滑套相配合,缸体右端面与配流盘相配合。

(2) 柱塞与球铰板、法兰轴。柱塞的球头通过球铰板压在法兰轴上。柱塞在回转缸体内作直线往复运动,同时随法兰轴一起转动。通过移动滑杆改变配油盘的位置可改变马达的排量或改变马达进出油口方向。

(3) 内弹簧和滑套。内弹簧安装在滑套内,对回转缸体起定位(中心)和减小回转缸体与配油盘间的间隙,从而减小泄漏。

(4) 变量机构。变量机构通过改变配油盘来改变马达排量的大小或进出油口方向。检验弹簧的伸缩及弹力。

(5) 冲洗阀(图13-21)。冲洗阀是将部分低压油通过马达壳体引入油箱进行沉淀和散热,保证液压系统正常工作。检验阀芯直径是否在磨损范围内。

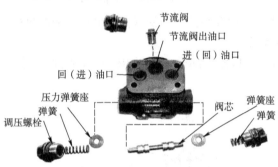

图 13-21 冲洗阀零件图

3. 装配

(1) 按拆卸的相反顺序装配液压马达,即后拆的零件先装配,先拆的零件后装配。装配时,如有零件弄脏,应该用煤油清洗干净后方可装配。装配柱塞时,按照拆开时的记录顺序和位置安装柱塞;安装配油盘时,注意将配油盘的定位销对准端盖上的定位销孔,避免液压马达不能正常工作。装配时严禁遗漏零件。

(2) 将液压马达外表面擦拭干净,整理工作台。

四、思考与练习

13-1 按照转速的高低,液压马达分为哪3类?齿轮马达、叶片马达、轴向柱塞马达和径向柱塞马达分别属于哪种类型的马达?各类液压马达分别适用于哪些液压设备的液压系统?

13-2 外啮合齿轮马达与外啮合齿轮泵在结构上有哪些不同特点?

13-3 叶片马达与叶片泵在结构上有何区别?

13-4 斜盘式轴向柱塞泵中的鼓轮有何作用?

13-5 为什么说 A6V 马达是一种可逆液压元件?它有哪几种变量方式?

13-6 低速大转矩液压马达有什么共同特点?

13-7 试分析液压马达与液压泵主要性能参数的异同点。

13-8 在闭式容积调速回路中,为什么要设置补油油路?

13-9 为什么说定量泵—变量马达容积调速回路在实际中应用很少?

13-10 试分析变量泵—变量马达容积调速回路在低速段和高速段如何调速。

13-11 某液压马达的进油压力为 10MPa,排量为 200mL/r,总效率 $\eta=0.75$,机械效率 $\eta_m=0.9$。试计算:(1) 该液压马达能输出的理论转矩;(2) 若马达的转速为 500r/min,则输入液压马达的理论流量应为多少?(3) 若外负载为 200N·m($n=500$r/min)时,该液压马达的输入功率和输出功率各为多少?

13-12 图 13-22 所示为定量泵—定量马达系统。已知泵的输出压力 $p_P = 10\text{MPa}$,排量 $V_P = 10\text{mL/r}$,转速 $n = 1450\text{r/min}$,容积效率 $\eta_{PV} = 0.9$,机械效率 $\eta_{Pm} = 0.9$;液压马达的排量 $V_M = 10\text{mL/r}$,容积效率 $\eta_{MV} = 0.9$,机械效率 $\eta_{Mm} = 0.9$;泵的出口与马达进口管道间的压力损失为 0.5MPa,其他损失不计。试求:

(1)液压泵的驱动功率;
(2)液压泵的输出功率;
(3)液压马达的输出转速;
(4)液压马达的输出转矩;
(5)液压马达的输出功率。

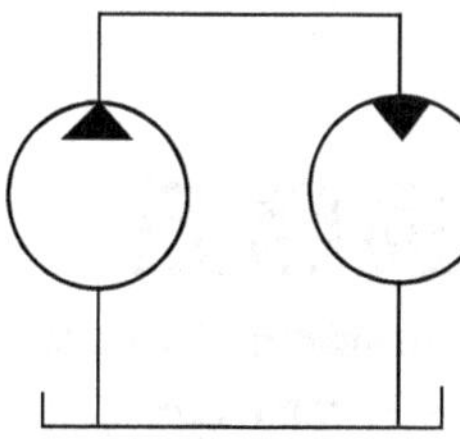

图 13-22 题 13-12 图

项目五
工程机械液压系统分析和故障诊断

现代工程机械基本上都是机电一体化的产品。为了使工作装置、行走机构等实现特定的运动或工作,将实现各种不同运动的执行元件及其液压回路拼集、汇合起来,用液压泵组集中供油,从而形成一个液压网络,构成了工程机械的液压传动系统,简称为液压系统。所以说,液压系统是工程机械的重要组成部分,液压系统检修也是工程机械检修的重要组成部分。

所谓检修,就是对设备进行检验与维修,其目的是为保证机器设备的正常安全运行,降低设备的故障发生率及停机时间,提高设备的使用率和生产效率。液压系统检修,就是运用一定的工具与方法,按照一定的程序,对液压系统进行检验与维修。

液压系统检修就性质而言,分为日常故障检修、定期检修(维护)、系统大修等类型;就检修场地而言,分为车间检修、现场(工地)检修等类型;就检修程序而言,不同行业/企业、不同性质、不同地点会有区别。但一般都包含故障分析与确认,检修准备,系统分解,总成解体,零件清洗、检验与测量,零件分类,总成组装,系统总装、调试与试运转,修竣后验收与移交等步骤。

在液压系统检修的步骤中,故障分析与确认最为关键,它直接决定检修的方向与内容,影响检修的时间与效率。做好故障分析与确认工作,除要求检修人员具有液压技术专业知识、熟悉液压元件与液压系统的结构、工作原理以及常见故障模式之外,还应对照产品使用说明书和液压系统原理图进行仔细分析,以验证凭经验所进行故障诊断的正确性,从而为进一步使用仪器设备进行诊断打下基础,也使检修更具针对性。

本项目内容主要包括液压系统及其常见故障的类型和分析步骤、方法,具体分为两个任务,训练学生分析复杂液压系统的能力和诊断、排除液压系统常见故障的能力。

任务14 液压系统分析

任务15 液压系统故障诊断

任务14 液压系统分析

教学目标

1. 知识目标

(1) 了解液压系统的类型和特点;

(2)理解液压子系统之间的连接方式及特点；
(3)理解负荷传感机构的工作原理。

2. 能力目标

(1)能够列写执行元件完成某动作时的进、回油路线；
(2)能够判断某液压元件在液压系统中的作用。

一、任务引入

液压系统原理图是使用连线把液压元件的图形符号连接起来的一张简图，用来描述液压系统的组成及工作原理。在液压技术的学习、交流和使用过程中，都离不开液压系统原理图；在使用新购置的工程机械时，首先应阅读该机械的使用说明书和液压系统原理图，了解其工作原理，以便更好地操作；在工程机械出现故障时，要进行故障排查和维修，首先应阅读该机械的液压系统原理图，掌握该机械液压系统的工作原理；在进行液压设备设计时，需要对现有机械的液压系统进行分析，在此基础上再改进和提高。因此，阅读液压系统图是学习液压技术或液压技术培训中很重要的学习阶段。

本任务将结合两个典型工程机械液压系统原理图实例，介绍分析液压系统的步骤与方法。所需资料：汽车起重机液压系统原理图，推土机液压系统原理图。

二、相关知识

(一)液压系统的类型

液压系统的分类方法很多，按其控制方法分为手动控制和电液联合控制两大类；按照液压泵的形式分为定量系统和变量系统，单泵和多泵系统；按照系统内工作介质的循环方式分为开式系统和闭式系统；按照系统执行元件的连接方式分为串联系统和并联系统。

1. 手控系统和电控系统

手控系统即利用人工进行控制的系统。一些液压系统对执行元件的工作没有严格的要求，执行元件的速度和行程对工作影响很小，如起重运输机械、矿山机械等，这类设备采用手动控制为宜。

而对于机床、机器人等设备来说，它们对执行元件的运动和位置有很严格的要求，需要采用电气、液体、机械以至电子和计算机等手段进行控制，这些控制方式多用于实现自动控制，液压系统也比较复杂，因此，统一称之为电控系统。

2. 定量系统和变量系统、单泵和多泵系统

采用定量泵作为动力元件的液压系统称为定量系统，采用变量泵作为动力元件的液压系统称为变量系统。一般来说，定量系统中泵的成本低、速度平稳、油液冷却充分，但效率不高；而变量系统效率较高、可调速、能输出恒定的转矩或功率，且结构紧凑，但液压泵成本较高，油液发热较大。

在液压系统中，如果只应用一个液压泵作为动力元件就称为单泵系统；而采用两个或两个以上的液压泵作为动力元件的系统称为多泵系统。多泵系统一般用于两种情况：一是由几个泵分别驱动不同的执行元件；二是几个泵驱动一个执行元件，以满足对流量的特殊要求。

3. 开式系统和闭式系统

开式系统是指液压泵从油箱中吸油，输出油经换向阀进入执行元件，执行元件的回油再经换向阀流回油箱，如图6-15所示。开式系统结构简单，又循环大，散热条件好，油液中的杂质

能得到沉淀；但油箱体积大，空气容易溶于油液中。

闭式系统是指液压泵的进油管直接与执行元件的回油管相连，这样就省略了油箱这个中间环节，油液在密闭的管道系统中循环流动，如图 13-11 所示。闭式系统结构紧凑，空气不易渗入，执行元件工作平稳，多采用变量泵调速，效率较高；但散热条件差，油液污染不能及时排除。闭式系统一般设置补油、换油装置，其目的是补偿油液的损耗，通过换油改善散热条件。

4. 串联系统和并联系统

当用一台液压泵向一组执行元件供油时，前一个执行元件的回油即为后一个执行元件的进油的液压系统称为串联系统。串联系统的特点是只要液压泵的出口压力足够，便可实现各执行元件的复合动作。但由于各执行元件的压力是叠加的，所以克服外载荷的能力将随执行元件数量的增加而降低。

当一台液压泵向一组执行元件供油时，各执行元件的进油经过换向阀直接和液压泵的供油路相通，而执行元件的回油又单独接回油箱，这种液压系统称为并联系统。并联系统的特点是当液压泵的流量不变且并联系统的执行元件载荷相同时，各执行元件的速度相等；若载荷不等，则载荷小的先动作，载荷大的后动作。

（二）液压系统分析的一般步骤和方法

要做到正确而迅速地阅读液压系统图，首先要很好地掌握液压技术基本知识，熟悉各种液压元件（特别是各种控制阀和变量机构）的标准图形符号、工作原理、功能和特性，熟悉各种基本回路的组成、工作原理及基本性质，熟悉液压系统的各种控制方式；其次要在实际工作中联系实际，多读多练，了解各种典型液压系统的组成及工作特点，以此为基础阅读新的液压系统原理图。

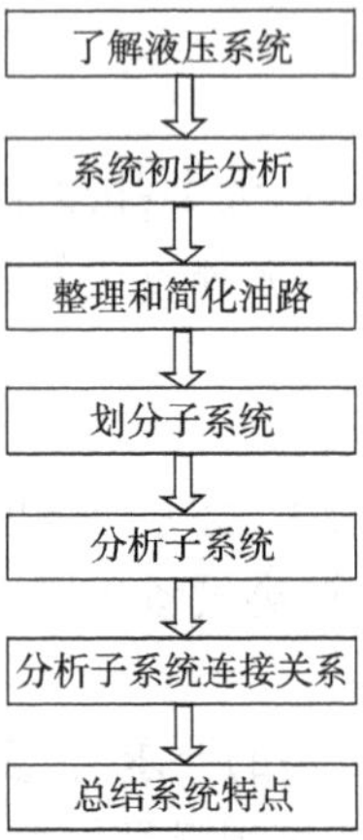

在阅读液压系统原理图时，如果系统图附有说明书，可根据说明书的步骤逐步看下去，这样能够比较容易地阅读清楚液压系统原理图所示液压系统的工作原理；如果没有配备说明书，一般采取图 14-1 所示的步骤进行分析。当然，图 14-1 所示的步骤并非一成不变，在具体的分析过程中，应结合具体的液压系统原理图适当调整或者简化分析步骤，使分析更加迅速和准确。

1. 了解液压系统

在对给定的液压系统原理图进行分析之前，对被分析系统的基本情况进行了解是十分必要的。对系统的了解通常包括系统的工作任务、工作要求、动作循环等方面。了解这些情况以后，就能按照系统的工作要求和动作循环，根据液压系统原理图去分析液压系统在工作原理上是如何满足这些要求和动作循环的从而分析清楚液压系统的工作原理。

图 14-1 阅读液压系统原理图的步骤

在系统分析之前，应借助产品说明书、液压技术手册、同类设备的技术资料以及期刊文献等技术资料，了解设备的基本情况。如果资料缺乏，可通过互联网或当面向有关专家寻求帮助。

2. 系统初步分析

系统初步分析的步骤首先是浏览待分析的液压系统原理图，根据其复杂程度和组成元件的多少，决定是否对整个系统进行进一步划分。如果组成元件多，系统复杂，则首先把复杂系统划分为若干个模块或元件组。进行模块或元件组划分时，可根据元件的相关性进行划分，也可根据原理图中已经给定的元件组进行划分，还可以采用二者相结合的办法进行划分。例如可以把变量泵控制系统中的所有元件与变量泵划为一个组。模块划分以后,再对元件的功能及工作原理进行初步分析,并弄清楚各元件之间的相互联系。

分析元件的方法是按照"先看主回路,后看辅助回路"、"先看两头、后看中间"的原则。所谓"两头"就是液压回路两头的动力元件(液压泵)和执行元件(液压缸和液压马达),所谓"中间"就是在动力元件和执行元件之间的调节控制元件(液压控制阀)。液压系统能够实现各种复杂的动作或工作循环,主要靠各种调节控制元件和变量机构的作用,因此这部分的分析是重点;并且各种不熟悉或不常用的特殊元件往往是调节控制元件,所以这部分的分析也是难点。在分析控制元件时,应着重关注两点:一是带半结构图的液压元件,二是电磁铁、压力继电器及行程开关等元件的动作表,明确动作循环中各元件的状态。在以上部分分析完后,再分析辅助元件。

为便于元件分析和说明,可以重新对元件进行编号。编号采用相关元件进行相关编号的原则,即为同一个机构服务的元件采用相关的字母或数字(或两者组合)进行编号,液压泵或同时为多个工作机构服务的元件可以单独编号。编号可以采用字母、数字或字母与数字综合形式。图14-2采用数字形式编号;图14-3采用各机构的拼音首字母加数字编号,如yy表示油源,jg表示进给机构,jj表示夹紧机构。用字母编号的直观性较强。

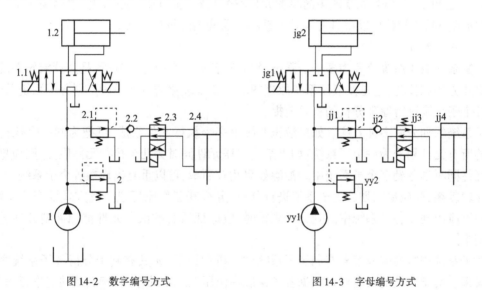

图14-2 数字编号方式　　　　图14-3 字母编号方式

3. 整理和简化油路

为了使液压系统原理图的布局匀称、整齐、美观,往往会把各液压元件分类整齐布置,然后把所有的进油和回油连接到一条总的供油线或回油线上(有时进油路和回油路会画到同一个中心回转接头上),这样就使得液压系统原理图的油路连线交错,油路关系复杂,不易于分析。因此,对油路的整理和简化是十分必要的,将有助于降低分析的难度,提高分析的准确性和快速性。在对原理图进行整理时,首先是对原理图中各油路的连线进行整理,然后对原理图中的元件进行简化,再对整个原理图的绘制方法进行变换(重新绘制原理图)。

简化油路通常采用缩短油路连线、采用单独供油或单独回油的油路连线、删除某些油路连线等方法,使复杂的液压系统得到简化。如图14-4所示,将各操纵阀的回油连线缩短,使各操纵阀的回油单独回油箱,则系统的油路连线交叉少,便于阅读。

在液压系统中,有些液压元件的功能是不随工作过程的变化而变化的,例如滤油器、安全阀等元件。去掉这些元件对系统动作原理影响不大,并且可使原理图大大简化。这样在分析液压系统的工作原理时,就可重点分析那些在不同工作阶段工作状态不同的元件上。

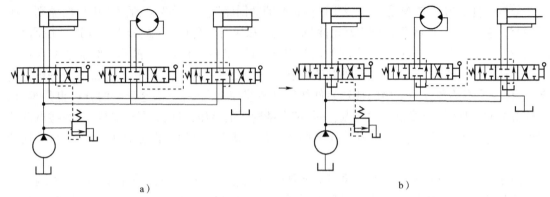

图 14-4 简化油路连线的方法

对于重复出现的元件或元件组,如果其功能和动作原理相同,可以将其合并。这样,在分析时,只分析一个回路的工作原理即可,其余回路的工作原理相同,可以省略。

对于复杂的元件符号如果能用简单的元件符号代替,也可使油路简化。如本教材图 9-2～图 9-7 所示的插装阀就可以用具有等效关系的普通液压阀符号代替。

4. 划分子系统

将复杂的液压系统分解为多个子系统,然后对各个子系统进行分析,是阅读液压系统原理图的重要方法和技巧,也是使液压系统原理图的阅读条理化的重要手段。划分子系统并命名,是对各个子系统进行原理分析的重要前提。

子系统的划分有多种方法。如果液压系统由多个执行元件组成,可把为同一个执行元件服务的所有元件划分为一个子系统;如果某些液压元件同时为几个执行元件服务,则应把这些液压元件同时划分到多个子系统中。油源如果比较简单,可以重复出现在各子系统中;油源如果比较复杂,则应单独划分为子系统进行分析,分析其工作原理或变量方式及变量特性,此时油源不应出现在各子系统中。划分子系统时,应保证所有的液压元件都能被划分到某一个子系统中。

对子系统进行命名或编号有利于子系统的分析和记录,尤其有利于分析各子系统之间的连接关系。对子系统的命名最好根据各子系统在液压系统中的作用、特点及功能进行命名,可以使用中文或英文字母,也可采用数字进行命名。

为便于单独分析各子系统的动作原理,同时防止分析中出现丢失元件、混淆等错误,可根据子系统划分的结果重新绘制各子系统原理图。绘制出的子系统原理图应形成一个完整的液压回路,即把从液压油源到执行元件之间的所有元件都绘制出来。如果液压油源被单独划分为一个子系统,或者为了使子系统原理图更加简化,则液压油源可不绘出,只需要在子系统和油源的断开处标注出油源的供油即可;如果某个液压元件同时在几个子系统中起作用,则每个子系统中均应包含此液压元件。

5. 分析子系统

子系统分析是整个液压系统分析的关键环节,只有分析清楚各个子系统的工作原理,才能分析清楚整个液压系统的工作原理。子系统一般只有一个执行元件,并且可以归结为一个或多个基本回路,可以套用液压基本回路的分析方法,包括分析子系统的组成结构,确定子系动作过程和功能,列写进、出油路路线以及填写电磁铁动作顺序表等过程。本书第三项目各控制阀的应用实际上就涵盖了工程机械液压系统中常用的液压基本回路,因此应加强对这些基本回路的分析和理解。

6. 分析子系统连接关系

液压系统各子系统之间的连接关系是液压设备中各执行元件之间实现互锁、同步、互不干涉的重要保障,因此在分析清楚各子系统的工作原理之后,应把各子系统之间合并起来进行分析,这样才能了解整个系统工作原理的全貌。

各子系统的油路是通过换向阀的油路连接来实现的,而现代工程机械往往采用多路换向阀进行控制,所以各子系统的连接方式也就是多路换向阀的连接方式,有关多路换向阀的连接方式可回顾本书任务 6 中的图 6-14 及有关文字说明。

7. 总结系统特点

对液压系统原理图中各个子系统的动作原理及子系统之间连接关系进行分析后,液压系统的动作原理已经基本清楚,最后如果能够对所分析液压系统的组成结构及工作特点进行总结,将有助于更进一步加深对所分析液压系统原理图的理解和认识。对液压系统的特点进行总结,通常从液压系统实现动作切换和动作循环的方式、调速方式、节能措施、变量方式、控制精度以及子系统的连接方式等方面进行。

三、任务实施

本任务分析汽车起重机和推土机等两个典型的液压系统。

任务实施1　分析汽车起重机液压系统

1. 了解汽车起重机液压系统

汽车起重机是将起重机安装在汽车底盘上的一种起重运输机械,具有机动灵活、行走速度较快的特点,在运输及建筑施工中得到广泛应用。汽车起重机由行走机构和作业机构组成,其作业机构包括变幅机构、伸缩机构、起升机构、回转机构和支腿机构,如图14-5所示。

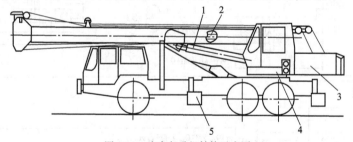

图 14-5　汽车起重机结构示意图

1-变幅机构;2-伸缩机构;3-起升机构;4-回转机构;5-支腿

汽车起重机要完成的工作任务就是起吊和转运货物,其起重机作业机构的所有动作都是在液压驱动下完成的,包括吊臂变幅、吊臂伸缩、重物(钢丝绳)升降、转台回转以及支腿的收放等。由此可以看出,汽车起重机液压系统的元件虽多,但各执行机构的动作较为简单。

汽车起重机各作业机构要求的位置精度低,故采用手动操纵即可;但起重作业时,对作业的安全性要求很高。其液压系统需保证的安全措施有:

(1) 起吊重物时不准落臂,因此其变幅和伸缩机构的液压回路必须采用平衡回路;

(2) 回转动作要求平稳,不准突然停转,当吊重接近额定起重量时,不得在离地面0.5m以上距离回转;

(3)起吊重载时应尽量避免吊重变幅,起重臂仰角很大时不准将重物骤然放下,防止后倾,要求其液压系统各子系统之间采用互锁、防干涉的连接关系;

(4)防止出现拖腿和软腿事故,其支腿液压系统应采用双向锁止回路;

(5)不准吊重行驶;

(6)防止出现溜车现象。

了解上述汽车起重机的工作任务和工作要求,有助于液压系统工作原理的分析和理解。

2.初步分析汽车起重机液压系统

某型号汽车起重机液压系统的原理图如图14-6所示。

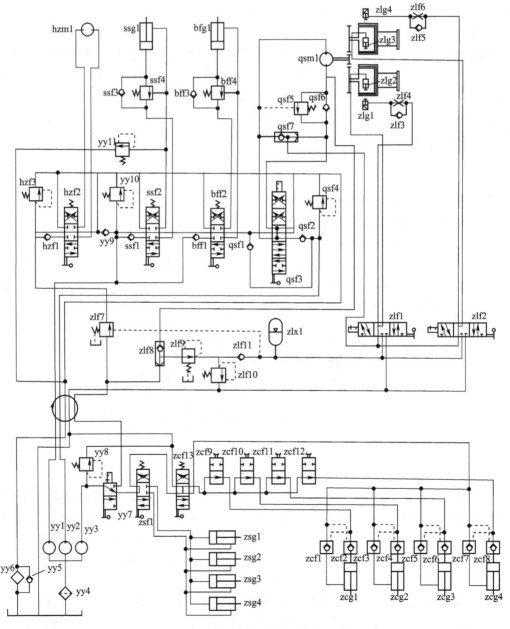

图14-6 汽车起重机液压系统原理图(字母编号)

(1) 浏览整个液压系统,可以看出整个液压系统的组成元件比较多。

(2) 给元件编号。对图 14-6 所示原理图中所有的液压元件采用"字母 + 数字"的编号方式进行编号。

(3) 分析元件的功能。按照动力元件、执行元件、调节控制元件和辅助元件的浏览顺序确定图 14-6 所示液压系统的组成元件,并初步确定各元件的功能。

① 动力元件:3 个同轴连接的定量泵 yy1、yy2、yy3 是整个液压系统的油源,为整个系统提供压力油。

② 执行元件:各执行元件的作用如表 14-1 所示。

汽车起重机液压系统中执行元件的形式及功能　　表 14-1

编号	名称	型式	数量	作用
zsg1-4	水平支腿缸	双作用单杆活塞缸	4	实现支腿水平支撑
zcg1-4	垂直支腿缸	双作用单杆活塞缸	4	实现支腿垂直支撑
ssg1	吊臂伸缩缸	双作用单杆活塞缸	1	使吊臂伸缩
bfg1	吊臂变幅缸	双作用单杆活塞缸	1	使吊臂变幅
hzm1	回转马达	定量马达	1	使起重设备回转
qsm1	起升马达	定量马达	1	使吊重起升或落下
zlg1、4	制动缸	单作用活塞缸	1	使起升液压马达制动
zlg2、3	离合器液压缸	单作用活塞缸	1	使卷筒与起升液压马达结合

③ 调节控制元件:各调节控制元件的作用如表 14-2 所示。

④ 辅助元件:1 个蓄能器(zlx1),作辅助油源和应急油源;1 个油箱,起储存油液的作用;2 个过滤器(粗滤器 yy4 和精滤器 yy6),起过滤油液的作用。

汽车起重机液压系统中调节控制元件的形式及功能　　表 14-2

编号	名称	型式	数量	作用
zsf1	水平支腿操纵阀	三位四通手动换向阀	1	操纵水平支腿的动作
zcf13	垂直支腿操纵阀	三位四通手动换向阀	1	操纵垂直支腿的动作
yy7	切换阀	两位三通手动换向阀	1	切换支腿与工作机构之间的油路
zcf9-12	开关阀	两位两通手动式转阀	4	控制垂直支腿液压缸的动作
zlf1-2	制动阀	三位五通手动换向阀	2	控制离合器和制动器动作
hzf2	回转操纵阀	三位六通手动换向阀	1	控制回转马达的动作
ssf2	伸缩缸操纵阀	三位六通手动换向阀	1	控制伸缩缸的动作
bff2	变幅缸操纵阀	三位六通手动换向阀	1	控制变幅缸的动作
qsf2	起升阀	五位六通手动换向阀	1	控制起升马达的动作
yy8 等	溢流阀(安全阀)	溢流阀	6	调节系统压力
zlf7	顺序阀	顺序阀	1	实现蓄能器和工作机构的顺序动作
ssf3-4 bff3-4	平衡阀	外控外泄式平衡阀	3	构成平衡回路
qsf7-8	梭阀		2	使控制油始终为压力油
zcf1-8	液控单向阀		8	构成双向液压锁
zlf4、6	固定节流孔		2	防止冲击
	单向阀		若干	防止油液倒流

3. 整理和简化油路

图 14-6 中汽车起重机液压系统原理图的油路连线交叉,连接关系复杂,因此应对该原理图进行整理和简化。简化的结果如图 14-7 所示。简化油路的具体过程与方法如下:

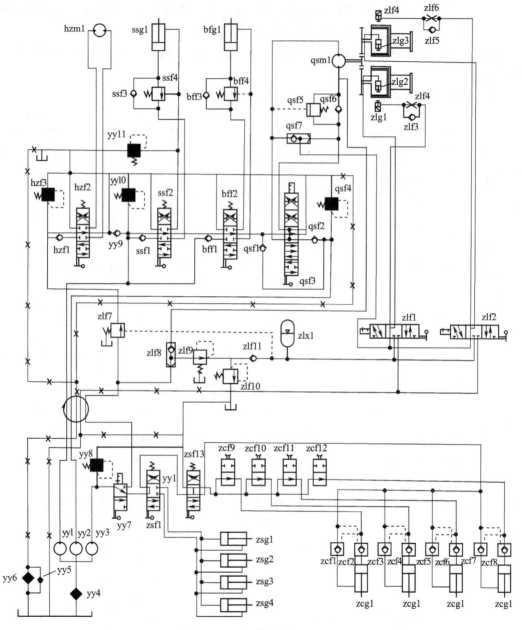

图 14-7 整理和简化油路的方法

(1)缩短油路连线。缩短回油连线的方法是拆分总回油路线(打 × 表示)、增加回油和油箱符号、采取就近回油的方法,还可以去掉一些不必要的油路连线,使整个原理图的油路连线简化。整个液压系统缩短连线的情况如图 14-7 所示。

(2)省略某些元件。将能够省略的液压元件进行涂黑处理,具体分析如下。

①省略辅助元件。滤油器功能比较简单,一般可以省略,如图 14-7 中的 yy4、yy5 和 yy6。蓄能器如果用于消除压力脉动和冲击,则分析系统时可以省略;如果用于储存油液或作辅

助油源,则不能省略。图14-7的蓄能器属于后者,故不能省略。

②去掉安全阀、背压阀等元件。安全阀或溢流阀起安全保护或调压溢流的作用,背压阀起增加回油阻尼的作用,这些元件在不同工作阶段所起的作用是相同的,因此,为了简化油路,可将图14-7中的yy8、hzf3、yy10、yy11和qsf4去掉。

③省略重复的元件或回路。在图14-7中,有4套垂直支腿回路、4套水平支腿回路、2套的制动器和离合器控制回路。这些回路的组成元件分别相同,油路连线也没有区别,因此其功能和动作原理也是相同的。在分析时,只分析一个回路的工作原理即可,其余回路的工作原理相同,可以省略。

(3)重新绘制原理图。对原液压系统原理图(图14-6)进行整理和简化后(图14-7),重新绘制原理图,得到简化的液压系统原理图,如图14-8所示。图14-8比图14-6更加简单,易于阅读,划分子系统更加容易,各子系统之间的关系更加明了。

(4)元件重新编号。由于在原系统基础上省略了多个元件,因此,对简化后的系统进行元件的重新编号。

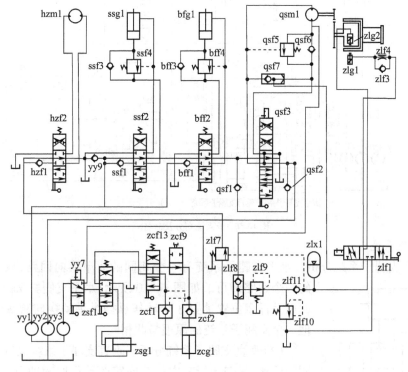

图14-8 简化原理图

4.将系统分解为子系统

(1)划分子系统。对图14-8所示汽车起重机液压系统按执行元件来划分子系统。系统虽然有回转马达、伸缩缸、变幅缸、起升马达、垂直支腿缸、水平支腿缸、制动缸以及离合器缸等8个执行元件,但制动缸和离合器缸的作用相互关联,因此可以把这两个执行元件划分为一个子系统,于是整个汽车起重机液压系统可以被分解为7个子系统,如图14-9所示。

(2)子系统命名。根据各子系统的用途,用中文分别将其命名为垂直支腿子系统(CZ)、水平支腿子系统(ZS)、回转子系统(HZ)、伸缩子系统(SS)、变幅子系统(BF)、起升子系统(QS)、制动和离合器子系统(ZL),如图14-9所示。

(3)绘制子系统原理图。根据图14-9中液压子系统的划分结果,重新绘制从液压泵到执行元件的汽车起重机各个子系统原理图,分别如图14-10~图14-18所示。由于梭阀的作用是始终保证使高压油被连接到系统或控制油路,其对整个系统的工作原理分析不产生影响,因此图14-15起升子系统和图14-18制动器和离合器子系统中都省略了梭阀。

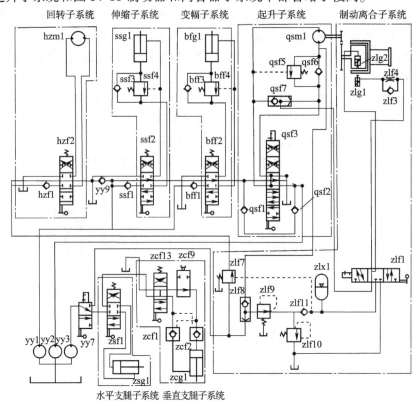

图14-9 子系统划分及命名

5. 分析子系统

(1)水平支腿子系统分析。水平支腿子系统有4个相同的简单换向回路,只需分析其中的一个回路即可。如图14-10所示,水平支腿缸zsg1的伸出、收回以及任意位置锁紧3个动作靠操纵手动换向阀zsf1实现。其他3个支腿子系统的原理与此相同。

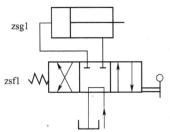

图14-10 水平支腿子系统

(2)垂直支腿子系统分析。垂直支腿子系统也有4个组成相同的回路,只需分析其中一个回路的动作原理即可。如图14-11所示,该子系统的基本回路是锁紧回路,通过操纵手动换向阀zcf3可实现垂直支腿缸zcg1伸出、缩回以及任意位置支撑3个动作;液控单向阀zcf1和zcf2组成双向液压锁,可防止支腿自行滑落的"拖腿"现象和避免支腿缩回的"软腿"现象;每个支腿缸分别由一个独立的转阀式两位开关阀控制,当只打开转阀zcf9而其余3个转阀关闭时,则可单独调节支腿缸zcg1的伸缩量,从而可起到支腿调平的作用。

支腿伸出时进油路和回油路油液路线如下:

进油路线:液压泵yy1→换向阀zcf13下位→转阀zcf9下位→液控单向阀zcf2→垂直支腿缸zcg1无杆腔;

回油路线:垂直支腿缸 zcg1 有杆腔→液控单向阀 zcf1→换向阀 zcf13 下位→油箱。

支腿缩回时的油液路线请自行分析。

(3)回转子系统分析。回转子系统(图 14-12)也是一个简单的换向回路,回转马达 hzm1 的顺时针与逆时针旋转可通过换向阀 hzf2 的左位和右位实现,同时换向阀 hzf2 的中位有锁止功能,能使回转马达在任意位置停止。溢流阀 hzf3 的作用是调定回转动作压力;单向阀 hzf1 的作用是防止油液倒流。值得注意的是,在回转子系统前还有一个顺序阀 zlf7(图 14-12 中未画出),其控制油来自制动与离合器子系统,可待制动离合器子系统分析完后再分析顺序阀的功能。

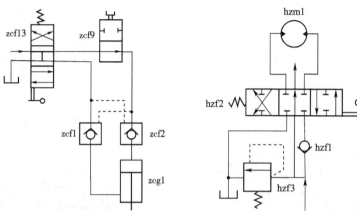

图 14-11　垂直支腿子系统　　　　图 14-12　回转子系统

(4)伸缩(变幅)子系统分析。伸缩子系统(图 14-13)的作用是使起重机吊臂伸长或缩短,其液压缸为多级伸缩缸;变幅子系统(图 14-14)的作用是使起重机的吊臂抬高或落下,其液压缸为单杆活塞缸。除这些区别外,两个子系统的结构完全相同,都是采用外控顺序阀实现的平衡回路。其中外控顺序阀 ssf4 和单向阀 ssf3 组成平衡阀,用来防止吊臂缩回时超速。

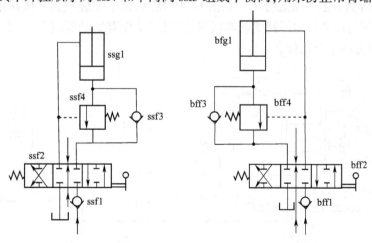

图 14-13　伸缩子系统　　　　图 14-14　变幅子系统

(5)起升子系统分析。起升机构是任何起重机最主要、最基本的机构。液压驱动的起升机构一般由液压马达、减速器、制动器、卷筒、钢丝绳、起重钩等部分组成,利用钢丝绳滑轮组的省力功能将重物提升(起重)。汽车起重机的起升机构液压系统如图 14-15 所示,该子系统的结构和组成元件与伸缩与变幅子系统类似,都是由平衡回路与换向回路这两个基本回路组成,区别在于起升子系统的执行机构是液压马达,并且手动换向阀 qsf3 有 5 个工作位置。

换向阀 qsf3 处于中位时,各油口相互连通,因此其中位机能为 H 型,此时液压泵卸荷。

换向阀 qsf3 处于右 1 位时(图 14-16),P 口通 B 口,A 口通 T 口,C 口通 D 口接油箱。此时由液压泵 yy2 提供的油液进入液压马达 qsm1,由前一个子系统来的油液(油泵 yy3 提供)经 C 口、D 口回到油箱,液压马达实现慢速转动。

换向阀 qsf3 处于右 2 位时(图 14-17),P 口通 B 口,A 口通 T 口,由前一个子系统来的油液经单向阀 qsf1 和 qsf2 进入 P 口,与油泵 yy2 提供的油液一起进入马达 qsm1,使马达快速运转。可见换向阀 qsf3 的右 2 位能够实现合流的作用。

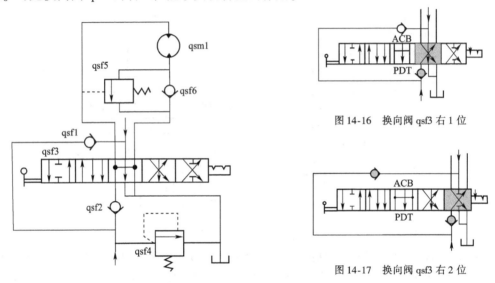

图 14-15 起升子系统

图 14-16 换向阀 qsf3 右 1 位

图 14-17 换向阀 qsf3 右 2 位

换向阀 qsf3 的左 1 位与左 2 位的分析与上述分析类似,不再赘述。

(6)制动器和离合器子系统分析。如图 14-18 所示,该子系统包含减压回路、顺序动作回路、蓄能器供油回路以及换向回路等基本回路,完成的动作有制动器制动、离合器结合以及制动器与离合器都分离 3 个动作。

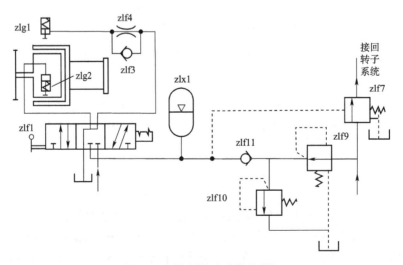

图 14-18 制动器和离合器子系统

当操纵换向阀 zlf1 左位时,进油路线 1:减压阀 zlf9→单向阀 zlf11→换向阀 zlf1 左位→离合器缸 zlg2,离合器缸活塞杆伸出,卷筒与起升马达输出轴结合;

与此同时,进油路线 2:换向阀 zlf1 左位→节流阀 zlf4→制动缸 zlg1,制动缸活塞杆缩回,制动器与液压马达输出轴分离,制动解除。

可见,在换向阀 zlf1 左位时,离合器结合,制动器松闸,卷筒旋转,重物起升或下降。

当操纵换向阀 zlf1 中位时,两条进油路均不通,制动缸 zlg1 与离合器缸 zlg2 都在弹簧的作用下排油,其中:制动缸 zlg1 的活塞杆伸出,把起升马达的输出轴抱紧;离合器缸 zlg2 的活塞杆收回,切断卷筒的动力输入,使卷筒停止转动,重物保持在空中某一位置。制动器采用常闭形式,并且有两套独立的制动-离合器系统(只分析一套),当一套系统失效时,另一套可单独发挥作用,这种关键部件的备份就是起重机的安全冗余原则。

换向阀 zlf1 中位时,由油泵 yy3 来的压力油经减压阀 zlf9、单向阀 zlf11 向蓄能器供油(蓄能),当压力达到减压阀的调定压力时,减压阀关闭,表明蓄能器已经存储了足够的压力能。此时,顺序阀 zlf7 开启,油泵 yy3 的压力油进入回转子系统,实现顺序动作。

节流阀 zlf4 与单向阀 zlf3 使制动缸进油慢,排油快,制动器延时张开,迅速紧闭,起到上闸快、松闸慢的作用,以避免卷筒启动或停止过程中出现溜车下滑的现象。

当换向阀 zlf1 右位时,压力油经减压阀 zlf9→单向阀 zlf11→换向阀 zlf1 右位→节流阀 zlf4→制动缸 zlg1,制动器松闸;同时,离合器缸的油液经换向阀 zlf1 右位回油箱,离合器分离。此时,重物可在自重的作用下实现自由下放。如果液压泵有故障,也能靠蓄能器的压力能完成应急工作。

6. 分析子系统连接关系

子系统之间的连接关系是通过子系统的换向阀实现的,因此只要分析各个换向阀的油路连接关系即可。

(1)分析工作机构子系统的连接关系。回转、伸缩、变幅和起升子系统的 4 个换向阀的油路连接方式如图 14-19 所示。

回转子系统由液压泵 yy3 单独提供压力油,其回油单独接油箱,与其他子系统构成独立关系(并非像某些参考书所说的顺序单动方式),使回转与其他动作互不干涉。

伸缩子系统与变幅子系统均由油泵 yy1 供油,两换向阀的回油都各自接油箱,因此两个子系统构成并联关系。在负载相同的情况下,两个子系统可以同时工作,以提高起重机吊臂位置调整的速度和工作效率。

起升子系统由油泵 yy2 和 yy1 供油,在换向阀的左(右)1 位时,由油泵 yy2 单独供油,实现慢速运动;在换向阀的左(右)2 位时,由油泵 yy2 和油泵 yy1 一起供油,实现快速运动,此时起升子系统与伸缩、变幅子系统实现合流。

(2)分析支腿子系统的连接关系。汽车起重机的支腿子系统包括水平支腿子系统和垂直支腿子系统,每个子系统又分别由 4 个支腿油路组成。图 14-20 所示为水平支腿子系统的连接关系。图中 4 个支腿缸的进油与回油均采用并联的连接关系,其活塞可同步伸出或缩回,虽然同步精度不高,但对于负载很

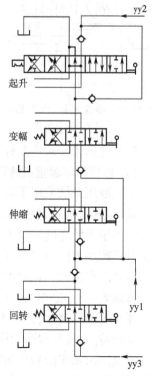

图 14-19 工作机构子系统连接方式

小的水平支腿子系统来说,能够满足应用要求。

垂直支腿子系统的4个支腿油缸也采用进油与回油并联的方式实现同步(图14-21),但通过4个转阀的通断,可实现单独调整某一个垂直支腿缸的工作位置,调整过程中4个垂直支腿子系统可以互不干扰,从而能够使起重机在水平方向调平。

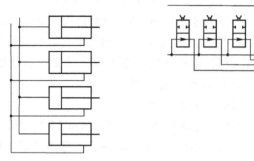
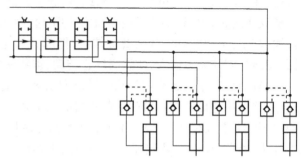

图14-20 水平支腿缸的连接方式　　　　　图14-21 垂直支腿连接方式

水平支腿子系统与垂直支腿子系统采用串联的连接方式(图14-22)。在负载小的情况下,两个子系统可以同时工作,实现复合动作,以提高支腿动作的效率。

(3)分析制动器和离合器子系统的连接关系

为了实现安全冗余,汽车起重机采用了两套制动器和离合器子系统,这两个子系统分别由两个手动换向阀控制,两个换向阀的油路连接方式如图14-23所示。该图表明,两个子系统采用并联方式,可以单独工作,也可同时工作。

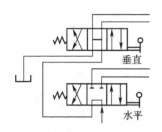
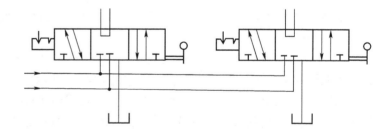

图14-22 垂直支腿与水平支腿　　　　　图14-23 制动器和离合器子系统的连接方式
　　　　子系统连接方式

7. 总结系统特点及分析技巧

(1)总结汽车起重机液压系统的特点:

①该液压系统采用了换向回路、锁紧回路、平衡回路、顺序动作回路、减压及制动回路等基本回路,以满足汽车起重机的工作要求和动作特点,并保证系统的工作安全。

②各子系统之间采用了并联、串联、合流以及复合等多种连接方式,以满足汽车起重机多个执行机构实现同步、互锁以及防干涉等复杂的动作要求。

③采用双向液压锁的锁紧回路,该锁紧方式简单、可靠,有效时间长,可以保证支腿液压缸的可靠锁紧,防止出现"拖腿"和"软腿"事故。

④在制动回路中,采用单向节流阀和单作用液压缸组成的制动器,能够实现上闸快、松闸慢的动作特点,确保起升动作的安全。

⑤采用由顺序阀和单向阀组成的平衡阀,以防止在起升、吊臂伸缩和变幅作业过程中因重物自重而超速下降。该平衡方法工作可靠,但会造成一定的功率损失,且有效时间短。

⑥在多缸卸荷回路中,采用三位换向阀的 M 型或 H 型中位机能卸荷,卸荷方式简单,节能效果好。

⑦采用多泵供油方式,当其中一个油泵工作时,其他油泵可以卸荷,比单独采用一个大功率油泵供油的方式更加经济,节能效果更好。

⑧采用手动换向阀调节阀芯开度大小的方法来调整工作机构的动作速度,对于控制精度不高的汽车起重机来说,该操作方式方便灵活,但劳动强度稍大一些。

(2)总结液压系统分析技巧:

①在粗略浏览液压系统原理图时,可根据执行元件的数量初步确定其子系统的组成。

②若有多个相同或相近的子系统,可以将其简化为一个子系统进行分析。

③当液压系统复杂,子系统内部又包含若干分子系统时,可采用化整为零的方式降低分析的难度,即先分析分子系统,再分析子系统,最后分析各子系统之间的联系。

④确定元件的功用时不能离开系统,因此要在分析子系统的工作原理时判断元件的功用。

任务实施 2　分析推土机液压系统

1. 了解推土机液压系统

推土机是一种以履带式拖拉机为基础车,配以推土铲、松土器等工作装置的自行式土石方施工机械,是工程机械中用途广泛的一个机种。其外形如图 14-24 所示。它能够在建筑、筑路、水利等土石方施工中完成土石方开挖、推运、堆积、回填、平整和松土等作业。

某型号履带式推土机的液压系统如图 14-25 所示,包含工作装置液压系统和转向液压系统两部分,其中工作装置液压系统由各种控制阀和液压缸组成,转向液压系统由转向器(转向先导阀)、控制阀及转向液压马达或液压缸组成。

推土机的工作装置包括推土铲和松土器,推土铲要完成的工作包括举升、保持、浮动、下降和倾斜等动作;松土器要完成举升、下降以及调整切土角等动作。推土机在作业时需要频繁地转向,要求转向系统能够操纵轻便灵活地实现直行、左、右转弯等动作。

图 14-24　履带式推土机实物图

2. 初步分析推土机液压系统

如图 14-25 所示,推土机液压系统组成元件数量多,油路关系复杂。为便于分析,根据元件的相关性将液压系统划分为转向泵模块、转向马达模块、旁通和压力控制阀组模块、工作装置阀组模块、松土器模块、推土铲(铲举升和倾斜)模块、工作泵模块、转向先导阀模块以及油箱模块等 9 个模块。为便于分析,将各模块重新绘制并将各模块中的液压元件按数字重新编号,重新绘制的模块在模块分析中显示。

(1)分析转向泵模块。转向泵模块如图 14-26 所示。该模块由转向泵 4、辅助泵 8、伺服缸 5、变量控制阀 6、溢流阀 2、顺序阀 1、梭阀 9 以及两个不熟悉的液压阀 3 和 7 组成。

转向泵 4 是双向变量泵,由变量控制阀 6 和伺服缸 5 控制供油方向和输出油量。当变量控制阀 6 的阀芯两端接油箱时,变量控制阀在对中弹簧的作用下处于中位,使伺服缸的两腔均通油箱,因此伺服缸的活塞在弹簧作用下也处于中位,此时转向泵处于"零"排量工作状态,推土机直线行驶。

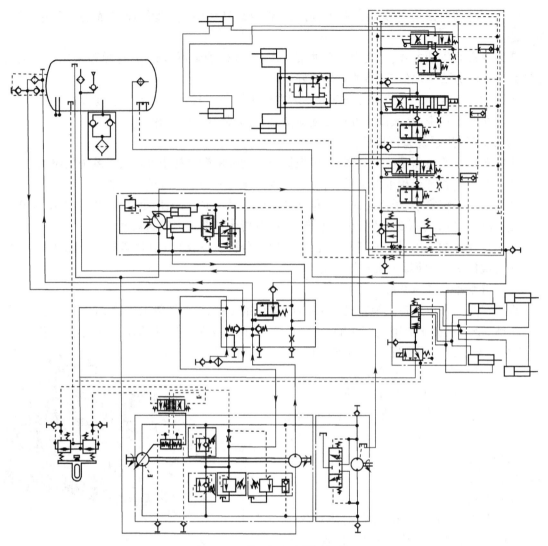

图 14-25 推土机液压系统原理图

当变量控制阀 6 的左腔通压力油、右腔接油箱时，其阀芯右移，变量控制阀左位工作。于是伺服缸左腔进压力油、右腔通油箱，其活塞右移。假设此时使转向泵 4 的斜盘向正方向偏转，转向泵工作在正向排油状态，转向马达左转。伺服缸活塞的位移量由变量控制阀阀芯的位移量决定，由于伺服缸活塞杆与变量控制阀的阀体连在一起，伺服缸活塞的移动量与变量控制阀阀芯的移动量相同时，变量控制阀又重新回到中位，伺服缸的两腔又接回油箱，在弹簧的作用下，伺服缸的活塞又重新回到中位，转向泵又工作在零排量工作状态，转向马达转过某一角度后停止。

同理，当变量控制阀 6 的右腔通压力油、左腔接油箱时，转向主泵工作在反向排油状态，转向马达右转。

在转向泵负荷大到接近顺序阀 1 的调定压力时，顺序阀 1 开启，使变量控制阀的供油直接回油箱，伺服缸活塞在弹簧作用下回到中位，转向主泵处于零排量状态，推土机停止转向，这样能够使转向液压系统避免长期处于高压溢流状态，也避免了油温过高。因此，顺序阀 6 是使转向泵卸荷的切断阀。

梭阀 9 用于选择高压油,使之成为切断阀的控制油。

辅助泵 8 是定量泵,起补油、换油、控制油以及控制转向主泵变量机构的作用;溢流阀 2 是辅助泵的调压阀,调定补油压力、保护补油泵安全。

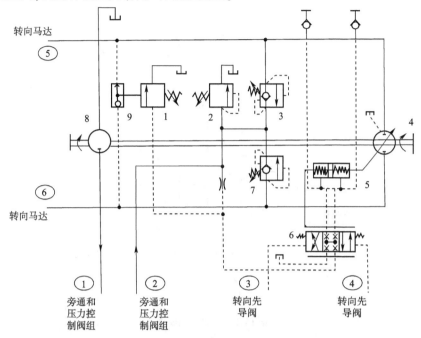

图 14-26 转向泵模块

模块中两个不熟悉的液压元件 3 和 7 被称为补油安全阀(图 14-27),可查阅相关资料,了解其工作原理及功能。其图形符号与溢流阀相似,如果去掉其中的单向阀符号和从 B 口反馈回来的控制油符号,则与溢流阀的图形符号完全相同,表明该元件有溢流阀的功能。从图形符号分析,当油液从 A 口流向 B 口时,单向阀截止,油路不通,当油液压力达到该阀的调定压力时,其阀芯开启溢流,因此相当于一个溢流阀;当油液从 B 口流向 A 口时,单向阀开启,B、A 口可直接导通,所以,该阀实际上是溢流阀与单向阀的组合阀。在模块中转向主泵的高低压油路上安装两个这样的阀,可保证双向油路的工作安全,既可防止高压油路压力过高,也可保证辅助泵把油液补充到低压油路上去。

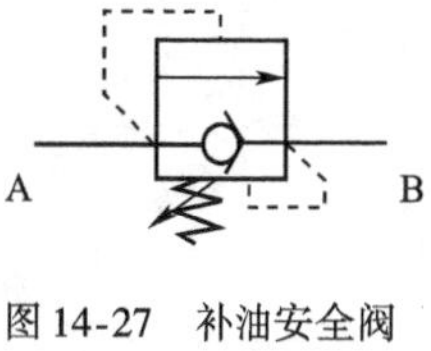

图 14-27 补油安全阀

(2)分析转向马达模块。转向马达模块(图 14-28)主要由定量马达 1 和换向阀 2 组成。转向马达由转向泵提供压力油,驱动差速转向机构工作,使推土机转向。当转向马达的上边油路通高压油,下边油路通低压油,转向马达的上面油管进油,下面油管回油;同时换向阀阀芯的上腔通压力油,在压力油的作用下,换向阀 2 上位工作,转向马达的回油可通过换向阀上位回油箱,使温度较高的油液得到冷却。同理,当下边油路通高压油、上边油路通低压油时,转向马达的回油经换向阀的下位到油箱冷却。因此,无论哪边通压力油,换向阀 2 都能使转向马达的回油到油箱,故换向阀 2 称为低压选择阀。

(3)旁通和压力控制模块。旁通和压力控制模块原理图如图 14-29 所示,主要由冷却器 1、背压阀 2、减压阀 3、单向阀 4 和 5 组成。

冷却器 1 对整个系统的工作介质进行冷却,油箱中系统返回的热油由辅助泵泵出后经冷却器冷却,然后再把冷却后的油液供给需要补油的油路。单向阀 5 是冷却器旁通阀,其弹簧有一定刚度,能在冷却器堵塞时开启,保护冷却器。

背压阀2能使辅助泵在有一定背压的情况下卸荷,以保证辅助泵始终能为系统提供具有一定压力的控制油。

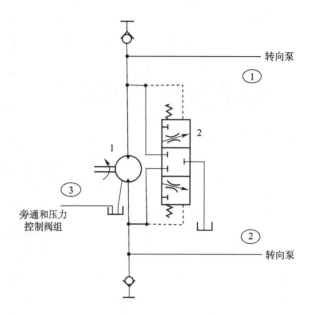

图 14-28　转向马达模块

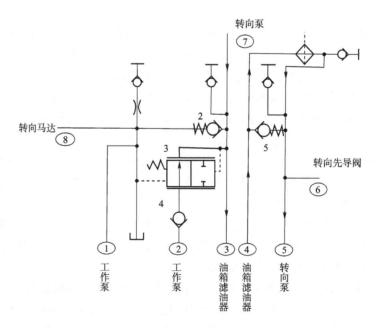

图 14-29　旁通和压力控制模块

减压阀3的图形符号是开关阀符号,此阀与转向系统和工作装置液压系统相连。当阀出口压力低时,在弹簧作用下,阀口开大;当出口压力高于弹簧调定压力时,阀口关小。因此它是通过感受阀芯两端的压力差(由于一端接油箱,因此压力差就是出口压力)来调整工作状态,使阀口开大或关小,其作用相当于差压式减压阀。

单向阀 4 起防止油液倒流的作用。

(4) 工作泵模块。工作泵模块(图 14-30)采用了负荷传感技术,该模块主要由工作泵 2、主安全阀 1、倾斜缸 3、促动缸 4、压力补偿阀 5 和流量补偿阀 6 组成。

工作泵 2 是变量柱塞泵,为所有工作装置提供压力油,其出口压力由安全阀 1 限定。倾斜缸 3、促动缸 4、压力补偿阀 5 和流量补偿阀 6 共同组成柱塞泵的负载传感压力补偿装置。其中,倾斜缸用于使泵升程,与压力补偿阀 5 联合动作;促动缸 4 的活塞面积大于倾斜缸 3 的活塞面积。工作泵利用阀 5 和阀 6 感受负载变化,从而调整促动缸 4 中的压力来改变泵的排量。其工作原理是:

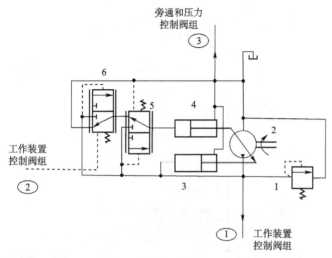

图 14-30 工作泵模块

在泵启动阶段,控制油压力低,阀 5 上位、阀 6 下位工作,此时促动缸 4 的左腔接油箱,液压泵排量最大。

工作泵启动后,当工作装置不工作时,工作泵出口压力逐渐升高,超过阀 6 弹簧的调定压力时,阀 6 上位工作,促动缸 4 左腔的压力升高,由于缸 4 的活塞面积大于缸 3 的活塞面积,工作泵的排量减小到接近于零,即实现低压卸荷。

当工作装置工作时,阀 6 在负载压力和弹簧力的作用下处于下位工作,使缸 4 的左腔接油箱,在缸 3 的推动下,工作泵的排量逐渐增大,从而为负载提供流量。如果在工作过程中,工作泵与负载压力之差大于阀 6 弹簧的调定压力,表明工作泵输出的流量大于实际需要的流量,从而产生了过多的节流损失。此时阀 6 上位工作,缸 4 左腔压力升高,工作泵排量减小。

当负载过大导致工作泵的供油压力大于阀 5 弹簧的调定压力时,阀 5 下位工作,缸 4 左腔压力升高,工作泵的排量逐渐减小到接近于零,实现高压卸荷。

从上述分析可知,利用负荷传感技术,能使液压泵的输出压力和流量始终与负载所需要的压力和流量相适应,能够最大限度地实现节能的目的。该技术目前应用于有多个执行机构同时动作的工程机械中。

(5) 工作装置阀组模块。如图 14-31 所示,工作装置阀组模块中,安全阀 1 用于限定系统最高压力;裂土器操纵阀 6、铲刀升降阀 11、铲刀倾斜操纵阀 16 分别用于控制裂土器和推土铲刀的动作;回油控制阀 2 使系统在有背压或没有背压的情况下回油;梭阀 4、9、14 可将高压信号油传送到泵的变量控制阀,使泵根据负荷的大小自动调节排量;单向阀 5、10、15、17 是为了防止油液倒流而设置的;而单向阀 7、12 为补油阀,系统可通过这两个阀从油箱中吸油。

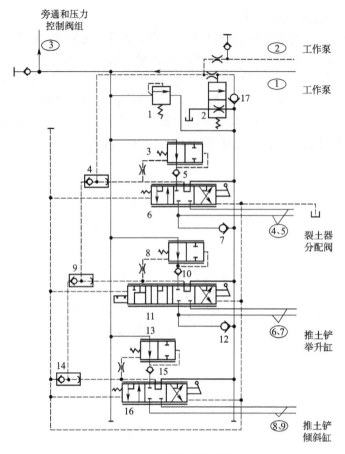

图14-31 工作装置阀组模块

压力补偿阀3、8和13用于补偿负载变化引起的流量变化,通过感受阀芯两端的压力差来调节阀芯的开口量,其作用相当于减压阀。阀芯两端的压力差越大,阀芯的开口量越小,该阀进、出口的压力差越大;反之,阀芯两端的压力差越小,阀芯的开口量越大,该阀进、出口的压力差越小。

(6)推土铲模块。在推土铲模块(图14-32)中,铲刀提升缸2用于控制推土铲升降;铲刀倾斜缸3用于控制推土铲侧倾;节流阀4用于控制推土铲举升的速度。

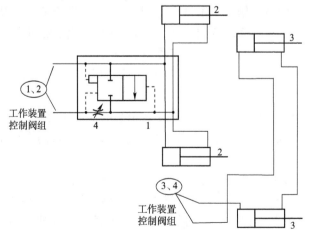

图14-32 推土铲模块
1-液控开关阀;2-铲刀提升缸;3-铲刀倾斜缸;4-节流阀

在推土铲下降、尚未接近地面的过程中,由于推土铲自重比较大,其下降速度会较快,导致缸2无杆腔供油不足。此时,有杆腔的回油经节流阀4后,由于节流作用使阀4的进口压力高于出口压力,在此压力差的作用下,液控开关阀1处于右位工作,因此缸2有杆腔的回油通过阀1的右位直接流到缸2的无杆腔中,使缸2的下降速度加快。因此,阀1和阀4一起被称为快降阀。

(7)松土器模块。在松土器模块(图14-33)中,电磁换向阀2为松土器操纵阀,通过液动换向阀1控制松土器举升缸3和倾斜缸4的动作。其中缸3用于松土器的升降,缸4用于调整松土齿的切削角。

(8)转向先导阀模块。转向先导阀是通过控制转向泵的变量伺服机构、从而控制转向泵改变供油方向的转向操纵阀,其原理图如图14-34所示。

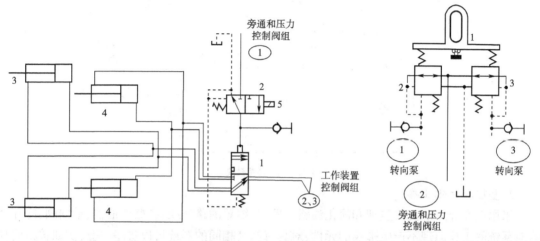

图14-33 松土器模块　　　图14-34 转向先导阀模块

该模块主要由操纵手柄1、控制阀2和3组成。其中,操纵手柄1控制转向先导阀动作;控制阀2和3控制油路的通断,从而控制转向泵变量方向阀的动作。原理分析如下:

当操纵手柄处于中位时(图14-35),控制阀2和3都工作在上位,此时A口、B口、C口都连通,压力油(由辅助泵提供)经A口分别到B口和C口提供给下一级控制装置(转向泵的变量控制阀),于是推土机不转向。

当操纵手柄1向左偏转时(图14-36),左侧弹簧被压缩,右侧弹簧被拉长,阀2的阀芯因左侧弹簧的作用下移,D口通O口;阀3的阀芯则处于原工作位置不动,A口通C口。于是ACE为供油路,BDO为回油路,此时推土机向左转向。

同理,当操纵手柄1向右偏转时,推土机向右转向。如图14-37所示。

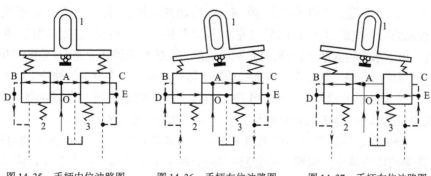

图14-35 手柄中位油路图　　图14-36 手柄左位油路图　　图14-37 手柄右位油路图

(9)油箱模块。如图14-38所示,油箱模块主要包括滤油器、液位传感器以及温度计等元件,实现储存油液、对流回油箱的油液进行过滤、散热等功能,分析从略。

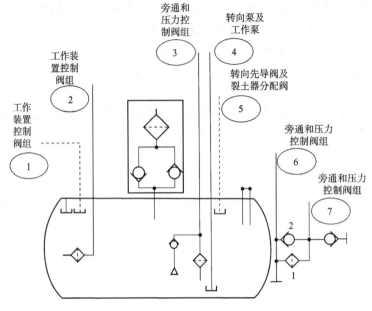

图14-38 油箱模块

3. 整理和简化油路

采用前面介绍的方法整理和简化油路。例如,缩短油路连线;省略滤油器、单向阀、冷却器等对系统的工作原理不产生影响的元件;对具有两套相同的系统可以省略一套,例如铲刀的提升与倾斜系统、松土器的提升与倾斜系统,使系统简化。

对推土机原液压系统原理图进行整理和简化后,重新绘制的液压系统原理图如图14-39所示。图中采用数字编号的方式对所有液压元件重新编号。

4. 将系统分解为子系统

推土机液压系统有转向马达,推土铲举升缸、倾斜缸,松土器举升缸、倾斜缸5个执行元件,由于松土器举升缸和倾斜缸由同一组阀控制,因此可以合并为一个液压子系统,这样就有4个子系统了。另外,由于工作泵的变量机构复杂,工作情况有多种变化,因此将其单独划分为一个子系统。综上考虑,将推土机液压系统划分为5个子系统,各子系统用中文名称进行命名,如图14-39所示。重新绘制的各子系统原理图见子系统分析部分。

5. 分析子系统

(1)分析转向子系统。转向子系统(图14-40)由转向泵模块、转向马达模块、转向先导阀模块、旁通和控制阀组等组成,其中转向泵的进、出油口与转向马达的出、进油口相连,构成闭式容积调速系统。该子系统包含两个回路,一是驱动机械转向的高压循环油路,一是控制和补充高压循环油路的低压供油回路。辅助泵也用来移动松土器分配阀和对系统中的油液进行冷热交换。

转向子系统要完成的动作主要是推土机的右转、左转,此外还有一些辅助的动作,例如辅助泵给系统补油和换油、转向泵卸荷以及主工作泵给转向子系统补油等。

①转向。根据前述转向先导阀模块的工作原理,当转向先导阀1.1操纵手柄向右转时,辅助泵1.10提供的压力油分为两路,一路经转向先导阀1.1左侧阀口作用于变量控制阀1.2阀芯右腔,使其右位工作;另一路经固定节流孔、变量控制阀1.2右位,进入伺服缸1.3右腔,推

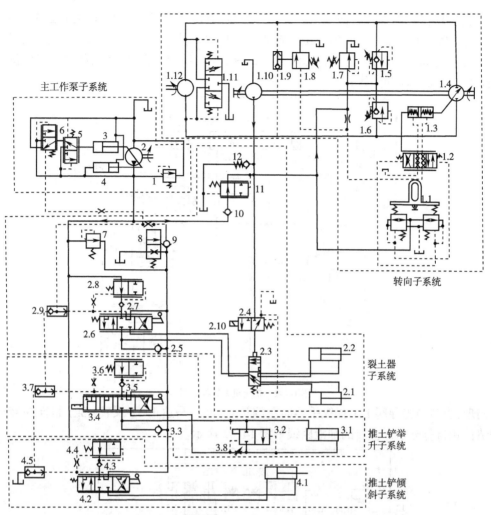

图 14-39 整理和简化后的推土机液压系统原理图

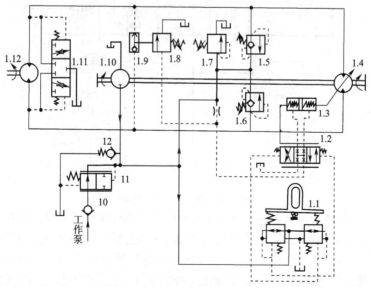

图 14-40 转向子系统

动伺服缸活塞左移,从而使转向泵1.4下油口为出油口,上油口为进油口,伺服缸1.3左腔油液经变量控制阀1.2右位回油箱。在转向泵1.4驱动下,转向马达1.12正转,并驱动差速转向机构,使推土机向右转向。此时,油液路线如图14-41所示(阀中涂黑的部分为工作位,油管中的箭头表示油液流动路线)。

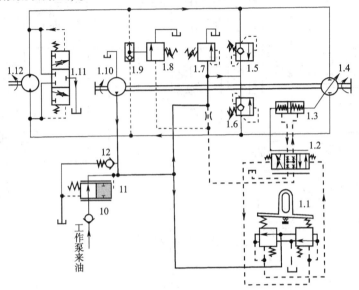

图14-41 推土机右转油路图

同理,当转向先导阀1.1操纵手柄向左偏转时,液压马达1.12反转,推土机向左转向,其过程请读者自行分析。左转的油液路线如图14-42所示。

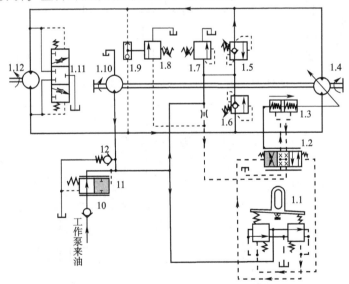

图14-42 推土机左转油路图

②补油换油。在转向泵与转向马达组成的闭式回路中,油液不可避免地存在损耗现象,并且,闭式回路中的油液温度较高,也需要进行冷却。因此,转向子系统设置了辅助泵进行补油和换油。以推土机右转向为例(图14-43),转向泵下油口输出高压油,高压油一方面自转向马达下油口进入,推动马达正转,一方面使低压选择阀1.11工作在下位,这样,自转向马达上油口流出的低压热油可经低压选择阀1.11下位流到油箱冷却。同时,辅助泵1.10从油箱中吸

油,经补油安全阀 1.5 中的单向阀给系统补油。

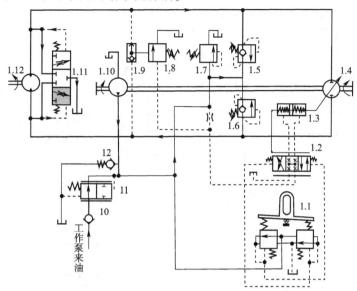

图 14-43 转向子系统补油和换油油路图

③从工作泵补油。如果辅助泵的流量不足以满足转向系统的补油需要,则辅助泵的出口压力降低。当压力低于旁通和控制阀组中的减压阀 11 弹簧的调定压力时,则阀 11 在弹簧的作用下处于左位工作,此时从工作泵来的油液经阀 11 左位与辅助泵供给的压力油合流后,同时补充到系统中。如图 14-44 所示。

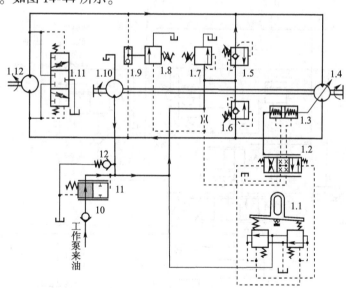

图 14-44 转向子系统从工作泵补油油路图

④安全保护。以右转向为例(图 14-44),当高压油路压力过高,超过系统允许的最大工作压力时,补油安全阀 1.6 开启溢流,溢流的油液经补油安全阀 1.5 的单向阀进入低压油路,从而实现系统的安全保护。

⑤切断。推土机在转向过程中遇到障碍物或被卡死等情况时,转向马达无法驱动负载,这时转向子系统启动切断功能,防止转向泵由于长时间溢流而引起油温升高。再以右转向为例(图 14-45),当高压油路压力过高,达到切断阀 1.8 的调定压力时,控制油经梭阀 1.9 使切断

阀1.8开启卸荷,伺服缸的两腔油压接近于零,在弹簧的作用下变量活塞回到中位,转向泵处于零排量状态,推土机停止转向。辅助泵的出口压力也迅速降低。

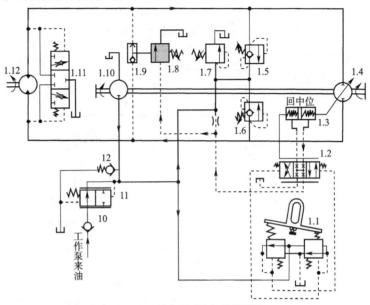

图14-45 转向子系统切断油路图

(2)松土器子系统分析。松土器子系统如图14-46所示。该子系统包括松土器举升缸2.1、倾斜缸2.2、松土器操纵阀2.6、压力补偿阀2.8、松土器举升和倾斜切换阀2.3、切换控制

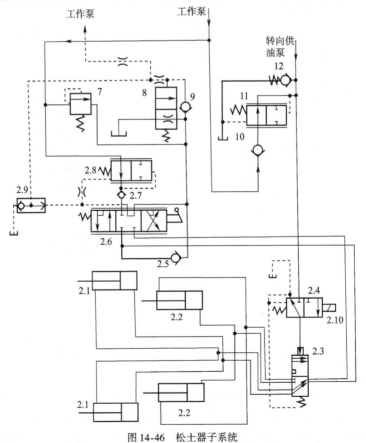

图14-46 松土器子系统

阀 2.4 以及单向阀 2.5 和 2.7 等元件。该子系统采用手动操纵阀控制松土器的举升及倾斜动作，并通过调整该操纵阀阀芯开度大小控制松土器动作速度，此外，压力补偿阀可用于补偿负载变化引起的流量变化。松土器子系统包含节流调速回路、压力补偿回路以及换向回路等基本回路，要完成的动作主要是松土器上升、下降、停止、松土齿前倾、后倾等动作。在松土器操纵阀 2.6 调节松土器动作速度时，工作泵的输出流量通过负荷传感阀的控制自动与松土器子系统负载所需要的流量相适应。

①松土器升降。电磁铁 2.10 断电使切换控制阀 2.4 左位，从而使切换阀 2.3 下位。此时，松土器操纵阀 2.6 左位，则工作泵来油→压力补偿阀 2.8 左位→单向阀 2.7→松土器操纵阀 2.6 左位→切换阀 2.3 下位→松土器举升缸 2.1 无杆腔，举升缸活塞杆伸出使松土器下落；同时，举升缸有杆腔的回油→阀 2.3 下位→阀 2.6 左位→回油控制阀 8→油箱。如果操纵阀 2.6 的开度不大，松土器下降速度较慢，回油量较小，则回油经阀 8 的下位回油；如果阀 2.6 的开度大，回油量增加，使回油背压增大，则推动阀 8 处于上位，实现快速回油。

在松土器下落过程中，由于自重的影响会快速下落，有可能出现举升缸无杆腔供油不足，油路中压力可能会降低到低于大气压，此时，回油和油箱中的油液可通过单向阀 2.5 补充到进油路中，以满足松土器快速下落的需要。

控制阀 2.4 左位、切换阀 2.3 下位、操纵阀 2.6 右位时，松土器上升，其工作原理请读者仿照松土器下降的过程自行分析。

②松土器倾斜。电磁铁通电时控制阀 2.4 右位，在转向子系统提供控制油的作用下切换阀 2.3 上位，此时操纵阀 2.6 控制的是松土器倾斜缸 2.2，其工作原理与松土器的升降相同，请读者自行分析。

(3) 推土铲举升子系统分析。推土铲举升子系统如图 14-47 所示。该子系统中，推土铲提升缸 3.1 由推土铲提升操纵阀 3.4 控制。该操纵阀有 4 个工作位置，从左至右依次为：左 1 位、左 2 位、中位及右位，分别控制推土铲浮动、下降、保持、提升 4 个动作，其动作原理请读者自行分析。

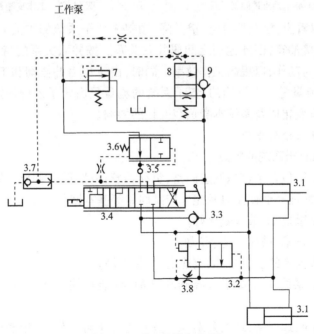

图 14-47 推土铲提升子系统

值得注意的是,在推土铲下降的过程中,快降阀3.2右位时能实现推土铲差动连接,使下降速度加快。快降阀的工作原理在推土铲模块中已经进行了分析,在此不再重复。如果差动连接方式仍然不能满足推土铲下降过程中提升缸3.1无杆腔供油的需要,进油路压力会降低到低于大气压,此时可通过单向阀3.3从油箱补油,实现快速下落。

(4)推土铲倾斜子系统。推土铲倾斜子系统原理图如图14-48所示,该子系统的组成与推土铲举升子系统类似,不过更为简单。手动操纵阀4.2有3个工作位置,控制推土铲倾斜缸4.1上倾(右位)、保持(中位)、下倾(左位)3个动作,也可以通过控制阀4.2开口的大小控制倾斜缸的运动速度。压力补偿阀4.4用于补偿负载变化引起的流量变化。

6. 分析子系统的连接关系

由于转向子系统与工作装置子系统分别由转向泵和工作泵单独供油,因此二者动作互不影响,是独立关系。在工作装置子系统之间,各操纵阀的油路连接关系如图4-49所示。

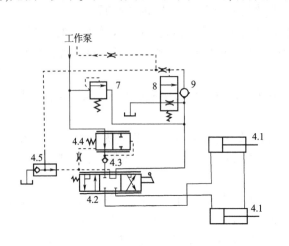

图14-48 推土铲倾斜子系统　　　　图14-49 工作装置子系统连接关系

从图14-49可以看出,松土器、推土铲升降、倾斜3个子系统的进油分别与工作泵总输油路连接,回油路单独接油箱,因此他们之间属并联关系。按并联关系的特点,3个子系统可以单独动作,也可以同时动作,以提高工作效率。同时,由于压力补偿阀和工作泵采用负荷传感技术,3个子系统的流量是互不影响的,各子系统的流量只由该子系统的操纵阀开口度决定,不受其他子系统流量变化以及系统本身负载变化的影响。

7. 总结系统特点及分析技巧

(1)总结推土机液压系统的特点:

①推土机液压系统包含了容积调速回路、负荷传感回路、闭式回路、差动回路、卸荷回路、比例伺服控制回路、换油补油回路以及先导控制回路等基本回路。

②采用了负荷传感技术,节能效果好。

③采用先导控制技术,操纵舒适、省力。

④采用比例伺服控制的变量泵,响应速度快,精度高。

⑤在推土铲升降系统中设置了快降阀和补油阀,能加快推土铲的下降速度,提高工作效率。

⑥转向回路采用闭式回路,结构紧凑、质量轻,适合于野外作业,但散热不好,因此在该液压系统中增设冷却器是十分必要的。

(2) 总结液压系统分析技巧：

① 工程机械液压系统中采用的手动控制比例阀（操纵阀），虽然原理图上采用的是比例阀的图形符号，但在实际分析中，可按普通换向阀的功能进行分析，只不过在各个工作位置，该比例阀还能起到调节阀口开度、从而调节执行元件运动速度的目的。

② 在分析压力补偿阀的作用及工作原理时，把压力补偿阀的开口度与供油压力和负载压力之差相结合，这一压力差越大，压力补偿阀的开口度越小，因此压力补偿阀可以等效为一个差压式减压阀，其工作原理与压差式减压阀相同，而操纵阀加上压力补偿阀就可以等效为一个调速阀。

③ 基于工程机械液压系统的节能要求，负荷传感技术的作用就是使液压泵的输出功率尽量与负载所需要的功率匹配，这一点是通过使液压泵的输出流量尽量与负载所需要的流量匹配而实现的，明确这一原理有助于分析变量泵的变量原理。

④ 应该熟练掌握闭式回路的基本原理和一些常用元件与装置，例如闭式回路常用的补、换油装置，双向安全保护装置等元件。

四、思考与练习

14-1　简述液压系统分析的一般步骤。

14-2　在分析液压系统原理图时，如何简化和整理油路？

14-3　面对一张复杂的液压系统原理图，如何划分子系统？

14-4　在汽车起重机液压系统的制动器和离合器子系统中（图14-18），蓄能器有何功用？

14-5　图14-19所示汽车起重机工作机构连接方式中，有参考书提出回转子系统与伸缩子系统的连接关系是顺序单动式，你认为这种说法是否正确？说明你的理由。

14-6　试以推土机工作泵模块为例（图14-30），分析负荷传感机构的工作原理。

14-7　对照图14-47分析，分别列写推土铲上升与下降时的进、回油路线。

14-8　图14-50所示为某型装载机液压系统原理图，试分析其工作原理。

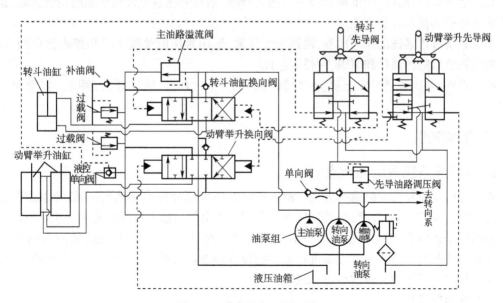

图14-50　装载机液压系统原理图

任务15　液压系统故障诊断

教学目标

1. 知识目标

(1) 了解液压系统故障的特点；

(2) 理解液压系统故障诊断的一般原则和方法；

(3) 理解液压系统常见故障模式的原因和诊断排除方法。

2. 能力目标

能够诊断、排除液压系统的常见故障。

一、任务引入

一套好的液压系统要能正常、可靠地工作，必须具备许多性能要求，主要包括：液压缸的行程、推力、速度及其调节范围，液压马达的转向、转速及其调节范围等技术性能；以及运转平稳性、精度、噪声、效率等。如果在实际运行过程中，能完全满足这些要求，整个机械设备将正常、可靠地工作；如果有某些不正常情况，以致不能完全或完全不能满足这些要求，则认为液压系统出现了故障。

液压系统的故障主要表现在液压系统或其回路中的元件损坏，伴随漏油、发热、振动、噪声等现象，导致系统不能正常发挥功能。液压系统的故障产生主要有两方面的原因：一是在设计、制造安装、调试、使用和维护过程等诸多环节存在故障隐患，即所谓原始故障；二是在正常使用条件下液压元器件自然磨损、老化、变质引起的故障，也即所谓自然故障。

液压系统故障诊断就是利用各种检查和测试方法，了解和掌握液压系统运行过程中的状态，进而确定系统或其局部是否正常，以便发现故障，查明原因。液压系统故障诊断需要对故障及其产生的原因、部位、严重程度等一一作出判断，是对液压系统健康状况的精密诊断，这种诊断要由专业的技术人员实施。

本任务从液压系统的原理出发，根据故障现象，运用常用的检测手段和逻辑推理的方法，分析液压系统故障的部位和原因，并排除故障。

所需设备：液压设备（推土机、挖掘机、机床等）；压力表、温度计、万用表、常用钳工工具等。

二、相关知识

(一) 液压系统故障的特点

正确分析故障是排除故障的前提。液压系统故障大部分并非突然发生，故障发生前总有先兆，如果先兆没有引起注意，当其发展到一定程度就会导致故障现象的发生。引起液压系统故障的原因是多种多样的，但也不是没有规律可循。统计表明，液压系统的故障大约有90%是由于没有按照规定对机械和设备进行必要的保养和维护所致。为了快速、准确地诊断故障，必须充分认识液压系统故障的特点和规律。

1. 故障的隐蔽性

液压装置的损坏与失效，往往发生在系统内部，而系统内部的结构及工作状况不能从外部直接观察。因此,它的故障具有隐蔽性,不如机械传动系统故障那样显而易见,又不如电气传动系统故障那样易于检测。加上现代液压元件的集成化趋势,系统内管路、孔道纵横交错,拆装不便,现场监测条件也十分有限,更是难以直接观测,各类泵、阀、液压缸与液压马达无不如此。

2. 故障的多样性和复杂性

液压系统的故障现象和故障原因之间存在各种各样的交叉与重叠。一方面,同一故障现象可能由多种原因引起,如系统压力过低这一故障现象,可能由液压泵、溢流阀引起,也可能与油液黏度、系统的泄漏有关;另一方面,同一故障源可能引起多种故障现象,例如同样是系统混入空气,轻则引起流量、压力波动,同时产生振动和机械部件运动过程中的爬行,重则使泵吸不进油。加上机械、电气部分的故障与液压系统的故障交织在一起,使得故障变得复杂,新设备的液压系统在调试时更是如此。

3. 故障的迁移性

液压系统是依靠在密闭管道内并且具有一定压力能的油液来传递动力的,油液受到污染后,这些污染物会随着油流到达系统的各个部分,从而引起一系列的故障。如密封圈损坏后,其橡胶碎片会随着油流不断移动,造成各种阻尼孔、卸荷孔的堵塞或阀芯的卡死。因此,分析故障时一定要找到故障源并将其排除掉,不能满足于头痛医头、脚痛医脚。

4. 故障的偶然性和必然性

液压系统在工作过程中受到各种随机因素的影响,如环境温度的变化、外界污染物的侵入、工作负荷的变化等,这些情况会导致一些突发情况的发生,如溢流阀的阻尼孔突然堵塞导致系统失压,换向阀芯卡死,电磁铁线圈烧蚀导致电磁阀失效。这些偶然故障没有规律可循,无法预防。

故障必然发生的情况是指不符合液压系统工作条件或者要求的、由特定的原因引起的故障,如环境污染严重必然引起油液污染,并导致液压系统出现故障;环境温度的变化必然引起油液黏度的变化,黏度降低会导致泄漏、流量与压力不足等故障,黏度增大会导致油液流动困难。另外,操作人员的技术水平也会影响到系统的正常工作。

(二)液压系统故障诊断的一般原则

由于液压系统故障有上述特性,所以在故障发生后,要综合各种情况进行检查、分析、判断,才能找到故障原因。一旦找到故障原因,往往处理比较容易。在诊断液压系统故障时遵循以下原则会使诊断效率提高。

1. 检查液压系统的工作环境

要使液压系统正常工作,需要保证一定的工作环境和工作条件,如果工作环境严重不符合该系统正常工作的标准,想要系统不发生故障几乎是不可能的。所以在故障诊断之初就应该判断并确定液压系统的工作条件和工作环境是否正常,并据此推断故障的可能原因,同时对不符合标准的工作环境和工作条件及时更正。

2. 判断故障发生区域

故障总是在液压系统最薄弱的一个环节发生,故障现象和特征总是与特定的系统区域相联系,据此可以推断故障发生的大概部位,故障诊断时可以结合故障现象、特征重点分析这些特定区域,使复杂问题简单化。

3. 对故障进行综合分析

根据以上方法找到故障区域后,就应该逐步深入,找出多种直接或间接的可能原因。为避免盲目性,必须根据液压系统工作原理,有针对性地进行综合分析、逻辑判断,尽量排除怀疑对象,逐步逼近,直到找到故障部位所在为止。

4. 查阅设备的运行记录

通过设备运行记录可以发现故障演变的一些线索,有助于对故障现象迅速作出判断,再利用一定的检测手段对故障作出准确判断。因此设备运行记录是故障诊断的重要依据。

(三)液压系统故障诊断方法

1. 观察诊断法

观察诊断是液压系统故障诊断的一种最简便的方法,通常是用眼看、手摸、耳听、嗅闻等手段,结合日常经验,对液压系统及设备的外表进行检查,分析设备是否存在故障、故障部位以及故障原因,是一种直观诊断方法。

一般情况下,任何故障在演变为严重故障之前都会伴有种种不正常的征兆,如:

(1)出现不正常的振动与噪声,尤其在液压泵、液压马达、液压阀等液压元件处。

(2)出现液压执行元件工作速度下降,压力降低及无力现象。

(3)出现工作油温升高或有焦糊味等现象。

(4)出现管路损伤、松动等现象。

(5)出现液压油变质、油箱油位下降、升高等现象。

上述这些现象只要勤检查、勤观察,不难发现。将这些现场现象作为第一手资料,根据经验及有关图表、资料等数据,就能很快判断出是否存在故障以及故障性质、发生的部位及故障产生的具体原因,就可以着手进行故障排除或预防更严重故障发生的措施。液压设备观察诊断任务见表15-1,设备日常检查也可按此表进行。

液压设备观察诊断任务表　　　　表15-1

检查任务	检查方法	判断标准	处理方法
外观不正常现象	眼看	无泄漏、管接头紧固、管路完好无损伤	进行修理、拧紧、维护
油箱油量、油液污染	眼看、嗅闻	油位正常,油质正常,滤油器无堵塞	补油,更换液压油,清洗/更换滤油器
振动、噪声	眼看、耳听	振动不大,声音柔和	比正常值
油温	手摸,油温表,温度计测量	正常值范围	超过正常允许值时,查明原因
工作速度	眼看	正常值范围	速度太慢需要查明原因,如流量不足、泄漏、定压太低等
工作压力	观察压力表	正常值范围	定压过低、供油不足以及其他故障的查处

观察诊断法简单易行,特别是在缺乏检测仪器和野外作业等情况下能用来迅速判断和排除故障,故具有实用性和普及意义。因此需要积累经验,以便运用时更加自如。可以将观察诊断法概括为"六问六看,四听四摸,一嗅三查"12个字,见表15-2。

观察诊断法的12字诀含义　　　　　　　　　表15-2

口诀	含义
六问	①问系统发生故障有多长时间； ②问故障后系统有哪些不正常； ③问油液、滤芯更换时间； ④问故障前压力阀、流量阀是否调节过，有何不正常的现象； ⑤问故障前是否更换过液压件、密封件； ⑥问过去常出现哪些故障，是如何排除的
六看	①看工作机构的运行速度； ②看各测压点的压力值； ③看油箱油液的油量及油质； ④看管接头、液压缸端盖、泵轴端等处是否有渗漏、滴漏； ⑤看液压缸活塞杆工作时有无因振动而产生的跳动； ⑥看工作循环，判断工作压力、流量的稳定性
四听	①听泵、阀是否有噪声； ②听换向时是否有冲击声； ③听是否有气蚀和困油的异常声音； ④听泵与马达运转时是否有敲打声
四摸	①摸泵、油箱、阀类元件外壳表面温度； ②摸运动部件和油管是否有高频振动； ③摸有无爬行； ④摸各管接头以及安装螺钉的松紧程度
一嗅	嗅油液是否有变质的气味
三查	①查阅技术档案中的故障记录； ②查阅日检、定检卡； ③查阅维修保养记录

2. 仪器诊断法

利用人的感官进行故障诊断往往不太准确，不如用仪器诊断法来得准确。仪器诊断法又称精密诊断法，就是使用压力表、流量表、温度计仪表、转速计等仪器仪表对液压系统各部分的压力、流量、温度等参数进行测量、分析，从而找出故障原因的诊断方法。其中，压力检测应用较为普遍，流量大小可通过执行元件动作的快慢作出粗略的判断（但元件内泄只能通过流量测量来判断）。液压系统压力测量一般是在整个液压系统中选择几个关键点进行，如泵的出口、执行元件的入口、多回路系统中每个回路的入口，可参照液压系统图中标注的测压点进行检测。

采用这种检测方法时，需要知道液压系统的正常参数值范围，并且合理选择仪表的量程。操作时，一般应在停机状态下将仪表接入系统，再在开机状态下进行检测，最后将测量值与正常值进行比较、判断，所以这种检测方法往往操作比较烦琐。

目前，国内外都研制出了一些便携式的检测仪器，可以对上述参数进行综合测量，具有携带方便、操作简单、工作可靠、价格低廉等特点，适合工地和修理厂等使用。这些便携式检测仪器有PFM型万能液压故障检测仪、美制SP3600液压系统检测仪、日本建机株式会社的HI-CLAS型液压泵故障早期诊断器等。

3. 液压系统图分析法

液压系统图分析法主要是根据液压系统工作原理进行逻辑推理的一类方法,也是掌握故障判断技术及故障排除的最主要最基本的方法。该方法是依据液压系统原理图,在掌握液压系统的工作原理、结构特点的基础上,根据故障现象进行判断,逐步深入,采取顺藤摸瓜、跟踪追击的分析方法,逐一查找原因,排除不可能的因素,有目的、有方向地逐步缩小可疑范围,确定故障区域和部位,最终找到故障所在。

例如,某装载机液压系统如图15-1所示,产生的故障现象是转斗油缸不动作(其他部分可动作)。

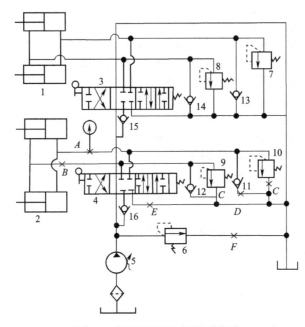

图 15-1 液压系统逻辑分析诊断演示

1-动臂缸;2-转斗油缸;3、4-手动换向阀;5-液压泵;6-主溢流阀;7、8、9、10-过载阀;11、12、13、14、15、16-单向阀

分析:如果所有执行元件都不动作,一般是液压系统全局性的故障,如液压泵5和溢流阀6的故障就必须列入排查对象;如果仅仅是转斗油缸不动作,则可认定这是局部故障,与液压泵和溢流阀无关,应该在缩小的范围内按顺序查找。

查找的方法和步骤是:

(1)首先拆开转斗油缸的油管 A 或 B 并接上压力表 F。操纵换向阀4处于左位收斗方向时,若压力表的显示值等于过载阀10的调定压力,铲斗不动作,说明故障在转斗油缸内部;如果压力表的显示值低于调定压力或很小,说明故障在油缸和油泵之间的这些阀身上,需要进一步查找。

(2)将过载阀10的回油管接头 C 拆开,观察接头 C 处是否有回油流出。如果回油量较大,甚至伴有溢流阀开启的吱吱声,说明过载阀失灵或压力调整螺钉松动。如果没有回油,再拆开单向阀11的接头,观察此处是否有油,若回油较大,说明单向阀密封不严引起泄漏。如果 D 处都没有回油,则故障在此油路之前的换向阀了。

(3)再将换向阀的回油管接头 E 拆开,观察 E 处是否有回油。如果 E 处有大量回油,说明换向阀内部泄漏严重,致使转斗油缸不能建立起压力,需要拆检换向阀,查明内泄原因。

其实,在第 2 步检查完成后,就可以判断是换向阀的问题了,之所以还继续拆开油管接头 E,也是为了验证之前的判断是否正确,并且拆检换向阀之前也必须拆开连接油管。

如果故障是全局性的(各部都不能动作),则应先检查油量、滤油器、油泵、主溢流阀等元件。

从上述案例可以看出,液压系统图分析法是根据液压系统中各回路内的所有液压元件,有可能出现的故障而采取层层分解、逐步逼近的推理查出方法,一般分几步进行:首先将故障分解到某个液压回路;然后重点排查最有可能发生故障的液压元件,最后通过对这些液压元件的检查确定故障源。

4. 逻辑分析法

利用液压系统图进行故障分析适用于所有的液压系统。在分析时必须依据一定的逻辑顺序,因此应借助一定的逻辑方法。上述分析过程是采用叙述法进行分析。叙述法比较烦琐,还可以采用较为清晰、明了的其他逻辑分析方法,如流程图法(图 15-2)、鱼刺图法(故障树法)、表格法、方框图法等。

5. 对比替换检查法

对比替换检查法是一种现场诊断方法,就是当一台机械出现故障时,用另一台同型号、同规格的机械进行对比试验,从中找出故障。如果同一台机械中有两套相同的液压回路,则应利用另一回路中进行对比试验。试验过程中,用新件或完好的液压元件代替可疑的液压元件,再开机试验,如性能变好,则故障就是被替换的元件;否则,故障就不是被替换的元件,这时可以继续用同样的方法或其他方法检查其余部件。在缺乏测试仪器时,对比替换法比较有效。

例如,在上述案例中就可以采取对比替换检查法。具体方法是:将转斗油缸的两根油管换接到换向阀 3,由换向阀 3 控制转斗油缸的动作,如果转斗油缸依然没有动作,说明是转斗油缸故障;否则,说明转斗油缸正常,故障在转向阀。

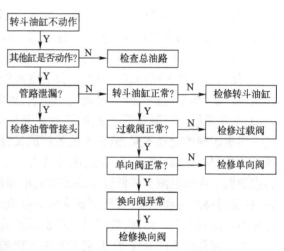

图 15-2 转斗油缸无动作诊断流程图

6. 操作调整检查法

操作调整检查法是一种现场诊断方法,具体方法主要是在无负荷动作和有负荷动作两种条件下进行故障复现操作,而且最好由本机操作手实施,以便与平时的工作状况相比较,更快、更准确地找出故障。检查时,首先应在无负荷条件下将与液压系统有关的各操作杆均操作一遍,将不正常的动作找出来,然后再实施有负荷动作检查。操作法检查有时要结合调整法进行。

分析液压系统故障部位的方法很多,除上述方法外,还有油液分析法、计算机辅助诊断法等,有兴趣的读者可参阅有关书籍。随着控制理论、电子设备、材料加工、计算机技术的发展,液压系统故障诊断技术也得到快速发展,许多研究者还将在其他领域应用相对成熟的故障诊断方法引入到液压领域中来。

(四)液压系统常见故障

液压系统的故障多种多样,不同的液压设备,由于组成液压系统的基本回路不同,组成各基本回路的液压元件不同,出现的故障也就不同。液压系统中产生的故障,有的是由某一液压元件的故障引起的,有的是由系统中液压元件和工作介质的综合性因素引起的,有的是由机械、电气及外界因素引起的。液压系统中有些故障可以用调整的方法解决,有些故障则是由于使用时间长、精度超差,需要修复才能恢复其使用性能,也有些是由于设计考虑不周、元件选用不当等原因引起的,必须经过改进后才能排除。

液压系统中的故障虽然复杂,但总有一些故障是经常发生的,如泄漏、压力失控、速度失控、动作失控、振动和噪声以及油温过高等。这些故障现象背后的故障原因具有一定的规律性,掌握了这些规律,对于我们诊断和排除液压系统的故障将有很大的启发。下面介绍一些液压系统常见的故障及其故障原因。

1. 泄漏

(1)液压系统泄漏的形式。工作介质的"越界流出"的现象称为泄漏。在单位时间内漏出工作介质的体积称为泄漏量。

根据泄漏产生的机理不同,液压系统的泄漏主要有间隙泄漏、孔隙泄漏、黏附泄漏、动力泄漏等形式,其中间隙泄漏是主要的泄漏原因。这是因为液压元件内部作相对运动的零件很多,这些零件之间必须采用间隙配合,如活塞和缸筒、柱塞和回转缸体、阀芯和阀体之间。间隙太小,会使运动零件卡死;而间隙过大,就会造成较大的泄漏。随着机械使用的时间延长,磨损会越来越严重,那么这些间隙只可能越来越大,因此泄漏也就会随着机械的使用越来越严重。所以说,液压系统的泄漏是不可避免的,这也是液压传动的最大缺点。

根据泄漏的途径不同,液压系统的泄漏又分为内部泄漏和外部泄漏。其中,工作介质从液压元件内部向外部泄漏称为外泄漏;工作介质在液压元件内部从高压油腔向低压油腔泄漏称为内泄漏。内部泄漏会降低液压系统的效率和传动精度,外部泄漏不但会造成工作介质的损耗,还会污染产品和环境,甚至造成火灾等危险。对于军工、航空、航天、冶金等设备来说,泄漏是绝对不能容忍的。因此,液压系统的泄漏尤其是外部泄漏是不容忽视的问题。

产生泄漏的原因有设计、制造和装配方面的问题,也有设备维护、保养等方面的问题。对于内部泄漏,在液压元件的结构方面已经谈及,下面主要针对液压系统的外部泄漏讨论泄漏的部位、原因及控制方法。

(2)液压系统外泄漏的主要部位和原因。液压系统的外泄漏,主要发生在液压元件之间的固定连接处以及外伸轴杆的动配合处。以下是根据治漏实践总结而得到的液压件泄漏的各主要部位及其常见原因。

①管接头处。管接头类型与使用条件不符;接头的加工质量差,不起密封作用;接头不良;接头密封圈老化或破损;机械振动或压力脉冲等原因引起接头松动等。

②不承受压力负载的结合面处。结合面的表面粗糙度和不平度过大;由各种原因引起的零件变形使两表面不能全面接触;密封件硬化或破损使密封失效;装配时结合面上有砂尘等杂质;被密封的油腔内有压力等。

③承受压力负载的结合面处。结合面粗糙不平;紧固螺栓拧紧力矩不够或各螺栓拧紧力矩不等;密封圈失效;结合表面翘曲变形;密封圈压缩量不够;压力油腔压力过高;油液黏度过稀等。

④轴向滑动表面密封处。密封圈的材料或结构类型与使用条件不符;密封圈老化或破损;轴表面粗糙或划伤;密封圈安装不当等。

⑤转轴密封处。转轴表面粗糙或划伤;油封材料或结构类型与使用条件不符;油封老化或破损;油封与轴偏心过大或轴摆动过大等。

2. 压力失控

液压系统的压力失控是常见的故障,主要表现在:系统无压力、压力不可调、压力波动以及卸荷失控等。

(1)系统无压力。系统无压力主要表现在以下几点:

①系统压力突然下跌至零并无法调节。多数情况下是调压系统本身的问题。应该从以下几方面查找原因:溢流阀阻尼孔被堵住;溢流阀的密封面上有异物;溢流阀主阀芯在开启位置卡死;主阀芯复位弹簧弯曲或折断使主阀芯不能复位;如果带卸荷阀,应检查卸荷阀的电磁铁是否有信号;对于比例溢流阀还有可能是电控信号中断。

②设备在停开一段时间后重新启动,压力为零。可能的原因有:溢流阀在开启位置锈结;液压泵因过滤器阻塞或吸油管漏气吸不上油。

③设备经检修、元件拆装更换后出现压力为零现象。可能原因如下:液压泵未装紧,不能形成密闭工作容积;液压泵内缺油,不能形成密封油膜;换向阀阀芯装反;换向阀装反,如果系统中有U型换向阀,一旦装反,便使系统卸压。

(2)系统压力不高。系统压力不高一般是由内泄漏引起,主要原因有:

①液压泵磨损,形成间隙,调不起压力,同时也使输油量减少。

②溢流阀主阀芯与阀体配合面磨损,控制压力下降,引起系统压力下降。

③液压缸或液压马达磨损或密封圈损坏,导致高、低压油腔串通,使系统压力降低。

④系统内有关的阀、阀板存在缝隙,会形成泄漏,也可能使系统压力下降。

(3)系统压力居高不下,且调节无效。一般都是溢流阀的问题,即溢流阀失灵。当主阀芯在关闭位置卡死或锈结住,必然出现系统压力上升且无法调节的现象;当溢流阀的先导控制油路被堵死,控制压力剧增,系统压力也突然升高。

(4)系统压力波动。液压系统压力波动的常见原因有:溢流阀的压力调节螺钉松动造成压力波动、主阀芯由于油液较脏滑动不灵活、阻尼孔由于油液较脏,时堵时通、主阀芯锥面与锥座接触不良、阻尼孔太大不起阻尼作用、先导阀调压弹簧弯曲造成锥阀芯与锥阀座接触不好。

3. 执行机构速度失控

液压系统执行机构速度失控,主要表现为速度慢、速度不可调、速度不稳定和液压爬行等。

(1)执行机构速度缓慢。液压系统执行机构速度缓慢的原因有:液压泵内部泄漏,容积效率低;溢流阀调整压力过低,使大量的油经溢流阀回油箱;换向阀卡紧或内部泄漏;液压缸(或马达)内部泄漏;油箱油面过低、吸油管道或进油滤油器堵塞、吸油口接头漏气等。

(2)速度不可调或不稳定。速度不可调一般是流量控制阀卡死、锈蚀等原因引起;如果电液比例阀的电气信号不能调节,也无法调速。

油温的变化会引起泄漏量的变化,导致速度不稳定;油液中混入空气、负载的变化也会引起速度不稳定;另外,节流阀还有一个低速稳定性问题。

(3)液压爬行。液压爬行就是液压缸在低速运动时产生时断时续运动的现象。爬行现象的实质是当一个物体在滑动面上做低速相对运动时,在一定条件下产生的停止与滑动交替出现的现象,是一种不连续的移动。爬行现象容易产生在滑动表面润滑不良、传动系统刚性低的低速运动系统中。爬行是液压系统中常见的问题,引起爬行的直接原因有:

①油液内混入空气,由于空气的可压缩性使油液也具有一定的可压缩性,从而导致油液的

刚性减小。油液刚性小,产生爬行的可能性就大。

②液压缸滑动部位存在磨损、拉伤、咬着等现象,导致润滑条件差、阻力大,使液压缸运动困难且不稳定。

③液压缸装配时密封过紧,导致运动时摩擦力过大。

④系统压力调得过低,使得液压力与负载加上各种阻力的总和大致相当,液压缸的运动表现为似动非动。

⑤电路信号时断时续也会引起液压缸的运动不稳定。

4. 动作失控

动作失控主要表现为不能动作、出现意外的动作等。

(1)工作机构完全不能动作。工作机构完全不能动作要视情况对待。如果系统有多个执行元件,所有的执行元件都不能动作,则问题出在总油路上,如液压泵失效,溢流阀或卸荷阀始终在开启位置,滤油器或吸油管道堵塞等等故障都有可能,还应检查油液是否充足。如果有部分执行元件能动作,那总油路就没有问题,个别执行元件不能动作的原因就出在该执行元件的支油路上,需要检查支油路的控制阀及管路。

(2)出现意外的动作。出现意外的动作主要由换向阀故障与电信号故障引起。

①换向阀的阀芯装反。例如两位换向阀的常开与常闭位置颠倒,便会出现未通电就有动作的现象。

②换向阀内部泄漏严重,压力油从阀芯的缝隙中进入液压缸的两腔,从而形成差动连接,使液压缸移动。

③由于电路故障,电磁铁得到错误的电信号,会引起误动作。

5. 异常振动与噪声

若液压设备在工作时产生的振动和噪声超过了正常状态,则说明系统存在异常。振动和噪声往往同时发生,对液压系统本身的工作性能影响较大,会造成较严重的压力摆振,致使系统无法正常工作,还会降低元件的使用寿命;另外,噪声还会使人感到烦躁、疲劳,甚至因未听清报警信号而造成事故。

振动、噪声的诊断和排除是液压技术中较复杂的问题。应认真查找产生噪声的原因,并采取措施进行有效控制。

(1)液压系统的振动与噪声的形式。液压系统的振动噪声有机械振动噪声、液压冲击噪声、气穴噪声、传播噪声等形式。

①机械振动噪声。机械振动噪声是由于零件之间发生接触、冲击和振动引起,包括:

a. 高速回转的电动机、液压泵和液压马达,会产生周期性的不平衡离心力,引起转轴的弯曲振动,因而产生噪声;

b. 电动机噪声。电动机和液压泵同轴度低也会引起振动噪声;

c. 如果电动机和液压泵直接安装在油箱上,会引起油箱共振噪声;

d. 滚动轴承中滚动体在滚道中滚动时产生交变力而引起轴承环固有振动形成噪声;

e. 电磁铁的吸合产生蜂鸣声、换向阀阀芯移动时发出冲击声、溢流阀在卸压时阀芯产生高频振动声。

②液压冲击噪声。在阀门突然关闭或液压缸快速制动等情况下,液体在系统中的流动突然受阻。这时,由于液流的惯性作用,液体就从受阻端开始,迅速将动能转变为压力能,因而产生压力冲击波;此后,又从另一端开始,将压力能逐层转化为动能,液体反向流动;然后,又再次

将动能转化为压力能……如此反复地进行能量转换。由于这种压力波的迅速往复传播,便在系统内形成压力振荡。

在液压系统中由于某些原因而使液体压力突然急剧上升,形成很高的压力峰值,这种现象称为液压冲击。系统中出现液压冲击时,液体瞬时压力峰值可以比正常工作压力大好几倍。液压冲击会引起设备振动、噪声,严重时会损坏密封装置、管道或液压元件,还可能使某些液压元件(如压力继电器、顺序阀等)产生误动作,影响系统正常工作,甚至造成事故。

③气穴噪声。液压油中总会溶解一定量的空气。常温时,矿物型液压油在一个大气压下约含有6%~12%的溶解空气。

在一定温度下,当油液的压力低于空气分离压时,溶于油中的空气就会析出,产生大量气泡;当压力继续降低,达到饱和蒸汽压时,油液就会迅速汽化,产生大量的蒸汽气泡,这种现象称为气穴现象。

气穴现象的后果是:产生的气泡会堵塞油流的通道,导致流速减慢;气泡会导致液压油的体积模量变化,气泡越多,体积模量越小;当这些气泡随着液流流到压力较高的部位时,因承受不了高压而溃灭,周围的液体就会迅速流过来补充气泡原来的空间,从而产生局部的液压冲击,并引起振动、噪声、局部的高温与高压。产生的局部高温与高压还会使金属表面剥落、表面粗糙或出现海绵状小洞穴,这就是气蚀现象。

(2)液压系统中产生振动和噪声的主要部位与原因:

①液压泵和液压马达的振动和噪声。在液压系统中,液压泵是主要的噪声源,其噪声量约占整个系统噪声的75%左右,主要由泵的压力和流量的周期性变化以及气穴现象引起。由于液压泵的类型很多,其产生振动与噪声的机理差异很大,主要包括:

a. 在液压泵吸油和压油的工作循环中,产生周期性的压力和流量变化,形成压力脉动和流量脉动,引起液压振动,并经出口向整个液压系统传播;液压回路的管道和阀类将液压油的脉动压力反射,在回路中产生波动而使液压泵共振,以致重新使回路受到激振,发出噪声。

b. 气穴噪声。油箱液面过低,液压泵的转速过高,吸油管的管径太小或漏气,过滤器堵塞,都会导致吸油不充分,从而产生气穴现象,引起严重的噪声。

c. 电网的电压波动、发动机的转速波动、负载的突然变化都会引起液压泵的压力和流量波动,从而引起流体冲击噪声。

d. 由于油液污染、吸油不畅,引起轴向柱塞泵滑靴与斜盘干摩擦,发出尖利的声响;柱塞卡死或移动不灵活会引起压力波动和噪声。叶片泵的叶片卡死可引起压力波动和噪声。一般情况下,齿轮泵和柱塞泵的噪声比叶片泵大得多。

e. 泵轴与驱动机构不同轴,泵内轴承及零件、部件磨损,会产生机械振动噪声;同时,液压泵的运动件磨损,使间隙加大,会进一步加剧压力脉动和流量脉动,产生流体振动噪声。

f. 液压马达的噪声产生原因与相应的液压泵类似,只有一点不同,即马达的进油腔为高压油腔,出油腔一般带有一定的背压,一般不会产生气穴噪声。

②溢流阀的振动与噪声。在各类阀中,溢流阀的噪声最为突出,尤其是大型溢流阀。主要是阀座损坏、阀芯与阀孔配合间隙过大、阀芯因内部磨损或卡滞等引起的动作不灵活造成;溢流阀调压手柄松动也会导致振动;压力由调压手轮调定后,如松动则会产生变化,并引起噪声,所以压力调定后手轮要用锁紧螺母锁牢;调压弹簧弯曲变形也可能引起噪声,当其振动频率与系统频率接近或相同时,就产生共振。

③换向阀的振动和噪声。换向阀在换向时产生噪声,包括:快速换向时引起压力冲击,产

生波及管道的机械振动;换向铁芯与衔铁吸合端面凹凸不平或有污物,吸合不良;衔铁杆过长或过短;电磁铁因阀芯卡滞、电信号断断续续,换向阀的两个电磁铁同时通电都会产生振动和噪声;换向阀阀口的气穴作用会产生流体噪声;阀体连接松动,也能引起噪声和振动。

④管道的振动和噪声。刚性管道安装不牢固或过长的管道中间没有支承座,会产生明显的振动和噪声;且系统压力越高,问题越严重。

管网有时会由于谐振而产生严重的破坏性剧烈振动。液压泵产生的流量脉动经过管路时,会形成系统压力脉动。

6. 油温过高

液压系统的工作温度以 30~50℃ 为宜,最高不能超过 70℃。超过这个范围,就认为是油温过高。油温过高会引起一系列的故障发生。

(1) 油温过高的危害。油温过高会造成油液黏度的降低。例如 20 号机械油,在 20℃ 时的黏度为 100cSt(厘斯),50℃ 时为 20cSt,70℃ 时为 9cSt。由于黏度下降,泄漏将显著增加,液压泵及整个系统的效率也显著下降;由于黏度下降,滑移部位的油膜变薄且易破裂,摩擦增加,磨损加剧,于是又引起油液发热,形成恶性循环。同时,低黏度的油液经过节流元件时,节流作用减弱,使液压元件的特性发生变化,造成压力、速度调节不稳定。

液压系统油温升高,会造成液压元件运动副的间隙发生变化。间隙变小,将引起运动件动作不灵活甚至卡死;间隙变大,会造成泄漏增加。

油温过高使油液加速氧化变质,油液的使用寿命降低,生成的胶质沉淀容易堵塞各种控制油道,使之不能正常工作。

油温过高还会加速橡胶管、密封件的老化、失效,使用寿命降低。

(2) 油温过高的原因。产生油温过高的原因往往是液压系统设计不当、使用时调整不当及周围环境温度过高等原因引起,如节流、溢流损失过大,泵及马达的效率过低,各控制阀的流量不匹配,管道过长、管径过小、弯道过多,油箱有效容积过小等都会影响油液的温升。这些问题在系统设计、元件选用阶段就应该妥善处理。除了设计不当之处,在使用方面的原因有以下几点值得注意:

①泄漏量大。液压元件各连接处、配合处等的内外泄漏造成容积损耗,使油温升高。

②系统的压力调整过高,压力损失大,造成油温升高。

③卸荷回路的工作不正常。卸荷回路工作不正常,在不需要压力油时,油液仍在溢流阀调定的压力下溢流或在卸荷压力较高的情况下流回油箱,这部分能量没有做有用功,只能转化为热能。所以发现卸荷回路不正常,就要及时排除,如卸荷油道是否被脏污堵塞,电气系统是否能使起卸荷作用的电磁阀动作等。

④散热不良。冷却器效果差(如冷却水系统失灵、风扇效果差等)、油箱散热面积不足、油箱油量过少、周围环境温度过高等,都是散热不良的原因。

⑤误用黏度过大的油液,导致压力损失大,引起油温升高。

⑥油量不足。油量越少,油液的热容量越小,油液循环越快。因此应随时检查油箱油量及系统的泄漏情况,发现不足,及时补充。

三、任务实施

任务实施 液压系统常见故障诊断

选择一台液压设备作为实训对象,进行故障诊断实训。

1. **故障设置**

实训教师先对液压设备进行故障设置,指导学生进行故障诊断与排除工作。设置的故障可从如下液压系统常见故障模式任意抽选一个。

(1)橡胶油管漏油;

(2)液压缸爬行;

(3)齿轮泵不出油;

(4)电磁换向阀不动作;

(5)液压泵(齿轮泵、叶片泵、柱塞泵)噪声过大;

(6)工作装置动作缓慢;

(7)液压系统压力完全加不上去;

(8)工作装置完全不能动作;

(9)液压系统压力波动;

(10)油箱油温过高。

2. **准备工作**

(1)技术准备:

①根据提供的设备使用说明节、液压系统原理图等有关资料,掌握以下情况:液压系统的组成、工作原理、性能以及机械设备对液压系统的要求;液压系统所采用的各种液压元件的结构和工作原理、性能。

②阅读设备使用的有关档案资料,包括生产厂家、制造日期、液压系统运行状况、原始记录、使用期间出现过的故障及处理方法。

③了解设备此次故障发生后的一些故障现象,查清故障在什么条件下发生的,弄清楚与故障有关的一切因素。

(2)工具准备。根据故障现象,确定可能使用的工具、量具、辅具,以及清洗液、擦布等材料。

3. **实训步骤**

(1)分析判断。在现场检查的基础上,结合液压系统原理图对可能引起故障的原因作出初步判断,列出可能引起故障的所有原因。分析判断时应注意:

①充分考虑外界因素对液压系统的影响,在查明确实不是该原因引起故障的情况下,再将注意力集中在液压系统内部来查找原因。

②分析判断时,一定要把机械、电气、液压3个方面联系在一起考虑,切不可孤立地考虑液压系统。

③要分析故障是偶然发生的还是必然发生的。对于必然发生的故障,要认真分析原因,并彻底排除;对于偶然发生的故障,只要查出故障原因并做出相应处理即可。

(2)调整试验。调整试验就是对仍能运转的液压设备经过上述分析判断后所列出的故障原因进行压力、流量和动作循环的试验,以便去伪存真,进一步证实并找出哪些更可能是引起故障的原因。调整试验可按照已列出的故障原因,按照先易后难的顺序一一进行;如果把握较大,也可以先对疑点最大的部位直接进行检查。

(3)拆卸检查。对经过调整试验后被进一步认定的故障部位进行打开检查。拆解时,要注意保持该部位的原始状态,仔细检查有关部位,且不可用脏手乱摸元件内部,以防手上脏污粘到液压系统内。装配前,一定要用清洗液(一般是液压油)将液压元件清洗干净再装配、安装。

(4) 处理故障。按照技术规程的要求,对查出的故障部位进行修复或处理,勿草率处理。

(5) 效果测试。在故障处理完毕以后,重新进行试验和效果测试。测试时注意观察其效果,并与原来的情况进行对比。如果故障现象已经消除,说明故障的分析判断和处理是正确的;如果故障仍未消除,就要对其他疑点部位进行同样的处理,直到故障消除。

4. 总结

故障排除后,对故障排除的过程及结果进行分析、总结,尤其要总结出故障的现象与原因之间的一些规律,以便提高处理故障的能力。

四、思考与练习

15-1 什么情况下就认为液压系统发生了故障？液压系统的常见故障有哪些？

15-2 什么是故障诊断？液压系统常用的故障诊断方法有哪些？

15-3 与机械故障和电气故障比较,液压系统的故障有哪些特点？

15-4 诊断液压系统的故障时,应遵循哪些原则？

15-5 简述观察诊断法12字诀的含义。

15-6 液压系统故障诊断的一般步骤是什么？

15-7 泄漏有哪些形式？液压系统的哪些部位容易产生泄漏？

15-8 液压系统压力失控的表现是什么？造成压力波动的原因有哪些？

15-9 什么是液压爬行？引起爬行的直接原因有哪些？

15-10 液压系统的噪声有哪些形式？哪个(些)液压元件的噪声是液压系统主要的噪声源？

15-11 液压系统适宜的油温是多少？油温过高有哪些危害？

15-12 对照图15-1,分析某装载机动臂油缸不能动作故障的可能原因及诊断排除措施。

思考与练习部分题解

任务 2

2-3 最大误差 $= 40\text{MPa} \times 2.5\% = 1\text{MPa}$

任务 5

5-8 设 D 为缸筒内径，d 为活塞杆外径，A_1 为无杆腔活塞面积，A_2 为有杆腔活塞面积，q_V 为液压泵流量，v 为液压缸运行速度。则快进时 $q_V + A_2 v = A_1 V$，快退时 $q_V = A_2 v$，从而有 $A_1 = 2A_2$，将 $A_1 = \pi D^2/4$，$A_2 = \pi(D^2 - d^2)/4$ 代入，可得 $D = \sqrt{2} d$。

5-9 柱塞缸产生的推力 $F = p_* \pi d^2/4$，运动速度 $v = 4q_V/\pi d^2$，缸的运动方向与进油方向相同。

5-10 两缸运动方向相反，速度相同。

5-12 (1) 依题意可知：$p_1 * A_1 = p_2 * A_2 + F_1$，$p_2 * A_1 = F_2$，$F_1 = F_2$；解方程组得：$p_2 = 0.5\text{MPa}$，$F_1 = F_2 = 5\text{kN}$；1 缸的速度：$v_1 = q_1/A_1 = 1.2\text{m/min}$；2 缸的速度：$v_2 = v_1 * A_2/A_1 = 0.96\text{m/min}$

(2) 依题意可知：$p_1 * A_1 = p_2 * A_2$；$p_2 * A_1 = F_2$；解方程组得：$p_2 = 1.125\text{MPa}$，$F_2 = 11.25\text{kN}$

(3) 依题意可知：p_2 可忽略，$p_1 * A_1 = F_1$；得：$F_1 = 9\text{kN}$

任务 7

7-4 a)溢流阀，内控，内泄，常闭；b)减压阀，内控，外泄，常开；c)顺序阀，内控，外泄，常闭；d)三位四通电磁换向阀，外控，内泄，常闭；e)单向阀，内控，内泄，常闭；f)可调节流阀，外控，内泄，常开。

7-5 $p_1 \geqslant p_2$，因为溢流阀在系统中起调压溢流作用，系统的最高压力不会超过溢流阀的调定压力，而 p_1 的大小等于溢流阀的调定压力。

7-6 (a) $p = PY2 = 2\text{MPa}$；(b) $p = PY1 + PY2 + PY3 = 3 + 2 + 4 = 9\text{MPa}$；(c) $p = PY1 + PY3 = 3 + 4 = 7\text{MPa}$。

7-7 答：3 级。

7-8 (1) $p_A = 4\text{MPa}$，$p_B = 4\text{MPa}$；(2) $p_A = 1\text{MPa}$，$p_B = 3\text{MPa}$；(3) $p_A = 5\text{MPa}$，$p_B = 5\text{MPa}$。

7-9 $p = p_A = 3\text{MPa}$

7-10 答：取决于调定压力较低的减压阀，分析过程略。

任务 8

8-5 答：电磁阀 6 左位时，调速阀 5 的减压阀口处于全开位置，3YA 通电后，减压阀口来不及关小，瞬时流量增加，因此会出现液压缸活塞前冲现象。

8-7 (1) $v_1 = q/A_1 = 6 \times 10^{-3}/(100 \times 10^{-4})\text{m/min} = 0.6\text{m/min}$；

$v_2 = q/A_2 = 6 \times 10^{-3}/(80 \times 10^{-4})\text{m/min} = 0.75\text{m/min}$；

(2) $v_1 = q/A_2 = 6 \times 10^{-3}/(80 \times 10^{-4})\text{m/min} = 0.75\text{m/min}$；

$v_2 = q/A_1 = 6 \times 10^{-3}/(100 \times 10^{-4})$ m/min $= 0.6$ m/min；

(3) $v_{\min} = q/A_2 = 0.05 \times 10^{-3}/(100 \times 10^{-4})$ m/min $= 0.005$ m/min $= 5$ mm/min；

8-8　(1)单向阀接反,应改正;(2)调速阀接反,箭头应朝上;(3)行程阀应采用常开型;(4)压力继电器应放在调速阀与液压缸相连的油路上;(5)换向阀中位处,左边背压阀回油路应与右边回油路交换位置。

任　务　9

9-2　如下图所示：

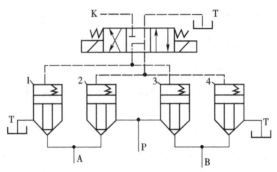

9-3　同图9-6a)

任　务　10

10-7　(1)根据公式 $V = 6.66zmB$,当齿轮模数、齿数、齿宽 B 确定后,排量就随之确定了,所以齿轮泵是定量泵。(2)可能通过移动齿轮的轴向位置来改变齿轮的齿宽从而改变排量等。

10-10　排量 $V = 6.66zmB = 6.66 \times 12 \times 0.4 \times 3.2 = 40.92$ mL/r

泵的理论流量 $q_{Vt} = Vn \times 10^{-3} = 40.92 \times 1450 \times 10^{-3} = 59.33$ L/min

泵的实际流量 $q_V = q_{Vt}\eta_V = 59.33 \times 0.8 = 47.47$ L/min

泵的输出功率 $P_o = pq_V/60 = 2.5 \times 47.47 \div 60 = 1.98$ kW

电动机的驱动功率 $P_i = P_o/\eta = 1.98/(0.8 \times 0.9) = 2.73$ kW

10-11　泵的流量 $q_V = Vn\eta_V \times 10^{-3} = 100 \times 1450 \times 0.95 \times 10^{-3} = 137.75$ L/min

泵的输出功率 $P_o = pq_V/60 = 10 \times 137.75 \div 60 = 22.96$ kW

所需电动机的驱动功率 $P_i = P_o/\eta = 22.96 \div 0.9 = 25.51$ kW

任　务　11

11-4　叶片泵工作启动时(系统压力还没建立),主要靠叶片离心力的作用下被甩出紧顶在定子的内表面上来形成密闭容积,如果转速低于500r/min,叶片离心力不够,密闭容积不能形成,叶片泵不能正常工作。

11-5　双联叶片泵YB-10/25的含义:后泵排量10ml/r,前泵排量25ml/r。

11-10　(1)单泵的流量 $q_V = Vn\eta_V \times 10^{-3} = 25 \times 1450 \times 0.9 \times 10^{-3} = 32.625$ L/min；

单泵供油时系统的效率 $\eta = 4.5 \times 2 \times 0.8/(5 \times 32.625) = 4.4\%$

(2)双联泵中前泵流量 $q_{V1} = Vn\eta_V \times 10^{-3} = 25 \times 1450 \times 0.9 \times 10^{-3} = 32.625$ L/min；

双联泵中后泵流量 $q_{V2} = Vn\eta_V \times 10^{-3} = 5 \times 1450 \times 0.9 \times 10^{-3} = 6.525 \text{L/min}$；

双泵供油时系统的效率 $\eta = 4.5 \times 2 \times 0.8/(5 \times 6.525 + 0.12 \times 32.625) = 19.7\%$

11-11 双联叶片泵型号为 YB-40/6，可知前泵排量为 40mL/r，后泵排量为 6mL/r；
快进时双泵供油，所需的电动机功率

$$P_i = \frac{p(q_1 + q_2)}{\eta} = \frac{1 \times (40 + 6) \times 10^{-3} \times 1000 \times 0.95}{0.8 \times 60} \times 10^{-3} = 0.91 \text{kW}$$

工进时，小泵供油，大泵卸荷，所需的电动机功率

$$P_i = \frac{p_1 q_1 + p_2 q_2}{\eta} = \frac{(0.3 \times 40 + 4.5 \times 6) \times 10^{-3} \times 1000 \times 0.95}{0.8 \times 60} \times 10^{-3} = 0.77 \text{kW}$$

∴ 该双联叶片泵可选取功率为 1.1kW 的电动机。

11-12 (1) 当排量 $V = 16\text{mL/r}$ 时，偏心距 $e = \dfrac{V}{2\pi Db} = \dfrac{16}{2 \times 3.14 \times 8.9} \text{cm} = 0.9 \text{mm}$，

(2) 泵的最大偏心距 $e_{\max} = \dfrac{D - d}{2} = \dfrac{89 - 83}{2} \text{mm} = 0.3 \text{cm}$

∴ 泵的最大排量 $V_{\max} = 2\pi DBe_{\max} = 2 \times 3.14 \times 8.9 \times 3 \times 0.3 = 50.30 \text{mL/r}$

任 务 12

12-10 排量：$V = \pi d^2/4 \cdot Dz\tan\gamma = 74.93 \text{mL/r}$
泵的理论流量 $q_{Vt} = nV \times 10^{-3} = 74.93 \times 960 \times 10^{-3} = 71.93 \text{L/min}$
泵的实际流量 $q_V = q_{Vt} \times \eta_V = 71.93 \times 0.98 = 70.49 \text{L/min}$
输入功率 $P_i = p \times q_V /(60\eta_m \eta_V) = 10 \times 70.49/(60 \times 0.98 \times 0.9) = 13.32 \text{kW}$

任 务 13

13-11 (1) 液压马达的理论转矩
$T_t = pV/(2\pi) = 10 \times 10^6 \times 200 \times 10^{-6}/(2\pi) \text{N} \cdot \text{m} = 318.3 \text{N} \cdot \text{m}$
(2) 马达的理论流量：
$$q_t = Vn \times 10^{-3} = 200 \times 500 \times 10^{-3} \text{L/min} = 100 \text{L/min}$$
(3) 马达的输出功率：$P_0 = 2n\pi T/1000 \times 60 \text{kW} = 10.47 \text{kW}$
马达的输入功率：$P_{Mi} = P_0/\eta = 10.47/0.75 \text{kW} = 13.96 \text{kW}$

13-12 (1) 泵的流量 $q_p = V_p n\eta_{PV} \times 10^{-3} = 10 \times 1450 \times 0.9 \times 10^{-3} = 13.05 \text{L/min}$
泵的驱动功率 $P_{pi} = p_P \times q_p/(60\eta_{PV}\eta_{Pm}) = 10 \times 13.05/(60 \times 0.9 \times 0.9) = 2.685 \text{kW}$
(2) 泵的输出功率 $P_{po} = p_P \times q_p/60 = 10 \times 13.05/60 = 2.175 \text{kW}$
(3) 液压马达的转速 $n_M = q_p \eta_V \times 10^{-3}/V_M = 13.05 \times 0.9 \times 10^{-3}/10 = 1175 \text{r/min}$
(4) 液压马达的输出转矩
$T_M = P_{po}\eta_{MV}\eta_{Mm}/(2\pi n) = 2.175 \times 10^3 \times 0.9 \times 0.9 \times 60/(2\pi \times 1175) = 14.35 \text{N} \cdot \text{m}$
(5) 液压马达的输出功率 $P_{Mo} = P_{pi}\eta_P \eta_M = 2.685 \times 0.9^4 = 1.76 \text{kW}$

附录

常用液压元件图形符号及常用液压阀型号规格说明

基本符号、管路及连接　　　　　　　　　　　　　　附表1

名　称	符　号	名　称	符　号
工作管路		管路连接于油箱底部	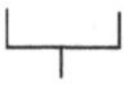
控制管路		密闭式油箱	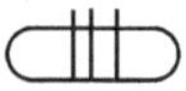
连接管路	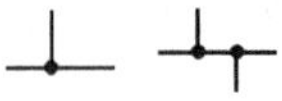	连续放气装置	
交叉管路	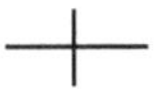	间断放气装置	
柔性管路		单向放气装置	
组合元件线		带单向阀快换接头	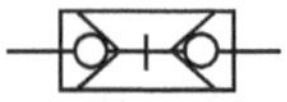
管口在液面以上油箱	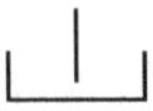	单通路旋转接头	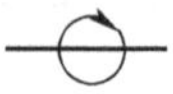
管口在液面以下油箱	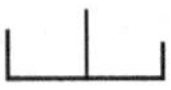	三通路旋转接头	

控制机构和控制方法　　　　　　　　　　　　　　附表2

名　称	符　号	名　称	符　号
按钮式人力控制	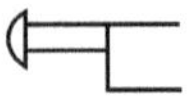	单向滚轮机械控制	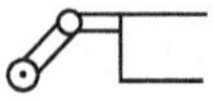
手柄式人力控制	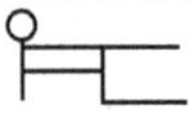	单作用电磁控制	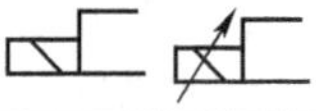
踏板式人力控制	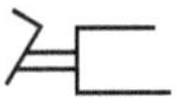	双作用电磁控制	
顶杆式人力控制	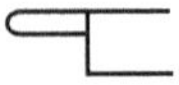	加压或卸压控制	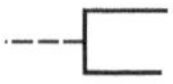
弹簧控制		内部压力控制	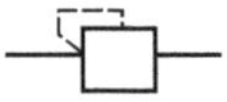

续上表

名 称	符 号	名 称	符 号
滚轮式机械控制	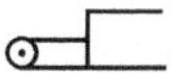	外部压力控制	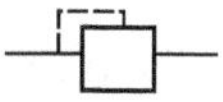
液压先导控制	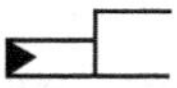	电液先导控制卸压	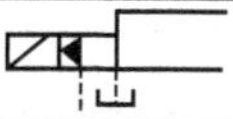
电液先导控制	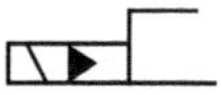	一般外反馈	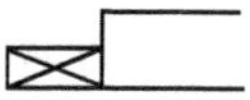
液压先导控制卸压	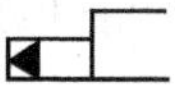	电反馈	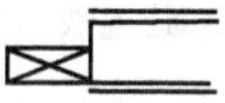

液压泵、液压马达和液压缸　　　　　　　　　　附表3

名 称	符 号	名 称	符 号
单向定量液压泵	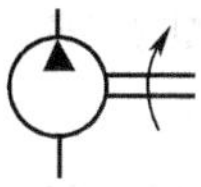	单向定量液压马达	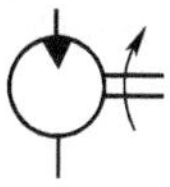
双向定量液压泵	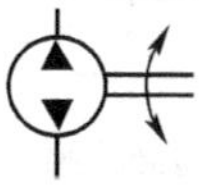	双向定量液压马达	
单向变量液压泵	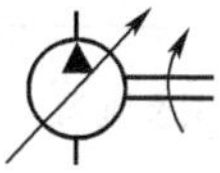	单向变量液压马达	
双向变量液压泵	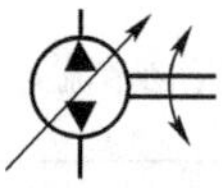	双向变量液压马达	
定量液压泵液压马达	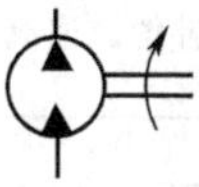	摆动液压马达	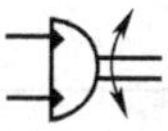
双作用单杆活塞缸	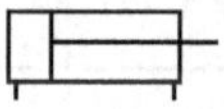	双作用双杆活塞缸	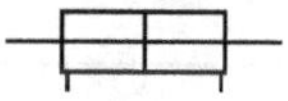
单作用弹簧复位缸	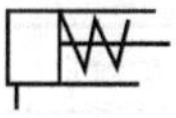 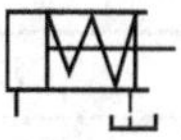	增压器	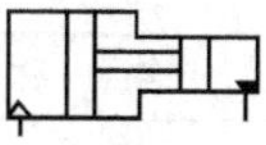
单作用伸缩缸	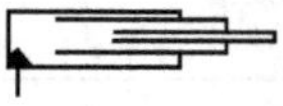	双作用伸缩缸	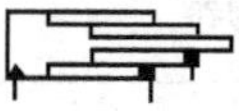
单向缓冲缸	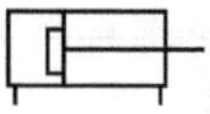 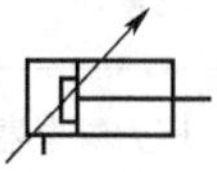	双向缓冲缸	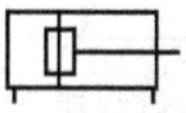 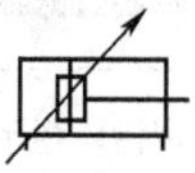

控 制 元 件　　　　　　　　　　附表4

名 称	符 号	名 称	符 号
单向阀		液控单向阀	
二位二通换向阀	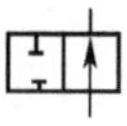 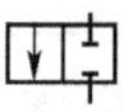	二位三通换向阀	
二位四通换向阀		二位五通换向阀	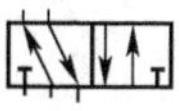

续上表

名 称	符 号	名 称	符 号
三位四通换向阀	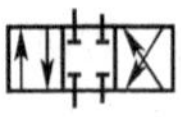	三位五通换向阀	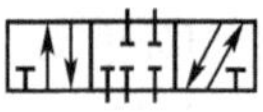
三位六通换向阀	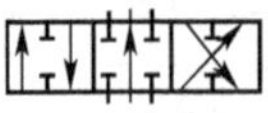	三位四通电液换向阀	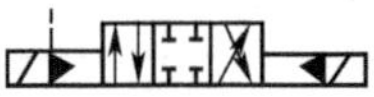
三位四通电液伺服阀	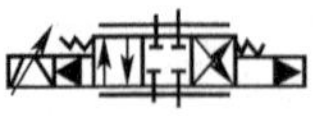	先导型比例电磁溢流阀	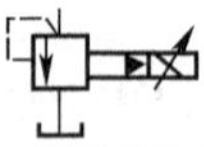
直动型溢流阀	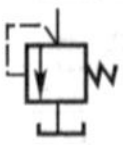	先导型溢流阀	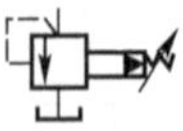
直动型减压阀	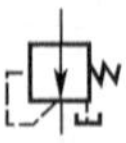	先导型减压阀	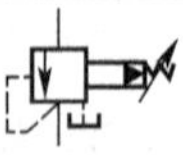
直动型顺序阀	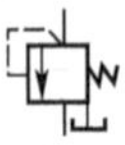	先导型顺序阀	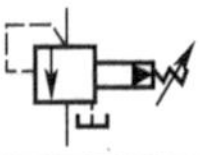
单向顺序阀（平衡阀）	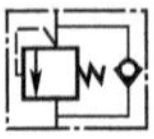	直动型卸荷阀	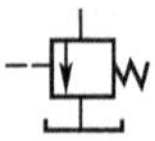
制动阀	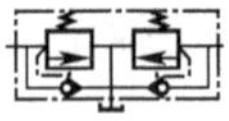	不可调节流阀	
可调节流阀		可调单向节流阀	
调速阀		温度补偿调速阀	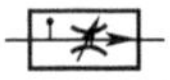
单向调速阀	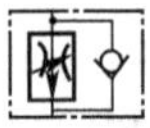	减速阀	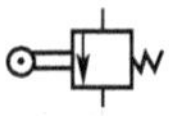

液压辅助元件   附表5

名 称	符 号	名 称	符 号
过滤器		温度计	
磁芯过滤器		流量计	
带污染指示过滤器	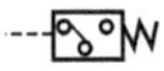	压力继电器	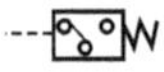
冷却器		液压源	
加热器		电动机	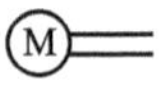
蓄能器		原动机	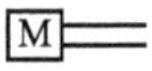
压力计		行程开关	
液面计			

国产中低压系列液压阀技术规格(广州型)　　　附表6

类别			型号	最大压力范围		额定流量
				MPa	kgf/cm²	/(L/min)
方向控制阀	换向阀	电磁换向阀	D型电磁滑阀	6.3	63	10~63
		微型电磁换向阀	E型(直流)微型电磁阀	2.5	25	4
		液动换向阀	Y型液动换向阀	6.3	63	10~160
		电液动换向阀	DY及EY型电液动换向阀			25~250
		手动换向阀	S型手动换向阀			25~160
		机械操纵换向阀	C型手动滑阀			10~25
			O型转阀			10
	单向阀	单向阀	I型单向阀			10~250
		液控单向阀	IY型液控单向阀			20~160
	压力表开关		K型压力表开关			—
压力控制阀	溢流阀	溢流阀	P型低压溢流阀	2.5	25	10~63
			Y型中压溢流阀	6.3	63	10~160
		电控卸荷溢流阀	YE型直流电磁溢流阀			10~63
	减压阀	减压阀	J型减压阀			10~160
		单向减压阀	JI型单向减压阀			
	顺序阀	直控顺序阀	X型顺序阀	2.5	25	10~160
		远控顺序阀	XY型液动顺序阀			
		卸荷阀				
		直控单向顺序阀	XI型单向顺序阀			
		直控平衡阀				
		远控单向顺序阀	XIY型液动单向顺序阀			
		远控平衡阀				
	背压阀		B型背压阀			10~63
流量控制阀	节流阀	可调式节流阀	L型节流阀	6.3	63	10~100
		可调式单向节流阀	LI型单向节流阀			
	调速阀	压力补偿调速阀	Q型调速阀			
		单向压力补偿调速阀	QI型单向调速阀			
		压力温度补偿调速阀	QT型温度补偿调速阀			10
		单向压力温度补偿调速阀	QIT型单向温度补偿调速阀			
		溢流节流阀(分路式)	LY型溢流节流阀			10~100
	行程	单向行程节流阀	LCI型单向行程节流阀			25~63
		单向行程调速阀	QCI型单向行程调速阀			
	延时阀		LHI型单向延时阀			16

国产中、高压系列液压阀型号编制（榆次型） 附表7

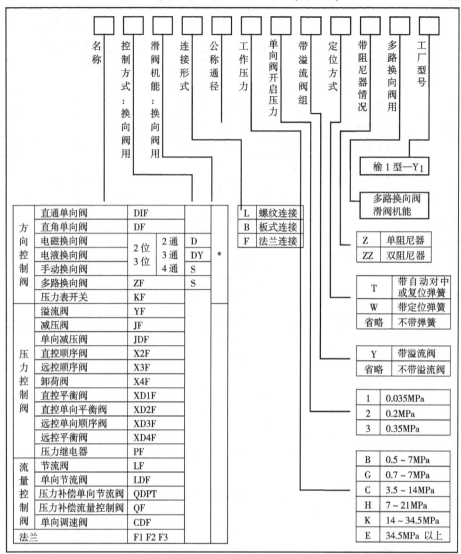

注：1. *表示滑阀机能代号。

2. 各种阀的接口连接螺纹：榆次液压件厂、武汉液压件厂等单位采用 Z 螺纹；临夏液压件厂采用 M 螺纹。其相互关系均按 JB 827—66，选用时应引起注意。

常用液压控制阀产品汇总表   附表8

备注		型 号	额定压力 MPa	额定流量 (L/min)	公称直径 mm	备 注
方向控制阀	单向阀	S 型单向阀	6～31.5	40～250	6～30	引进力士乐系列
		SV/SL 型液控单向阀	31.5	80～500	10～32	
		C 型单向阀	31.5～35	40～380	6～50	
		A 型单向阀及 AY 型液控单向阀	31.5	40～250	20、32	
	换向阀	WE 型电磁换向阀	21～31.5	14～75	5、6、10	引进力士乐系列
		SE 型球式电磁换向阀	31.5～63	6～44	5～12	
		WEH 型电液换向阀	28～35	180～1100	16、25、32	
		WMM 型手动换向阀	31.5～35	40～100	6、10、16	
		WM 型行程换向阀	31.5	40～100	6～10	
		24D(E)、34D(E)型电磁换向阀	31.5	10～40	6	
		24D(E)、34D(E)型电磁换向阀	20	6～80	4～16	
		24D(E)YF3 型电液磁换向阀	21～31.5	75～1250	16～80	
		34D(E)YF3 型电液磁换向阀	21～31.5	75～1250	16～80	
		ZFS 型多路换向阀	14	30～130	10～25	引进油研系列
		Z 型多路换向阀	32	63～160	10、15、20	
		ZS1 型多路换向阀	16	40～160	10、15、20	
		ZS2 型多路换向阀	16	40～160	10～25	
压力控制阀	溢流阀	DBD 型直动式溢流阀	2.5～63	330	6～30	引进力士乐系列
		DB/DBW 型先导式溢流阀	10～31.5	330	8～30	
		C-175 型溢流阀	7～21	12	8	
		ECT/G-06/10 型溢流阀	7～25	200～380	20、32	引进威格士系列
		ECT/G5-06/10 型电磁溢流阀	7～25	200～380	20、32	
		Y 型远程调压阀	31.5	2	6	
		YTF3 型远程调压阀	0.5～16	2	6	
		Y2 型先导式溢流阀	0.6～35	60～600	6～80	
		YF3 型先导式溢流阀	0.5～16	63～120	10～20	
	减压阀	DR 型先导式减压阀	10～31.5	80～300	8～32	引进力士乐系列
		XCT/G-03/06/10 型减压阀	7～20	26～284	10、20、30	引进威格士系列
		JF 型减压阀、JDF 型单向减压阀	0.7～14	20～300	10～50	
		JF3 型减压阀 AJF3 型单向减压阀	0.5～16	63～120	10～20	
	顺序阀	DZ 型先导式顺序阀	0.3～21	150～450	10、25、32	引进力士乐系列
		XF 型顺序阀、XDF 型单向顺序阀	0.5～32	20～300	10、20、30	
		XF3 顺序阀、AXF3 单向顺序阀	0.5～16	63～120	10～20	
	卸荷阀	DA/DAW 型先导式卸荷溢流阀	8～31.5	40～250	10、25、32	引进力士乐系列
		EURT/G-06-10 型卸荷溢流阀	7～21	75～246	20～32	引进威格士系列
		HY 型卸荷溢流阀	6～31.5	40～200	10、20、32	
		FD 型平衡阀	31.5	80～560	12～32	

续上表

备注		型　号	额定压力 MPa	额定流量 (L/min)	公称直径 mm	备　注
流量控制阀	节流阀	MG 型节流阀及 MK 型单向节流阀	31.5	15~400	6~30	引进力士乐系列
		DV 型、DVR 型单向节流截止阀	35	14~375	6~30	
		L 型节流阀、LA 型单向节流阀	31.5	25~190	10、20、32	
		LF3 型节流阀、ALF3 型单向节流阀	16	25~100	6~10	
	调速阀	2FRM 型调速阀	10~31.5	15~160	5~16	引进力士乐系列
		MSA 型调速阀	21	160~300	30	
		2FRW 型电磁调速阀	7~30	26~284	10、20、30	
		FCG-03 型调速阀	7~21	38~106	10	引进威格士系列
		Q 型调速阀、QA 型单向调速阀	31.5	25~200	8~32	
		QF3 调速阀、QAF3 单向调速阀	14	42~240	10、20、30	

参 考 文 献

[1] 李芝.液压传动[M].2版.北京:机械工业出版社,2009.2.
[2] 王怀奥,尹霞,姚杰.液压与气压传动[M].武汉:华中科技大学出版社,2012.6.
[3] 唐银启.工程机械液压与液力技术[M].北京:人民交通出版社,2003.5.
[4] 陈榕林,张磊.液压技术与应用[M].北京:电子工业出版社,2002.3.
[5] 张安全,王德洪.液压气动技术与实训[M].北京:人民邮电出版社,2007.4.
[6] 陆全龙.液压技术[M].北京:清华大学出版社,2011.9.
[7] 李松晶,丛大成,姜洪洲.液压系统原理图分析技巧[M].北京:化学工业出版社,2009.2.
[8] 朱烈舜.公路工程机械液压系统故障排除[M].北京:人民交通出版社,2005.12.
[9] 张炳根,张博,刘厚菊.工程机械运用与维护(高等职业院校学生专业技能抽查标准与题库丛书)[M].长沙:湖南大学出版社,2012.7.
[10] 张奕.工程机械液压系统分析及故障诊断[M].北京:人民交通出版社,2008.1.
[11] 黄志坚.图解液压元件使用与维修[M].北京:中国电力出版社,2008.1.
[12] 黄志坚.看图学液压系统安装调试[M].北京:化学工业出版社,2011.4.
[13] 赵应樾.液压控制阀及其修理[M].上海:上海交通大学出版社,1999.1.
[14] 赵应樾.液压泵及其修理[M].上海:上海交通大学出版社,1998.10.
[15] 赵应樾.液压马达[M].上海:上海交通大学出版社,2000.2.
[16] 机械设计手册编委会.机械设计手册[M].北京:机械工业出版社,2007.1.
[17] 张炳根.推土机运用与维护[M].北京:北京大学出版社,2010.3.
[18] 张勤,徐钢涛.液压与气压传动技术[M].北京:高等教育出版社,2009.2.